LES
OISEAUX

PAR

LOUIS FIGUIER

OUVRAGE ILLUSTRÉ DE 322 VIGNETTES

DESSINÉES

PAR A. MESNEL, BÉVALLET, ETC.

QUATRIÈME ÉDITION

PARIS

LIBRAIRIE HACHETTE ET CIE

79, BOULEVARD SAINT-GERMAIN, 79

1883

TABLEAU DE LA NATURE

OUVRAGE ILLUSTRÉ A L'USAGE DE LA JEUNESSE

———

LES OISEAUX

6130. — PARIS. IMPRIMERIE A. LAHURE

Rue de Fleurus, 9

Le Rossignol (page 392).

LES

OISEAUX

PAR

LOUIS FIGUIER

OUVRAGE ILLUSTRÉ DE 322 VIGNETTES

DESSINÉES

PAR A. MESNEL, BÉVALLET, ETC.

QUATRIÈME ÉDITION

PARIS

LIBRAIRIE HACHETTE ET Cⁱᵉ

79, BOULEVARD SAINT-GERMAIN, 79

1882

OISEAUX

OISEAUX

Les oiseaux sont les enfants gâtés de la nature, les favoris de la création. Leur brillante parure étincelle souvent des plus resplendissantes couleurs. Ils ont l'heureux privilège de se mouvoir dans l'espace, soit pour voltiger, cherchant l'insecte qui butine de fleur en fleur; soit pour planer au plus haut des airs, et fondre sur la victime qu'ils convoitent; soit enfin pour franchir, avec une prodigieuse rapidité, des distances considérables. Les hommes se sont pris d'une profonde sympathie pour ces petits êtres ailés qui les charment par l'éclat de leurs formes, par la mélodie de leur voix et par l'impétuosité gracieuse de leurs mouvements.

Les oiseaux se rattachent aux mammifères par la structure intérieure du corps. Leur squelette peut se comparer à celui des mammifères, car ce sont à peu près les mêmes os, seulement modifiés pour le vol.

Chez les oiseaux, la circulation est double. Le cœur est formé de deux moitiés, la partie gauche et la partie droite, et leur sang est même plus riche en globules que celui de l'homme, parce qu'il est abondamment pénétré par l'air, non seulement dans les poumons, comme chez les mammifères, mais dans les derniers rameaux de l'arbre artériel, du tronc et des membres. Ce qui distingue, en effet, l'oiseau, ce n'est pas le vol, car certains quadrupèdes, comme la chauve-souris, et même certains poissons, comme l'exocet, peuvent parcourir les airs, mais bien son mode de respiration. On ne trouve pas chez les oiseaux cette cloison mobile appelée *diaphragme*, qui, chez les mammifères, arrête l'air à la poi-

trine; de sorte que l'air extérieur pénètre dans toutes les parties de leur corps par les voies respiratoires, qui se ramifient
dans tout le tissu cellulaire, et jusque dans les plumes, dans
l'intérieur des os, et même entre les muscles. Leur corps,
dilaté par l'air inspiré, étant allégé d'une portion considérable de son poids, ils se trouvent comme ballonnés, et
peuvent nager, pour ainsi dire, dans l'élément gazeux.

Les ailes seules n'auraient pas suffi à l'oiseau pour se maintenir dans l'espace. Il lui fallait une respiration double, pour

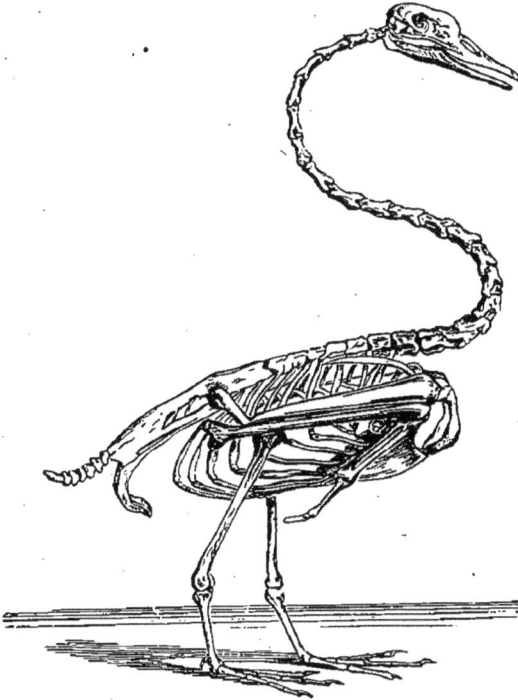

Fig. 1. Squelette de Cygne.

donner à son corps une suffisante légèreté spécifique, et de
plus une circulation activée, réchauffée par l'oxygène de l'air,
qui pénètre dans toutes les cavités de son corps; car la chaleur vitale est, chez les animaux, toujours en rapport avec la
respiration. Aussi les oiseaux, grâce à leur riche organisation, peuvent-ils vivre dans les régions les plus froides de
l'atmosphère.

Nous représentons ici les organes respiratoires d'un oiseau,
savoir (fig. 2) : la trachée-artère, conduit qui apporte l'air

aux deux poumons, et qui se subdivise en deux branches, à l'intérieur de la poitrine, pour aboutir aux *sacs aériens*, et (fig. 3) les deux poumons d'un pigeon. L'air apporté par la trachée-artère, et qui doit agir sur le sang, à travers la faible épaisseur des cellules qui composent le tissu pulmonaire, traverse ce tissu dans une infinité de petits vaisseaux, dont la mince tunique est perméable au gaz.

Les ailes servent de rames aux oiseaux pour se diriger, monter ou descendre à leur gré, suivant l'impulsion qu'ils leur donnent.

Tous les oiseaux ne volent pas : citons en exemple l'Autruche. Cet oiseau possède une sorte d'ailes rudimentaires, qui ne lui servent qu'à repousser l'air en marchant.

Fig. 2. Trachée-artère de Pigeon et sa distribution aux deux poumons dans les *sacs aériens*.

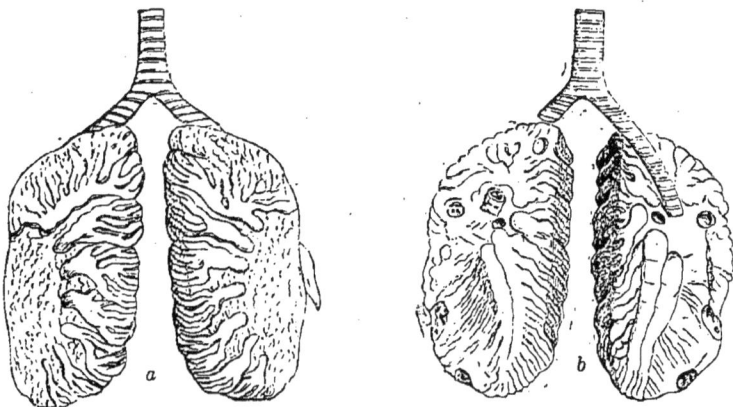

Les ailes des oiseaux sont aiguës ou obtuses. Plus l'aile est aiguë, c'est-à-dire plus les longues pennes vont en décrois-

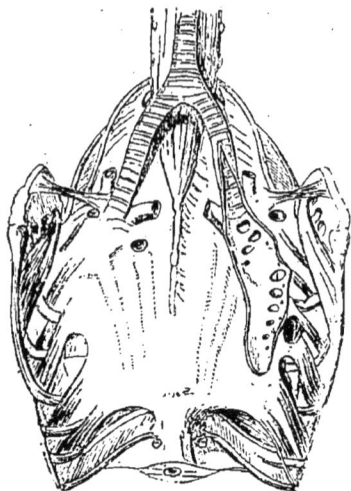

Fig. 3. Poumons de Pigeon.
a Côté antérieur. — *b* Côté postérieur.

sant à partir du bord de l'aile, plus l'animal est bon *voilier* et peut se mouvoir énergiquement dans toutes les directions. La queue, composée de douze pennes, appelées *rectrices*, sert de gouvernail pour diriger la marche.

Les oiseaux réunissent tous les degrés d'organisation; car ils volent, ils marchent, ils nagent, suivant leurs habitudes aériennes, ou terrestres, ou aquatiques. Toutes les parties de leur corps, quoique se ressemblant dans toutes les espèces,

Fig. 4. Aile de Rapace.

sont modifiées suivant le genre de vie que la nature leur a départi.

Il est à remarquer que partout où la peau de l'oiseau est

Fig. 5. Aile de Gorfou.

revêtue de plumes, cette peau consiste en un derme peu dense; tandis qu'elle est plus forte et même recouverte d'écailles dans toutes les parties où les plumes n'existent pas.

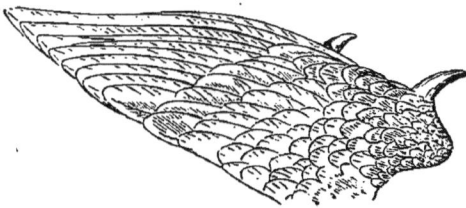

Fig. 6. Aile de Kamichi.

Avant de parler des fonctions physiologiques des oiseaux, nous devons dire quelques mots des organes propres à cette classe d'animaux, c'est-à-dire des *plumes*, du *bec*, des *ongles*, etc.

Les *plumes* sont des productions cornées, composées d'un *tube* ou *tuyau*, d'une *tige*, qui lui fait suite, enfin de *barbes* et de *barbules*, pourvues de crochets qui relient ces barbes

Fig. 7. Plumes de Hocco.   Fig. 8. Plume de Marabout

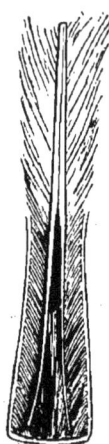

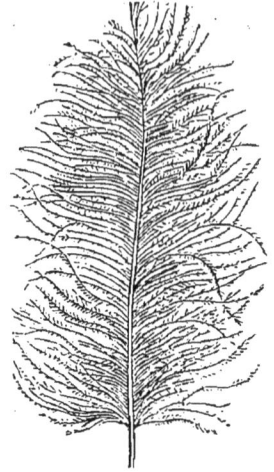

entre elles. On appelle *pennes* les plumes des ailes et de la queue.

Les plumes les plus brillantes se remarquent chez les oiseaux des climats chauds; et plus ils appartiennent à des

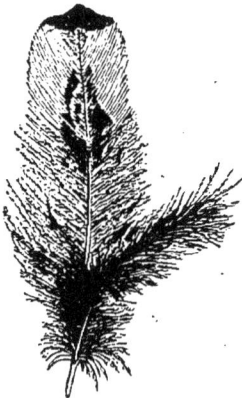

Fig. 9.
Plume de Faisan.

Fig. 10.
Plume de Manucode.

Fig. 11.
Plume de Canéliphage.

contrées chaudes, plus leur plumage a de couleur et d'éclat. Dans quelques espèces, les mâles ont une parure étincelante, tandis que les femelles portent une robe terne et sombre. Cependant le plumage est souvent le même dans les deux sexes. Les jeunes ne ressemblent aux adultes qu'après leur première mue.

Tous les oiseaux quittent leurs vieilles plumes au moins une fois l'an, pour en revêtir de plus brillantes. C'est ce qu'on appelle la *mue*, qui se fait ordinairement en automne, et quelquefois au printemps et à l'automne. Pendant tout le

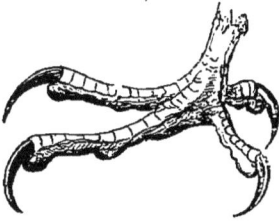

<table>
<tr><td>Fig. 12.
Doigts de Rapace.</td><td>Fig. 13.
Doigts de Perroquet.</td><td>Fig. 14.
Doigts de Casoar.</td></tr>
</table>

temps de la mue, le volatile est plongé dans la tristesse et le silence. Mais quand il est sorti de cette période critique, il étale fièrement les vives couleurs qui le font le rival des fleurs qui l'environnent.

Dans les Gallinacés, et surtout dans les espèces aquatiques, il existe au-dessus du coccyx quelques cryptes ou reliefs de

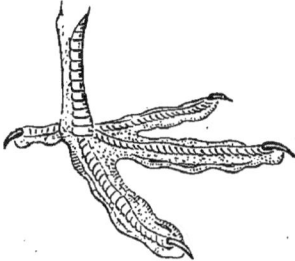

Fig 15. Doigts de Foulque
(avec ergot).

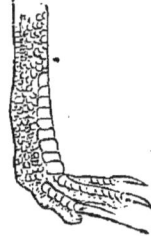

Fig. 16. Doigts de Coq de bruyère
(avec ergot).

la peau, distillant une matière huileuse, que l'animal prend avec son bec pour oindre et lustrer ses plumes.

Les ongles varient suivant les mœurs des espèces. Ainsi, la serre d'un oiseau de proie est puissante et crochue; l'ongle, chez l'oiseau marcheur, est droit, gros et aplati (fig. 12, 13, 14). L'ongle du pouce est ordinairement le plus fort, mais ce n'est pas une règle absolue. Un ongle qui se trouve parfois au poignet de l'aile de certains oiseaux est désigné sous le. nom d'*éperon;* c'est une arme redoutable dans quelques espèces. Quand cet ongle est saillant au tarse du pied, on le nomme *ergot* (fig. 15, 16).

Fig. 17. Bec d'Aigle.

Le bec est composé de deux pièces osseuses, appelées *mandibules,* entourées elles-mêmes d'une substance cornée. Il diffère suivant les habitudes de l'animal, et prend une

Fig. 18. Bec de Toucan.

infinité de formes, selon qu'il est destiné à déchirer une proie, à triturer une semence ou à briser un corps dur. C'est

Fig. 19. Bec de Cormoran.

l'arme la plus sérieuse de l'oiseau pour attaquer sa victime ou pour se défendre contre ses ennemis. C'est encore avec son bec qu'il prépare la couche où ses petits doivent éclore.

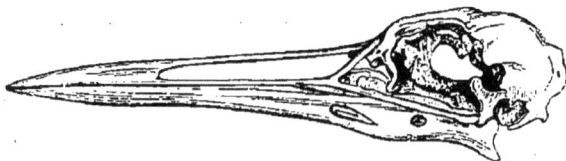

Fig. 20. Bec de Grue.

Le bec n'est, avec la langue, que l'accessoire de l'appareil digestif; car si le bec sert à la préhension et à la trituration, la langue ne sert qu'à la déglutition.

La digestion est si active chez les oiseaux, que quelques-uns peuvent engraisser dans un temps excessivement rapide. Les ortolans et les grives s'engraissent au bout de cinq à six jours.

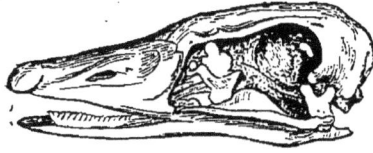

Fig. 21. Bec d'Oie.

Fig. 22. Bec de Moineau.   Fig. 23. Bec d'Engoulevent.

Dans un renflement de l'œsophage, appelé *jabot* (fig. 24, *a*), ou premier estomac, qui est extrêmement développé chez les oiseaux granivores, les aliments séjournent d'abord, pour y subir quelques modifications propres à faciliter la digestion. En passant dans un second estomac, le *ventricule succenturié* (*b*), les aliments s'imbibent de suc gastrique. Enfin, ils se transforment en *chyme* dans le *gésier* (*c*), ou troisième estomac, qui jouit d'une puissance musculaire énorme ; car il peut agir sur les corps les plus solides, et triturer jusqu'aux cailloux, que les Gallinacés avalent et broient pour aider à leur digestion.

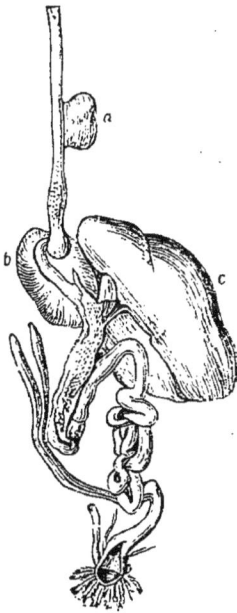

Fig. 24. Tube digestif et foie de la Poule commune.

Notons, en passant, un fait curieux : c'est qu'une semence introduite dans l'estomac peut être digérée sans altération par un oiseau, et rejetée par lui dans des pays où elle se développera, si elle ne rencontre pas d'obstacles à sa végétation. C'est pour cela que l'on trouve quelquefois certains arbres dans des contrées où leur espèce paraît étrangère.

Le chyle est reçu par l'intestin grêle, où se rendent aussi la bile du foie et la salive du pancréas.

L'appareil de dépuration urinaire est composé des reins, qui sont au nombre de deux, gros et irréguliers, distincts l'un de l'autre, aboutissant à l'intestin, qui se termine lui-même par une espèce de poche, ou *cloaque*. C'est par ce conduit que s'évacuent alternativement l'urine, les excréments et les œufs.

Les sens du toucher, de l'odorat, du goût, de l'ouïe sont très peu développés chez les oiseaux. Certains historiens ont vanté, il est vrai, la délicatesse de l'odorat des oiseaux de proie, que l'on voit accourir en quelques heures sur un champ de bataille, là où gisent des cadavres. Mais des expériences faites par de savants voyageurs, tels qu'Audubon et Levaillant, ont

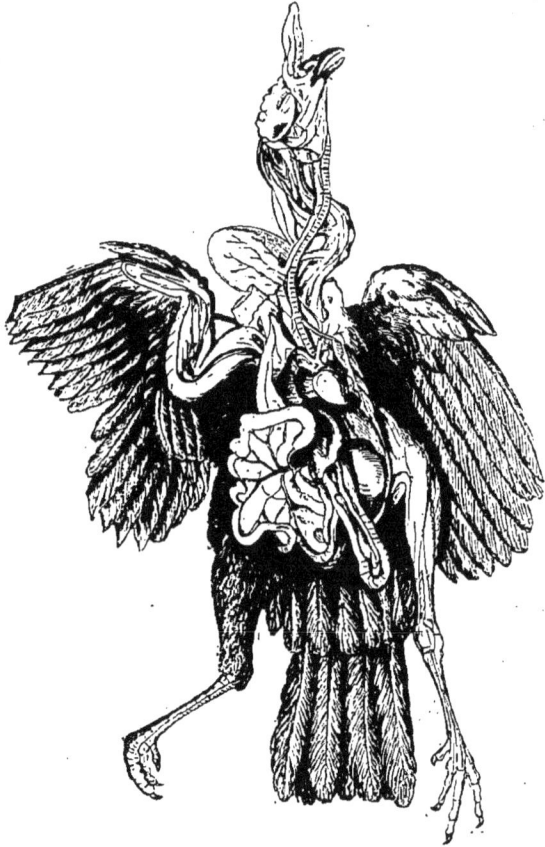

Fig. 25. Ensemble du tube digestif chez le Dindon.

prouvé que ces animaux sont alors attirés surtout par leur vue.

La vue possède, en effet, un grand degré de perfection chez les oiseaux; ce sens est plus remarquable dans cette classe d'animaux que dans toute autre. D'abord, le volume de l'œil est très grand, comparé à la tête. Il renferme un organe particulier, qui semble n'appartenir qu'aux oiseaux, le *peigne*, de forme généralement carrée et lamelleuse. C'est une membrane noire, plissée, très riche en vaisseaux sanguins, située au fond du globe oculaire, et qui s'avance vers le cristallin. L'anatomie n'a pu encore en expliquer l'usage, mais on suppose que son but est de donner à l'oiseau la faculté de voir de loin ou de près, en faisant avancer ou reculer le cristallin. Les autres parties de l'œil, telles que la choroïde, l'iris, la rétine, n'offrent rien de remarquable. Le blanc de l'œil est entouré d'un cercle de matières osseuses ou cartilagineuses, qui le protègent, en formant un anneau assez dur.

Outre les deux paupières ordinaires, l'une supérieure, l'autre inférieure, les oiseaux en possèdent une troisième, qui consiste en un repli fort étendu de la conjonctive. Ce repli transparent, disposé verticalement, vient recouvrir l'œil comme un rideau, et le garantir d'une lumière trop vive. C'est cette paupière, ou *membrane clignotante*, qui permet à l'aigle de regarder en face le soleil, et aux rapaces nocturnes de ne pas être éblouis lorsqu'ils affrontent l'éclat du jour.

La perfection de la vue des oiseaux est surabondamment prouvée quand on voit le vautour, perdu comme un point dans l'espace, fondre tout à coup sur la victime qu'il a aperçue du haut des airs; ou l'hirondelle distinguer, malgré la rapidité de son vol, le petit insecte qu'elle happe au passage. D'après Spallanzani, le martinet a une vue tellement perçante, qu'il peut apercevoir un objet d'un centimètre de diamètre à la distance de plus de cent mètres.

L'oiseau est le seul être de la création qui puisse parcourir d'immenses distances avec une rapidité surprenante. Tandis que les meilleurs coureurs parmi les mammifères fournissent à peine cinq ou six lieues à l'heure, certains oiseaux franchissent facilement vingt lieues dans le même intervalle de temps. En moins de trois minutes, on perd de vue un gros oiseau, un milan, ou un aigle qui s'élève dans les airs, et dont le corps a plus d'un mètre de longueur. Il faut conclure de là que ces oiseaux parcourent plus de 1460 mètres par minute ou 86 lieues par heure.

En Perse, selon Pietro Delle Valle, le pigeon messager fait en un jour plus de chemin qu'un piéton ne peut en faire en six jours. Un faucon de Henri II s'étant emporté à la poursuite d'une outarde, à Fontainebleau, fut pris, le lendemain, à l'île de Malte. Un autre faucon, envoyé des îles Canaries au duc de Lerme, en Espagne, revint d'Andalousie au pic de Ténériffe en seize heures, ce qui représente un trajet de 250 lieues.

Du reste, tout contribue à donner à l'oiseau la remarquable légèreté qui facilite son vol. Sans parler des plumes qui le couvrent partout, ses os sont creusés de vastes cellules, nommées *sacs aériens*, qui se remplissent d'air à volonté, et son sternum est pourvu, à sa face antérieure, d'une crête osseuse, appelée *bréchet*. Cette crête, en forme de carène de navire, sert d'insertion aux muscles pectoraux, qui sont très développés et d'une contractilité extrême chez les oiseaux voiliers.

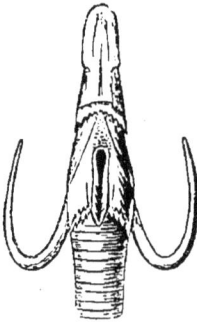

Fig. 26.
Glotte et partie supérieure de la trachée de l'Aigle royal.

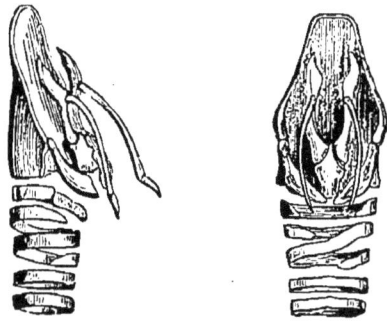

Fig. 27.
Cartilages du larynx supérieur et premiers anneaux de la trachée, séparés, vus de profil et de face.

L'appareil vocal des oiseaux (fig. 26 et 27) est assez compliqué, et différent de celui de l'homme. Il consiste en une espèce de chambre osseuse, qui n'est qu'un renflement de la trachée-artère, à l'endroit où celle-ci se bifurque, en pénétrant dans la poitrine, pour former les bronches. C'est cet organe, nommé *larynx inférieur*, qui constitue l'organe du chant chez les oiseaux. Cinq paires de muscles attachés aux parois de cette chambre tendent ou relâchent les cordes vocales par leurs contractions ou leur relâchement, agrandissant ou diminuant ainsi la cavité du larynx. C'est en modifiant de mille manières les dimensions et la tension des cordes vocales et du larynx que les oiseaux font entendre ces modulations merveilleuses dont la puissance et la perfection sont pour nous un sujet d'étonnement continuel.

Le chant des oiseaux est l'expression de leurs sentiments. Les oiseaux chantent autant pour leur plaisir particulier que pour charmer ceux qui peuvent les entendre. Pendant qu'ils font retentir les bois de leurs mélodieux accents, ils semblent se complaire, comme de gracieux artistes qui seraient fiers de leur talent, à faire admirer leur voix; ils regardent de tous les côtés, pour attirer l'attention.

Les oiseaux varient leurs chants selon la saison; mais c'est surtout dans les premiers jours du printemps que l'on admire la grâce de leurs accents et l'harmonieux ensemble de leurs concerts. Est-il rien de plus délicieux que le gazouillement de la fauvette, retentissant sous la feuillée, au lever de l'aurore; ou les mélodies cadencées du rossignol, qui troublent, d'une manière si poétique, le silence des bois, pendant les nuits sereines du mois de juin?

Nos paysages seraient tristes et muets sans ces gracieux habitants de l'air, qui donnent l'animation et la vie aux campagnes et aux forêts solitaires. Lorsque, dans le silence de la nuit, tout dort dans la nature, et que la vie semble partout suspendue, tout à coup des accents s'élèvent de l'épaisseur du feuillage, comme pour protester contre la mort apparente de la création animée. C'est tantôt un cri plaintif, qui se prolonge comme un soupir étouffé; tantôt un gazouillement contenu, comme un rêve de tendresse; tantôt des chants vifs, gais et mélodieux, que répètent les échos.

Quand les ténèbres de la nuit ont disparu pour faire place aux premières clartés de l'aube, quand les douces lueurs de l'aurore naissante se sont montrées à l'horizon, tout se transforme, tout se vivifie, tout renaît sur la terre. Les grands oiseaux planent au plus haut des airs et se perdent dans les nuages. Les petits oiseaux des bois sautillent de branche en branche, et, prenant leurs ébats joyeux, communiquent à la nature le mouvement et le bonheur. Quelle variété de tons, quel brillant éclat dans leurs parures diverses! Quel charme dans ces espèces de fleurs vivantes et volantes, aux splendides couleurs, qui parsèment, traversent et embellissent les airs! C'est la mésange, toujours suspendue aux rameaux des arbustes; le gobe-mouche, toujours perché, au contraire, sur la cime des arbres; l'alouette, décrivant dans l'air ses cercles gracieux; le merle, guettant et poursuivant les moucherons qui volent, le grillon qui s'enfuit, ou les vers qui se cachent sous une motte de terre. Partout ces petits vagabonds ailés animent et remplissent le paysage de leurs délicieux ébats.

Les oiseaux possèdent assurément un langage qu'ils comprennent seuls. Quand un danger les menace, il suffit que l'un d'eux fasse entendre un cri particulier, pour que tous les individus de la même espèce, ainsi avertis, se tiennent cachés, jusqu'à ce que leurs craintes soient dissipées. La présence d'un oiseau de proie, annoncée par le sifflement plaintif d'un merle, fait tenir dans une immobilité complète tous les volatiles des lieux d'alentour.

Les oiseaux de proie, aux instincts carnassiers, vivent dans des lieux solitaires, parce que leur nourriture est difficile à découvrir. L'aigle habite toujours seul, retiré dans son aire inabordable, suspendue aux flancs de quelque montagne escarpée, ou cachée dans les profondeurs d'un inaccessible ravin. On ne voit aller de compagnie que les oiseaux de proie qui se repaissent de voiries : ils vont en foule se disputer un funèbre butin.

Il est difficile d'apprécier le degré d'intelligence des oiseaux. Les mammifères, dont l'organisation a de plus grands rapports avec celle de l'homme, nous font comprendre leurs joies ou leurs douleurs, tandis que nous sommes réduits à des conjectures pour expliquer les sensations des oiseaux. Ne pouvant pénétrer ce profond mystère, on a inventé un mot : on a appelé *instinct* le sentiment qui porte les oiseaux aux actions admirables dont nous sommes les témoins. La tendresse de la mère pour ses petits, cette affection si remplie de délicatesse et de prévenances, n'est, dit-on, que le résultat de l'instinct. Il faut convenir que l'instinct ressemble singulièrement à l'intelligence, et, selon nous, ce n'est pas autre chose.

La reproduction s'opère chez les oiseaux à des époques régulièrement fixées par la nature. Les oiseaux se distinguent parmi tous les autres êtres vivants par la fidélité de leurs amours. On voit fréquemment un mâle s'attacher à une femelle, et vivre avec elle jusqu'à la mort de l'un d'eux.

Quand arrive l'époque de la ponte, la femelle modifie ses

habitudes. Elle enchaîne sa liberté, et reste invariablement sur ses œufs, malgré la faim ou malgré les dangers, jusqu'à ce que la chaleur égale et prolongée que leur communique le contact de son corps ait amené leur éclosion. Le mâle prend soin de sa femelle, occupée à la couvée, ensuite des petits,

Fig. 28. Nid de Roitelet.

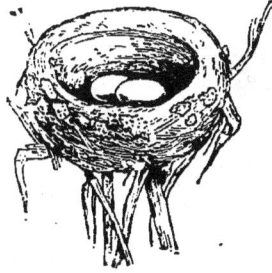

Fig. 29. Nid d'Oiseau-Mouche.

encore dans le nid, ou qui commencent à essayer leurs ailes.

La sollicitude de l'oiseau pour ses petits se manifeste dès que l'emplacement du nid est choisi, et qu'il a commencé la

Fig. 30. Nid de Procnias azuré.

Fig. 31. Nid de Tisserin à tête jaune.

construction du berceau futur de sa progéniture. Mais toute cette tendresse disparaît dès que les petits n'ont plus besoin de la protection maternelle.

C'est au printemps que les oiseaux, réunis par couples, se mettent à l'ouvrage pour recueillir les matériaux nécessaires à la fabrication de leur nid. Chacun apporte son brin d'herbe ou sa tige de mousse. Les grands oiseaux se contentent d'un nid de structure grossière : quelques gros copeaux ou quelques grandes ramures entrelacées au milieu d'un buisson. Mais les petites espèces déploient un art admirable pour fa-

Fig. 32. Nid de Moineau. Fig. 33. Nid de Pie.

çonner une charmante miniature de corbeille, qu'ils garnissent, à l'intérieur, de laine, de crin ou de duvet. Le mâle et la femelle travaillent en commun. Ils veulent que l'œuf à venir

Fig. 34. Nid de Chardonneret. Fig. 35. Nid de Hibou.

puisse être déposé sur une couche moelleuse, chaude et solide. La mère imagine des ruses sans nombre pour dérober son nid aux regards indiscrets, pour le cacher dans un buisson ou sur une branche fourchue, au pied ou dans le creux d'un arbre, sur les cheminées, contre les murs, sur les toits, etc.

Les nids d'une même espèce sont toujours façonnés de la même manière.

Quelles merveilles produisent ces petits architectes ! On dirait que c'est en prenant pour modèles ces charmants édi-

Fig. 36. Nid d'Orthotonie.

Fig. 37. Nid de Républicains.

fices, que les hommes ont appris à être maçons, charpentiers, mineurs, tisserands, vanniers, etc. Le loriot suspend, par quelques brins de racines, son nid en forme de panier à

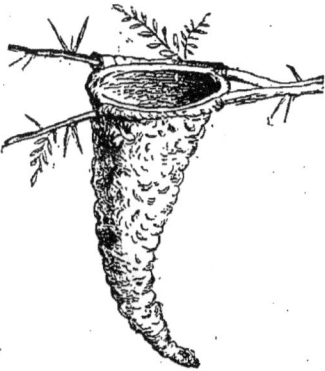

Fig. 38. Nid de Gobe-Mouche huppé.

Fig. 39. Nid de Tourterelle.

l'extrémité flexible d'une branche horizontale, pour le mettre hors de l'atteinte de tout petit quadrupède ravisseur. La pie creuse le sien dans le tronc des vieux arbres. Les nids des hirondelles salanganes, mets délicats, très recherché par les gourmets dans l'extrême Orient, sont de nature toute végétale. Ils sont faits avec un fucus ou plante marine du genre

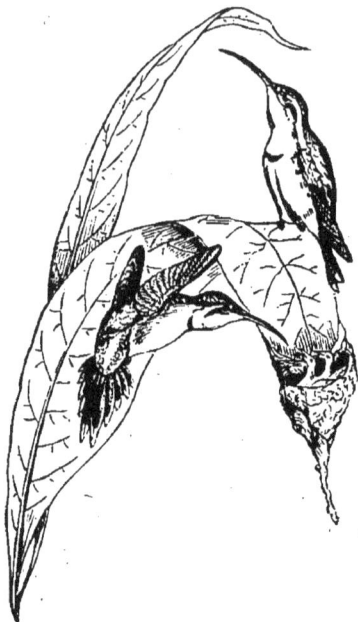

Fig. 40. Nid de Colibri ermite.

Fig. 41. Nid de Corbeau freux.

gelidium, dont la substance gélatineuse, cimentée avec la

Fig. 42. Nid de Troglodyte d'Europe.

Fig. 43. Nid de Bec-fin phragmite.

salive de l'oiseau, forme une sorte de pâte très bonne à manger.

Nous réunissons ici (fig. 28-46) un certain nombre de nids d'oiseaux. L'aspect de ces figures donnera une idée suffisante de la structure et des dispositions de ces demeures de famille des habitants de l'air.

Quand le nid est terminé, quand l'oiseau en a cimenté les parois avec une sorte de mastic fait avec de l'argile, et une

Fig. 44. Nid de Mésange à longue queue.   Fig. 45. Nid de Troupiale Baltimore.

salive visqueuse, que sécrètent les glandes placées sous la langue, la ponte a lieu.

Les œufs sont d'autant plus nombreux que l'espèce est plus petite. L'aigle, par exemple, ne pond que deux œufs, tandis que la mésange en pond quinze à dix-huit.

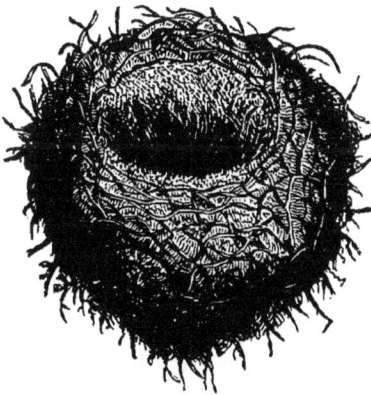

Fig. 46. Nid de Geai.

Arrive ensuite, pour la femelle, le travail long et pénible de l'incubation. Le mâle se tient aux aguets, dans les environs, pour défendre sa couvée contre l'ennemi qui voudrait l'attaquer. Il ne craint pas même d'engager des combats avec des animaux plus grands que lui : l'amour de la famille lui crée des armes nouvelles. La femelle ne quitte son nid que pour aller chercher sa nourriture. Souvent même l'époux protecteur lui apporte sa subsistance pendant qu'elle reste accroupie sur les œufs.

Bien des dangers menacent ces doux produits d'une mutuelle tendresse. Les oiseaux de proie, les petits quadrupèdes, les serpents, qui s'insinuent traîtreusement, et les
enfants, aux instincts destructeurs, sont leurs ennemis na.
turels.

Si rien ne vient à troubler le bonheur calme et paisible
dont il jouit, le mâle, perché sur une branche voisine,
exprime sa félicité par ses chants. Il semble adresser à sa
compagne un hymne de remercîment et d'amour, pour son
dévouement et sa constance. Dans certaines espèces, le mâle
lui-même remplace la femelle, et couve les œufs, quand elle
s'absente pour chercher sa nourriture.

Enfin les petits sont éclos. Incapables de se servir de leurs
pattes, sans plumes et les yeux encore fermés, ils sont
nourris dans le nid par les parents, jusqu'à ce que, couverts
de plumes, ils puissent commencer à essayer leurs ailes,
et trouver eux-mêmes la nourriture qui leur convient. La
mère dirige leurs premiers pas, et pousse un cri particulier,
pour les appeler, quand elle a découvert du butin. Elle les
défend avec acharnement s'ils sont attaqués, et déploie une
admirable sollicitude, une abnégation sans égale, pour
donner le change à l'impitoyable ennemi. Quelquefois elle
pousse le dévouement jusqu'à s'offrir pour victime. Enten-
dez-vous les lamentables accents, les cris de détresse de
cette pauvre hirondelle, dont le nid est accroché près du
toit d'une maison qui vient d'être atteinte par un incendie!
Elle ne craint pas de traverser les flammes pour voler
au secours de ses petits; elle veut les sauver ou périr avec
eux, sous le toit embrasé. Voyez encore cette malheureuse
perdrix que le chasseur a surprise. Elle n'hésite pas à
s'offrir au chasseur pour éviter à sa couvée la mort qui la
menace. Elle fuit loin du sillon où ses petits sont réfugiés,
et, se montrant à l'extrémité du champ, elle cherche à
entraîner, au prix de sa vie, l'impitoyable ennemi de sa
progéniture!

Quand les petits sont assez forts pour s'envoler, ils échappent aux liens de la famille, et vont se perdre dans le grand
monde de la nature, peu soucieux des angoisses paternelles.
L'ingratitude de leurs premiers-nés ne décourage point le

couple abandonné. Le père et la mère vont bientôt s'occuper
d'une nouvelle ponte, et ils auront les mêmes soins, les
mêmes sollicitudes, la même affection pour ceux qui vont
éclore. La nature est une intarissable source, un éternel
foyer de tendresse et d'amour.

Les oiseaux, dans leur vol, n'atteignent pas de très
grandes hauteurs. La plupart ne dépassent pas 2000 mètres,
hauteur à laquelle la respiration devient déjà difficile à
l'homme s'élevant sur une montagne. Seuls, quelques rapaces, aux puissantes ailes, dépassent cette élévation.

D'après les observations sur la hauteur du vol de chaque
espèce d'oiseaux, on a pu dresser le tableau d'ensemble que
nous mettons sous les yeux du lecteur et qui représente
(fig. 47) les hauteurs auxquelles s'élèvent les diverses espèces
d'oiseaux.

La plupart des espèces d'oiseaux se livrent à des voyages
périodiques. Ces migrations sont presque toujours si régulières, qu'elles ont donné lieu à une sorte de calendrier naturel.

On attache divers pronostics, dans les campagnes, au passage ou au retour de certaines troupes d'oiseaux. Les unes
annoncent la fin de l'hiver ou le retour du printemps.
Les autres permettent de faire de véritables prédictions mé-
téorologiques. En effet, les oiseaux, qui traversent constamment les couches supérieures de l'atmosphère, peuvent
apprécier mieux que nous les modifications qui se préparent
dans la température ou dans l'état de l'humidité de l'air.
Ils font ainsi connaître à l'homme ce qui se passe dans les
régions qui lui sont inaccessibles.

Le principal mobile qui pousse les oiseaux à partir,
c'est le désir de trouver des conditions climatiques appro-
priées aux besoins de leur vie. A l'approche de l'hiver, ils
désertent les régions du nord, pour aller demander aux contrées méridionales une chaleur tutélaire. D'autres fois c'est
pour fuir la chaleur qu'ils entreprennent leur émigration
régulière.

Cependant tous les oiseaux n'abandonnent pas le sol natal.
S'il est des oiseaux migrateurs, il en est beaucoup de sédentaires, qui se fixent, pour toute la durée de leur vie, dans le

Fig. 47. Hauteur du vol de quelques Oiseaux.

1. Condor (a été vu jusqu'à 9000 mètres d'altitude). — 2. Gypaète. — 3. Vautour fauve. — 4. Sarcoromphe. — 5. Aigle. — 6. Urubu. — 7. Milan. — 8. Faucon. — 9. Epervier. — 10. Oiseau-mouche. — 11. Pigeon. — 12. Buse. — 13. Hirondelle. — 14. Héron. — 15. Grue. — 16. Canard et Cygne. — 17. Corbeau. — 18. Alouette — 19. Caille. — 20. Perroquet — 21. Perdrix et Faisan. — 22. Pingouin.

pays qui les a vus naître, ou ne s'en écartent qu'à de très faibles distances.

Les migrations sont tantôt annuelles et régulières, tantôt irrégulières ou accidentelles, c'est-à-dire entreprises par nécessité, ou par suite d'une perturbation atmosphérique.

Il n'est pas rare de voir de nombreuses troupes d'oiseaux, réunies sous la conduite d'un chef, franchir de prodigieuses distances, traverser les mers, et passer d'un continent à l'autre, avec une étonnante rapidité. Ils partent quand le temps leur convient et que le vent leur est favorable, se dirigeant, dans l'ancien monde, vers le sud-ouest en automne et le nord-est au printemps; et en Amérique, vers le sud-est. Ces bandes voyageuses savent toujours retrouver la même contrée, souvent le même canton; et quelquefois chaque femelle vient pondre dans le même nid.

Comment de si petits êtres peuvent-ils exécuter ces lointains voyages, ne s'arrêtant qu'à certaines stations, pour chercher leur nourriture, et passant sans un instant de sommeil toute une route longue et fatigante? Comment la caille, par exemple, peut-elle se hasarder à traverser, deux fois par an, la Méditerranée? comment peut-elle, partie de la côte d'Afrique, venir s'abattre sur les rivages de la Provence ou du Languedoc, et *vice versa?* C'est un fait inexpliqué, malgré les hypothèses, plus ou moins vraisemblables, qui ont été mises en avant par divers naturalistes.

L'homme a peu d'influence sur les oiseaux. Il lui est donc difficile d'étudier leur vie intime et leurs mœurs, comme il étudie celles des mammifères. Il peut retenir certains oiseaux en captivité; mais, sauf deux ou trois espèces, il ne réussit pas à en faire des animaux domestiques, de dociles serviteurs. On ne possède donc que des données assez restreintes sur la vie et les mœurs des oiseaux.

La durée de leur vie, par exemple, est très peu connue. Des auteurs anciens, comme Hésiode et Pline, attribuent à la corneille neuf fois la vie de l'homme, et au corbeau trois fois la même durée; en d'autres termes, sept cent vingt ans à la corneille et deux cent quarante ans au corbeau. Le cygne peut, dit-on, vivre jusqu'à deux cents ans. Cette longévité est plus que douteuse, et l'on doit reléguer parmi les contes de telles affirmations. On a vu pourtant des perroquets vivre plus d'un siècle, et des chardonnerets, des pinsons, des rossignols, rester plus de vingt-quatre ans en cage. Un héron, dit Girardin, vécut cinquante-deux ans, ce qu'attestaient les anneaux qu'il portait à l'une de ses jambes; et encore était-il dans toute sa vigueur lorsqu'il perdit la vie, accidentellement. On a vu aussi un couple de cigognes nicher au même lieu pendant plus de quarante ans. Tout ce que l'on peut affirmer, c'est que les oiseaux vivent beaucoup plus longtemps que les mammifères.

On peut facilement fixer à l'habitation des mammifères une circonscription géographique, en d'autres termes, assigner une patrie à chaque espèce : peut-on imposer aux oiseaux une distribution semblable? Cela paraît difficile au premier abord, car leurs puissants organes de locomotion leur permettent de voyager rapidement; et d'un autre côté, leur nature, essentiellement mobile, et leur humeur vagabonde doivent les porter au déplacement; enfin, leur organisation les rend capables de supporter des températures extrêmes. Tout cela pourrait donc les faire considérer comme cosmopolites. Cependant beaucoup d'oiseaux ont une résidence habituelle dans une étendue de pays bien limitée. On dirait qu'une main souveraine a tracé les limites du globe qu'ils ne doivent pas dépasser. Les colibris ne se trouvent que dans une partie très bornée de l'Amérique du Sud. Le rossignol ne se voit pas en Écosse; tandis qu'on le trouve en Suède, pays cependant plus froid, plus avancé dans le nord. Le toucan, au brillant plumage, n'habite que l'Amérique méridionale. L'hirondelle, au vol si rapide, car elle fait jusqu'à vingt lieues par heure, pourrait, en désertant nos climats, atteindre aussi bien l'Amérique que l'Afrique; mais elle ne dévie jamais de la route qui semble lui avoir été tracée au milieu des airs par un maître souverain.

On peut donc avancer que les grandes zones de la terre diffèrent par les oiseaux comme par les mammifères auxquels elles donnent asile : ce qui veut dire qu'on trouve dans les régions comprises dans certaines zones climatiques des oiseaux ou des groupes d'oiseaux d'espèce distincte, et qu'on n'en trouve plus hors de ces mêmes zones. En jetant les yeux sur les diverses contrées d'une même région géographique, on reconnaît des types particuliers d'oiseaux qui leur sont propres. Ainsi l'Afrique seule possède la grande autruche; mais l'Amérique du Sud possède une espèce plus petite, le nandou. L'Afrique a les sauïmeongas, aussi brillants que des pierres précieuses, et l'Amérique jouit exclusivement des colibris et des oiseaux-mouches, remarquables par l'éclat de leur plumage. Si l'Afrique est la patrie du vautour, l'Amérique est celle du condor.

Cependant l'acclimatation des oiseaux n'est pas hors de notre puissance. L'expérience a prouvé qu'en portant un oiseau loin de son pays natal, et en le plaçant dans des conditions qui se rapprochent de celles qui lui sont naturelles, il peut vivre, se multiplier et servir aux besoins de l'homme, s'acclimater, en un mot, dans sa nouvelle patrie.

L'Europe ne possède aucun type ornithologique qui lui soit spécial. Ce n'est qu'en Afrique, en Asie et en Amérique qu'on trouve cette riche variété de formes et de couleurs qui caractérisent les habitants de l'air. L'île de Madagascar est la terre qui nourrit le plus grand nombre de types ornithologiques, peut-être simplement parce que cette vaste contrée renferme plusieurs espèces d'oiseaux dont les ailes rudimentaires ne leur permettent pas de se disperser bien loin. Quoi qu'il en soit, ces espèces ne se trouvent dans aucun autre pays. C'est dans l'île de Madagascar qu'existait le dronte, ou *dodo*, animal dont l'espèce est éteinte depuis la fin du siècle dernier. C'est exclusivement dans la Nouvelle-Zélande, située à nos Antipodes, que vivaient plusieurs espèces d'oiseaux qui ont disparu de la création depuis un certain nombre de siècles, à savoir : l'*Aphanapteryx* ou *Kiwi*, l'*Apteryx*, le *Dinornis* ou *Moa*, et le *Palapteryx*. Les deux derniers de ces oiseaux étaient de dimensions gigantesques et dépassaient en grandeur tous les oiseaux connus de nos jours.

L'oiseau ne servirait-il qu'à égayer notre esprit, à charmer nos oreilles et à flatter nos yeux, que nous devrions déjà une véritable reconnaissance à ces gracieux et brillants habitants de l'air. Mais ils ne bornent pas à cela les services qu'ils nous rendent. Les oiseaux de basse-cour fournissent à l'homme une nourriture excellente. Les œufs, qu'ils produisent avec abondance, donnent lieu à un commerce de plusieurs milliards de francs chaque année. Certaines contrées trouvent, pour la vie animale, une ressource inestimable dans la chasse aux oiseaux sauvages, soit résidants, soit passagers. Du reste, tous les oiseaux en général servent d'aliment à l'homme. Les pays pauvres ou peu civilisés n'ont pas, comme le nôtre, la faculté de choisir les oiseaux qui servent à les nourrir; il est des peuplades sauvages qui sont heureuses de recueillir à leur profit les espèces que méprise l'homme civilisé.

Les oiseaux ne nous donnent pas seulement une nourriture exquise, et à juste titre appréciée, ils nous fournissent encore un moelleux et délicat duvet, sans parler de leurs plumes aux brillantes couleurs et aux lumineux reflets : plumes de marabouts, de paons, d'oiseaux de paradis, etc., qui donnent d'élégantes parures à nos dames.

Mais les oiseaux sont surtout utiles à l'homme, en détruisant les insectes, les larves, les chenilles, qui infestent continuellement ses cultures. Sans eux, l'agriculture serait impossible. On a longtemps accusé certains passereaux de nuire aux récoltes, et on leur a fait, en conséquence, une guerre acharnée. C'est ainsi que les pauvres moineaux ont été bien souvent proscrits, sous prétexte qu'ils ravageaient les champs nouvellement ensemencés. Mais on a été forcé de revenir sur ce préjugé fâcheux. On n'a pas tardé à reconnaître que l'absence des petits oiseaux livre les moissons à la formidable multitude des insectes voraces. On s'est ainsi convaincu que ces vives et joyeuses créatures, ces gamins effrontés qui voltigent dans les airs, font plus de bien que de mal aux produits de la terre. La chasse aux petits oiseaux ne doit donc s'exercer que sous le bénéfice d'observations antérieures et intelligentes.

On croirait, à le voir agir, que l'homme est né pour détruire. Rien ne trouve grâce devant lui, pas même ces oiseaux chanteurs, dont les échos de nos jardins et de nos bois répètent à l'envi les cris joyeux et les concerts d'harmonie. Heureusement, il commence à comprendre qu'il agit avec une grande imprudence en s'attaquant à ces hôtes inoffensifs des campagnes, et la conscience de son intérêt arrête quelquefois sa main prête à envoyer un plomb meurtrier.

Quelques échassiers purgent la terre de serpents et d'autres animaux immondes et venimeux. Les vautours et les cigognes se jettent en grandes troupes sur les charognes et sur les immondices, et débarrassent le sol de tous les objets en putréfaction. Ainsi, de concert avec les insectes, les oiseaux assainissent la terre; ils nous préservent de maladies pestilentielles, et sont, pour ainsi dire, les gardiens de la santé publique.

Le faucon servait autrefois à une chasse aristocratique, privilège des grands seigneurs et des nobles dames, qui subsiste encore en Perse et dans quelques autres contrées de l'Orient. Les Persans et les Chinois font avec le faucon la chasse à la gazelle.

En Chine et au Japon, le cormoran et le pélican servent à pêcher dans les rivières.

Les pigeons ont été employés comme messagers rapides chez différents peuples et à différentes époques. Nous n'avons pas besoin de rappeler les services que la *poste aux pigeons* a rendus aux habitants de Paris, bloqués en 1870-1871 par les hordes allemandes.

En Amérique, on dresse l'agami pour garder les troupeaux, et il s'acquitte de ses fonctions avec autant de fidélité et d'intelligence que le chien. A Cayenne, on confie, le matin, à cet oiseau docile une bande d'oiseaux de basse-cour, dindons ou canards; il les mène au pâturage, ne les laisse pas s'écarter trop loin, et les ramène, le soir, comme le ferait le meilleur chien de berger. On pousse quelquefois la confiance jusqu'à le charger d'un troupeau de moutons; et il manifeste son plaisir par des cris joyeux, quand, pour toute récompense de son zèle, il obtient une caresse du maître. Le kamichi, qui appartient, comme l'agami, à l'ordre des Échassiers, possède les mêmes caractères d'intelligence. Sociable et susceptible de recevoir le même genre d'éducation, il devient un auxiliaire très utile pour l'habitant de l'Amérique du Sud.

Après ces considérations rapides sur l'organisation et les mœurs des oiseaux, nous décrirons particulièrement chaque espèce. Pour que cette revue soit plus régulière et que

nos observations soient mieux détachées, nous suivrons la
classification adoptée par les naturalistes. Seulement, comme
nous le faisons toujours dans cet ouvrage, nous remon-
terons la série zoologique, c'est-à-dire l'échelle de la perfection relative des êtres.

Nous allons donc considérer successivement :

1° Les *Palmipèdes*, ou oiseaux de rivage;

2° Les *Échassiers*, ou oiseaux de marais;

3° Les *Gallinacés*, ou oiseaux de basse-cour;

4° Les *Grimpeurs;*

5° Les *Passereaux;*

6° Les *Rapaces*, ou oiseaux de proie.

ORDRE DES PALMIPÈDES

OU OISEAUX DE RIVAGE

Voués par leur organisation à la vie aquatique, les Palmipèdes recherchent constamment les eaux des fleuves, des lacs, ou celles de la mer. La forme de leurs pattes caractérise cet ordre d'oiseaux. Les doigts et quelquefois le pouce sont réunis par une membrane molle et lobée : de là leur nom de *Palmipèdes*. Ces pieds palmés et rejetés en arrière sont d'admirables rames. L'oiseau n'a qu'à rapprocher les doigts pour ramener les pattes en avant, et, en frappant l'eau, donner à son corps une vigoureuse impulsion, qui détermine sa progression à la surface du liquide.

Quelques Palmipèdes volent, mais avec peine; d'autres ne peuvent pas même s'élever dans les airs, car ils n'ont que des rudiments d'ailes, en forme de nageoires. Certains d'entre eux possèdent pourtant une puissance de vol extraordinaire. Leurs ailes, bien développées, leur permettent de fendre l'espace avec une rapidité extraordinaire; et on les rencontre dans la haute mer, à d'énormes distances de la côte. D'autres se plaisent dans les mers agitées par les tempêtes. Au milieu des tourmentes, ils aiment à mêler leurs cris sauvages au bruit de la mer furieuse et des éléments en courroux. Le matelot, qui voit avec inquiétude poindre à l'horizon le nuage prêt à fondre en pluie torrentielle sur son navire, est certain de l'approche de la tempête quand il aperçoit en même temps les blanches ailes de l'albatros, qui se dessinent sur le fond d'un ciel obscur et menaçant.

Tous les Palmipèdes peuvent nager et plonger dans l'eau sans se mouiller, car leurs plumes sont enduites d'un liquide huileux, fourni par des glandes qui existent à l'intérieur de la peau. Ce produit graisseux rend les plumes imperméables à l'humidité. Le même avantage résulte pour les oiseaux de la disposition des plumes, qui sont très lisses et très cornées, et dont les barbules, fort serrées et entre-croisées, laissent glisser l'eau sur leur surface polie. Les Palmipèdes sont pourvus, en outre, d'un duvet extrêmement fin, qui enveloppe leur corps d'une chaude et abondante fourrure, et maintient leur chaleur naturelle au point de les faire résister aux froids des plus rigoureux hivers.

Très nombreux en espèces, les Palmipèdes vivent dans tous les pays. Suivant le prince Charles Bonaparte, qui était un des plus savants ornithologistes de l'Europe, les Palmipèdes composent à eux seuls la quatorzième partie de tous les oiseaux du globe; et, d'après le même naturaliste, le nombre de toutes les espèces d'oiseaux du globe serait de 9400.

Les Palmipèdes se nourrissent de végétaux, d'insectes, de mollusques et de poissons. Ils gagnent le rivage, pour y nicher : les oiseaux d'eau douce placent leur nid autour des rivières, les oiseaux marins sur les grèves et les rochers abrupts des îles désertes.

Au printemps, les oiseaux de mer se réunissent en troupes, et vont déposer leurs œufs dans des nids, construits sans art, mais toujours tapissés d'un fin duvet à l'intérieur. Ils arrachent de leur poitrine ce duvet, qui forme à leurs œufs un lit moelleux et chaud. Certaines îles sont fréquentées de préférence par les Palmipèdes; de sorte qu'au moment de la ponte, les rives solitaires où vont nicher ces oiseaux de mer sont occupées par d'innombrables troupes, qui vivent d'ailleurs entre elles en parfaite intelligence.

Les Palmipèdes sont une ressource précieuse pour l'homme. Dans nos basses-cours, les oies, les canards fournissent à l'économie domestique une chair excellente et une graisse recherchée. Les cygnes, à l'élégante parure et au port gracieux, ornent nos bassins et nos lacs. Le duvet des oiseaux aquatiques, qui est d'une grande valeur et d'une grande utilité, donne lieu, dans les régions du Nord, à un commerce considérable. Les œufs d'oiseaux de mer sont assez bons à manger, et dans beaucoup de pays les habitants en consomment en grande quantité.

Ce sont les oiseaux marins qui produisent cet engrais merveilleux appelé *guano*, qui n'est autre chose qu'une accumulation séculaire de fiente d'oiseaux, formant des bancs immenses dans plusieurs îles des mers australes. On a peine à comprendre qu'un amas successif d'excréments d'oiseaux de mer ait pu produire des couches de guano offrant jusqu'à 90 mètres de profondeur. On se rend toutefois compte de ce résultat, quand on sait que plus de vingt-cinq mille oiseaux viennent dormir, chaque nuit, dans certains de ces îlots, et que chacun de ces oiseaux fournit à peu près 25 grammes de guano par jour.

Le guano, dont la couleur est d'un brun grisâtre sur les couches supérieures, est jaunâtre à l'intérieur. Les îles Chinchas, situées non loin des rivages du Pérou, sont les localités les plus riches en guano. L'agriculture tire un admirable parti de cet engrais sans rival, qui doit sa puissance aux sels ammoniacaux, au phosphate de chaux et à des détritus ou des plumes d'oiseaux.

L'ordre des Palmipèdes se divise en quatre sous-ordres : les *Plongeurs* ou *Brachyptères*, les *Lamellirostres*, les *Totipalmes* et les *Longipennes*.

Plongeurs. — Les oiseaux qui composent ce sous-ordre des Palmipèdes sont caractérisés par des ailes tellement minces et courtes qu'elles ne peuvent être d'aucun usage à certaines espèces pour la locomotion aérienne. Aussi les a-t-on surnommés *Brachyptères*, mot qui signifie *ailes courtes* (βραχύς, court, πτέρα, aile). Ce sont d'habiles plongeurs et des nageurs infatigables, quand ils veulent se servir de leurs ailes comme nageoires. Leur plumage, à surface lisse et soyeuse, est impénétrable à l'eau, à cause de l'abondante quantité d'huile qui l'enduit. Ils vivent dans la haute mer, et ne viennent jamais sur le rivage que pour nicher. Leurs jambes, implantées tout à fait en arrière du corps, les obligent à se tenir à terre, dans une position verticale, ce qui rend leur marche pénible et difficile.

Les principales familles de ce sous-ordre sont les *Plongeons*, les *Manchots*, les *Grèbes*, les *Guillemots* et les *Pingouins*.

Les *Plongeons* (*Colymbus*) se distinguent des autres Brachyptères par le bec, qui est plus long que la tête, droit, robuste, presque cylindrique, un peu rétréci sur les côtés, aigu, à mandibule supérieure plus longue que l'inférieure. Leurs doigts, au lieu d'être munis de membranes découpées, sont réunis entre eux par une membrane unique.

Ce sont d'intrépides nageurs; ils plongent dans l'eau avec tant de promptitude, que souvent ils évitent le coup de fusil du chasseur, en s'enfonçant, à la vue de l'éclair de feu, et à l'instant même où part le coup. Aussi les chasseurs cherchent-ils quelquefois à leur dérober la lumière produite par l'explosion de l'arme à feu, en appliquant un morceau de carton près du bassinet.

Les *Plongeons*, qui habitent les mers septentrionales, passent toute leur vie dans l'eau. Sur terre, ils ne peuvent se maintenir que dans une position verticale et extrêmement gênante. Il leur arrive parfois de tomber à plat ventre, et de ne pouvoir se relever qu'avec infiniment de peine. Ils ne viennent à terre que pour faire leur ponte, qui consiste seulement en douze œufs oblongs, à fond plus ou moins coloré. Ils choisissent, pour faire leurs nichées, les îlots et les promontoires déserts.

Leur nourriture se compose de poissons, qu'ils poursuivent même jusqu'au fond de l'eau, de frai de poissons, d'insectes aquatiques, et même de productions végétales. Leur chair, très coriace, est d'un goût détestable. Dans les climats froids ou tempérés, ils habitent les rivières et les étangs, et retournent, après le dégel, dans les contrées septentrionales. Les jeunes diffèrent beaucoup des adultes, et ne prennent qu'après trois ans le plumage stable des vieux.

On distingue trois espèces de plongeons : le *Plongeon imbrin* ou *grand Plongeon* (*Colymbus glacialis*), le *Plongeon arctique* et le *Plongeon cerf marin*.

Le *Plongeon imbrin* (fig. 48) est un bel oiseau, au plumage noirâtre nuancé de blanc, avec le ventre et un collier de cette dernière couleur. La tête est d'un noir changeant en vert. Lorsqu'il a des petits, au lieu de s'enfoncer sous les eaux pour se soustraire à ses ennemis, il les attaque lui-même à coups de bec. Sa peau sert d'habillement à certaines peuplades, et surtout aux Groenlandais. Cette espèce, qui habite les mers arctiques des deux mondes, est très abondante aux Hébrides, en Norvège, en Suède et même dans le nord de la Grande-Bretagne. Son apparition en France est irrégulière; on le voit sur nos côtes maritimes, le plus souvent après de forts ouragans.

Le *Plongeon arctique* (*Columbus arcticus*) a le bec et la gorge noirs, avec le sommet de la tête d'un gris cendré, le devant et les côtés du cou blancs avec des taches noires, le dos et le croupion noirs, les couvertures des ailes parsemées de taches blanches, toutes les parties inférieures d'un blanc

Fig. 48. Plongeon imbrin.

pur. Cet oiseau, très rare en Angleterre et en France, est très commun dans le nord de l'Europe. On le trouve sur les lacs de la Sibérie, de l'Islande, du Groenland, dans la baie d'Hudson, et quelquefois aux Orcades. Les Lapons se font des bonnets avec sa dépouille. En Norvège, on considère comme une impiété de le détruire, parce que ses différents cris servent, dit-on, de présage pour le beau temps ou pour la pluie.

Le *Plongeon cerf marin* ou *à gorge rouge* (*Columbus septentrionalis*) a la gorge, les côtés de la tête et du cou d'un gris de souris; l'occiput et le derrière du cou sont marqués de raies noires et blanches, et le devant du cou est d'un rouge marron très vif; la poitrine et le dessous du corps sont blancs, et tout le dessus est noirâtre, taché de blanc. Cet oiseau habite les mers arctiques. Il abonde en hiver sur les côtes d'Angleterre, de Hollande, d'Allemagne et de Suisse. En France, il arrive avec les macreuses et se prend souvent dans les filets que les pêcheurs tendent à ces oiseaux. Il remonte avec la marée jusqu'aux embouchures des fleuves pour trouver sa nourriture, qui consiste principalement en petits merlans et en frai d'esturgeons et de congres.

Les *Manchots* (*Aptenodytes*) ont une si grande analogie de forme et de structure avec les Pingouins, dont nous parlerons plus loin, que la plupart des voyageurs les ont confondus. Cependant il y a entre ces deux espèces des différences extrêmement sensibles.

Les *Manchots*, dont le nom est assez significatif, sont ces singuliers oiseaux des mers australes chez lesquels les ailes, atrophiées et tout à fait impropres au vol, ne sont que des espèces de moignons aplatis et très courts. Ces sortes de nageoires sont privées de plumes proprement dites, recouvertes de très petit duvet, ayant l'apparence de poils, et qu'on prendrait pour des écailles.

Placés entre les poissons et les oiseaux, les manchots sont d'habiles nageurs et des plongeurs incomparables. Aussi est-il très difficile de les tuer à la chasse. Leur peau est d'ailleurs assez résistante pour renvoyer le plomb.

Tout chez ces oiseaux a été disposé pour la vie aquatique. Leurs pattes sont placées tout à l'extrémité du corps : disposition qui les rend gauches et pesants quand ils sont à terre. Du reste, ils n'y viennent que pour pondre. Ils se réunissent, pour nicher, en troupes immenses, au commencement d'octobre. Ils se contentent de creuser dans le sable des trous assez profonds pour y déposer deux œufs, et souvent l'œuf unique que pond la femelle.

Malgré leur peu de fécondité, le nombre de ces oiseaux dans les îles du nord de l'Europe est vraiment prodigieux. Quand les matelots débarquent dans les contrées boréales, ils peuvent prendre ou tuer autant de manchots qu'ils en

veulent. Narborough rapporte que dans une île près de la
côte des Patagons son équipage en prit trois cents dans
l'espace d'un quart d'heure, et qu'on aurait pu en prendre
tout aussi facilement trois mille. « On les chassait devant soi,
dit ce navigateur, comme des troupeaux, et chaque coup de
bâton en abattait un. »

Dans une autre île, près du détroit de Magellan, les matelots du capitaine Drake en tuèrent plus de trois mille en
un jour.

Ces faits n'ont rien d'exagéré. La terre visitée par ces navigateurs était pour ainsi dire vierge, et ces oiseaux, qui

Fig. 49. Manchot.

avaient pu s'y propager en toute sécurité, s'étaient succédé,
de génération en génération, en nombre incalculable.

Les manchots n'ont pas peur de l'homme : ils l'attendent
de pied ferme, et se défendent à coups de bec lorsqu'il veut
mettre la main sur eux. Quand on les poursuit, ils feignent
quelquefois de fuir de côté, pour se retourner aussitôt et se
jeter sur les jambes de l'assaillant. D'autres fois, « ils vous
regardent, dit Pernetty, en penchant la tête sur un côté, puis
sur l'autre, comme s'ils se moquaient de vous. » Ils se tiennent debout, sur leurs pattes, le corps redressé en ligne
perpendiculaire avec la tête et le cou. Dans cette attitude, on

lès prendrait de loin póur de petits bonshommes portant des tabliers blancs, ou pour des enfants de chœur en surplis et camail noir.

Lorsque les manchots crient, on croirait entendre le braiement d'un âne. Les navigateurs qui passent, dans les soirées de calme, devant les îles des mers australes, croient que ces parages sont habités, car la bruyante voix de ces oiseaux produit un bruit qui rappelle celui de la foule un jour de fête.

La chair des manchots est un médiocre manger, mais elle est une ressource précieuse pour les marins qui voyagent dans ces parages incultes, après avoir épuisé leurs provisions. Comme la plupart des œufs des Palmipèdes, leurs œufs sont très bons.

Les *Grèbes* ont la tête petite, le cou allongé, le corps ovale, les jambes entièrement engagées dans l'abdomen, la queue

Fig. 50. Grèbe huppé.

rudimentaire, les tarses comprimés, et les doigts antérieurs réunis à leur base par une membrane, puis lobés dans le reste de leur étendue.

Ces oiseaux vivent sur la mer, mais ils habitent de préférence les eaux douces. Ils se nourrissent de petits poissons, de vers, de mollusques, d'insectes et de végétaux aquatiques. S'ils plongent et nagent admirablement, ils volent aussi fort bien. Ils font toutefois très peu usage de leurs ailes. Ils ne

Fig. 51. Grèbe castagneux et son nid.

s'enlèvent dans les airs que lorsqu'ils sont poursuivis, ou lorsqu'ils émigrent à l'automne et au printemps : à l'automne, pour se disperser sur les lacs intérieurs, et au printemps, pour choisir un endroit favorable à leur ponte.

Les *Grèbes* nichent le plus souvent dans une touffe de roseaux au bord de l'eau. Leur nid est composé, à l'extérieur, de grandes herbes grossièrement entre-croisées, et à l'intérieur, de débris de végétaux délicatement arrangés. Le nombre de leurs œufs varie de trois à sept.

Sur terre, ils ne marchent pas, ils rampent pour ainsi dire. Ils sont obligés de se tenir presque droits, appuyés sur le croupion, les doigts et les tarses étendus latéralement. Mais, autant ils sont disgracieux à terre, autant ils sont élégants dans l'eau.

Ces oiseaux sont couverts d'un duvet si serré, si ferme et si bien lustré, qu'on fait avec la peau de leur poitrine des manchons d'un blanc argenté qui sont impénétrables à l'eau. L'industrie emploie encore leur dépouille comme fourrure.

On trouve des grèbes dans l'ancien et le nouveau continent. En Europe, on en compte cinq espèces, savoir : le *Grèbe huppé* (*Podiceps cristatus*), gros comme un canard, armé d'une double huppe noire (fig. 50); le *Grèbe sous-gris* ou à joues grises; le *Grèbe cornu*, ou *esclavon*, pourvu de deux longues touffes de plumes en forme de cornes; le *Grèbe oreillard*, qui se distingue par son bec, dont la base est déprimée et la pointe relevée en haut; le *Grèbe castagneux* (fig. 51), qui habite principalement les eaux douces.

Parmi les grèbes exotiques, nous citerons : le *Grèbe de l'île de Saint-Thomas*, le *grand Grèbe*, le *Grèbe des Philippines* et le *Grèbe de Saint-Domingue*.

Les *Guillemots* (*Uria*) ont le bec long, droit, convexe en dessus, anguleux en dessous, un peu courbé et échancré à l'extrémité de chaque mandibule. Leurs jambes sont courtes, comprimées et placées à l'arrière du corps. Les trois doigts antérieurs sont engagés dans la même membrane, les ongles recourbés et pointus; le pouce est nul. Les ailes sont étroites, la queue est courte.

Ces oiseaux qui, placés à terre, ont grand'peine à se re-

lever, à cause de la conformation de leurs jambes, ne viennent sur le rivage que si le mauvais temps les pousse sur
les côtes ou lorsqu'ils sentent le besoin de pondre. Ils ont
le soin alors de choisir des éminences de rochers, du haut
desquelles ils puissent facilement se jeter dans la mer s'ils
sont inquiétés. Les écueils les plus escarpés qui se dressent
à pic au-dessus des flots sont couverts des nids de ces oiseaux. C'est là qu'il faut aller les chercher au prix de tous
les dangers. Chaque femelle ne pond qu'un œuf très gros.

Les guillemots se nourrissent de poissons, d'insectes et de
crustacés. Ils habitent les contrées boréales; mais ils émigrent sur nos côtes et dans les régions tempérées lorsque les glaces ont envahi les mers septentrionales. Pour exécuter leurs migrations, ils sont obligés de se servir de leurs ailes, qui sont très courtes. Aussi sont-ils de mauvais voiliers; ils rasent en volant la surface de l'eau, et ne s'élèvent jamais très haut dans les airs.

On distingue parmi les guillemots : le

Fig. 52. Guillemot à miroir blanc.

Guillemot à miroir blanc, le Guillemot Troïle, vulgairement
nommé grand Guillemot, ou Guillemot à capuchon, dont le bec
est plus long que la tête, et le Guillemot Ana, vulgairement
appelé Guillemot à gros bec, plus petit que le précédent.

Les Pingouins, dont le nom vient du mot latin pinguis, qui
signifie graisse, ont le corps abondamment imprégné d'une
graisse huileuse.

Ces oiseaux appartiennent exclusivement aux pays froids.

Ils quittent fort rarement les côtes, et ne paraissent sur le rivage qu'au temps de la ponte, à moins que des rafales ou des brisants ne les obligent à abandonner leur élément favori. A terre, ils se tiennent droits et assis sur le croupion. Ils portent la tête très haute et le cou tendu, tandis que leurs petits ailerons s'avancent comme deux bras. Quand ils marchent en troupe, le long de quelque saillie de rochers, ils ressemblent de loin à des soldats alignés.

A de certaines époques de l'année les pingouins se réunissent sur le rivage, et se mettent à délibérer. Ces assemblées, qui durent un jour ou deux, ne manquent pas d'une certaine solennité, car ces volatiles ont l'air tout à fait graves. Quand ils se sont entendus sur l'objet de la réunion, ils se mettent à l'œuvre avec activité. Sur un terrain assez uni, d'environ deux hectares, ils tracent un carré, dont un des côtés, parallèle au bord de l'eau, reste toujours ouvert pour servir d'entrée et de sortie. Puis avec leur bec ils ramassent les

Fig. 53. Grand Pingouin.

pierres de l'enceinte, qu'ils entassent en dehors des lignes, et s'en servent pour bâtir de petits murs, percés seulement de quelques portes. Pendant la nuit, ces portes sont gardées par des sentinelles. Ils divisent ensuite le terrain en carrés assez larges pour recevoir un certain nombre de nids, et laissent un chemin entre chaque carré. Un architecte ne ferait pas mieux.

Ce qu'il y a d'étrange, c'est que d'autres oiseaux, c'est-à-dire les *Albatros*, êtres essentiellement aériens, s'associent, à l'époque de la couvée, aux pingouins, ces demi-poissons pour nicher avec eux. A côté d'un nid de pingouins, on voit un nid d'albatros. Tout ce peuple d'oiseaux, divers par leur conformation et leurs mœurs, vit dans les meilleurs termes d'amitié. Chacun est chez soi. S'il y avait par hasard quelque reproche à faire, on pourrait tout au plus accuser le pingouin de voler parfois le nid de son voisin l'albatros.

D'autres oiseaux de mer viennent aussi demander l'hospitalité à cette petite république animale. Avec la permission des maîtres du logis, il placent leurs nids dans les carrés inoccupés.

La femelle du pingouin ne pond qu'un œuf, et elle ne l'abandonne que peu d'instants. Le mâle la remplace quand elle va chercher sa nourriture.

Ces oiseaux sont en si grande abondance dans les mers arctiques, que, dans une seule descente, le capitaine Mood put ramasser cent mille de leurs œufs.

On distingue deux espèces de pingouins : le *Pingouin commun* (*Alca Torda*); de la taille du canard, qui habite les mers glaciales, passe sur les côtes maritimes du nord-ouest de la France, et se reproduit dans quelques îlots de la Normandie; et le *Pingouin brachyptère* (fig. 53), vulgairement nommé *grand Pingouin* (*Alca impennis*), qui est presque de la taille de l'oie, qui habite les mers glaciales, et ne paraît en France qu'accidentellement, lorsqu'il est entraîné par des tempêtes. L'œuf du grand pingouin est le plus volumineux de tous ceux qui sont propres à l'Europe.

Tous les oiseaux aquatiques dont nous venons de parler, plongeons, manchots, grèbes, guillemots et pingouins, sont une précieuse ressource dans les pays du Nord, où la végétation est presque nulle. Les pauvres habitants des îles incultes des mers boréales trouvent dans les plumes, la peau, l'huile et les œufs de ces oiseaux, le vêtement, la nourriture et la lumière pour leur hiver, long et ténébreux. Seulement, pour atteindre ce qu'ils considèrent, avec raison, comme un bienfait du ciel, ils ont à surmonter des difficultés sans nombre. Ces volatiles nichent souvent dans des îlots presque inabordables, à cause des rochers qui surplombent de tous côtés. C'est sur les assises étagées de ces îlots que

Fig. 54. Les oiseaux de mer, aux îles Fœroé.

de courageux chasseurs vont, à l'époque de la ponte, recueillir les œufs, et faire, pour ainsi dire, la moisson des
oiseaux de mer. Des hommes marchent le long des falaises,
munis d'un filet conique attaché au bout d'une perche, et
qui leur sert à prendre les oiseaux voltigeant autour d'eux,
à peu près comme les enfants attrapent, chez nous, les
papillons dans nos prairies.

Mais ces chasses gracieuses au pied de la falaise ne sont,
pour ainsi dire, que les roses du métier. Le péril, le drame
et l'émotion palpitante sont au haut de l'escarpement des
rochers.

. Les intrépides habitants des îles Fœroé, îles danoises
situées au nord de l'Écosse, entre la Norvège et l'Islande,
dans l'océan Atlantique, procèdent comme il suit à la recherche des œufs et des jeunes oiseaux de mer.

Ils commencent (fig. 54) par se hisser, en grimpant le long
d'une perche, jusqu'au premier étage du rocher taillé à pic.
Quand ils ont atteint ce point, ils jettent une corde à nœuds
à leurs compagnons, qui viennent les rejoindre sur cette
corniche aérienne. Ils exécutent la même manœuvre, d'étage
en étage, jusqu'à ce qu'ils soient arrivés au sommet de la
falaise.

Mais ceci n'est rien. Il s'agit maintenant de visiter les
cavernes où se trouvent les nids.

Sur le bord du rocher, on place horizontalement une
poutre. A cette poutre on attache un câble de six centimètres
de diamètre et qui n'a pas moins de trois cents mètres de
longueur. Au bout de cet immense fil se trouve une planchette sur laquelle s'assied le chasseur d'oiseaux, ou *fugle-
mond*, comme on le nomme dans le pays. Cet homme tient à
la main une corde légère pour faire à ses compagnons des
signaux convenus. Alors six hommes le descendent le long des
rochers qui surplombent la mer. Le chasseur, suspendu à
l'extrémité de cette immense corde, descend de récif en récif,
de roc en roc; il visite tous les entablements et fait une ample
moisson d'œufs et d'oiseaux, en les prenant à la main, ou en
les attrapant avec son filet. Il place dans un sac, qu'il porte
en bandoulière sur l'épaule, le produit de cette expédition
périlleuse. Quand il veut changer de place, il imprime à la

corde un fort mouvement d'oscillation, qui le lance vers la partie du rocher qu'il veut visiter. Quand la récolte est suffisante, quand la chasse est terminée, il avertit par un signal ses compagnons,.qui le hissent au sommet de la falaise.

Quelle incroyable adresse, et quel courage ne faut-il pas à l'homme, ainsi suspendu par un frêle lien au-dessus d'un précipice affreux! Que d'obstacles à surmonter, que de périls à craindre! La corde peut être coupée en frottant quelque temps et s'usant sur le roc; elle peut se tordre, et le malheureux tourne sur lui-même, exposé à se briser la tête contre les rochers. Quand il imprime à la corde un brusque balancement pour changer de place, il risque de se briser la tête ou les membres contre une saillie de rocher, ou d'être écrasé par les pierres qui se détachent au contact de la corde!

Quelquefois on entend retentir un grand cri, le cri suprême du désespoir. Effrayés, les hommes qui tiennent la corde se penchent, en rampant, sur l'abîme pour distinguer au-dessous d'eux; mais ils n'aperçoivent rien : ils n'entendent que la grande voix de la mer, qui domine tous les bruits. Ils se hâtent alors de retirer la corde. Mais hélas! elle est devenue légère : elle est vide. Le chasseur a dû être saisi de vertige; ou bien il aura perdu l'équilibre sur ces pierres glissantes, et le flot qui mugit à la base de cet effrayant mur de rochers se sera ouvert, puis refermé sur lui, pour l'ensevelir.

Aussi l'habitant des îles Fœroé, quand il part pour une expédition de ce genre, fait-il ses adieux à sa famille. Cependant les catastrophes ne sont pas trop fréquentes. L'homme qui vit dans ces climats déshérités de la nature a l'habitude de lutter contre les éléments, et de triompher presque toujours des périls qui l'environnent. Il sait qu'il va demander aux abîmes la nourriture de sa femme et de ses enfants : cette idée ranime et soutient son courage.

Lamellirostres. — Ces palmipèdes se distinguent de tous les autres par leur bec lamelleux, épais, revêtu d'une peau molle, et pourvu de petites dents, par côté. La langue est charnue, large et dentelée sur les bords. Ces volatiles sont aquatiques et vivent principalement sur les eaux douces. Leurs ailes peu développées ne leur permettent pas, en gé-

néral, un vol bien soutenu. Leur nourriture est principalement végétale. .

Ce sous-ordre comprend les genres *Canard*, *Oie* et *Cygne*.

De nombreuses espèces de *Canards* peuplent, dans toutes
les parties du monde, les rivages de la mer et les rivières.
Nul oiseau n'est répandu avec plus de profusion autour du
domaine des eaux. Quelques espèces sont remarquables
par la beauté et par l'éclatante variété de leurs couleurs.
Sur terre, la démarche dandinante et gênée des canards
est assez disgracieuse, mais sur l'eau ils sont élégants et
agiles. Voyez-les glisser légèrement à la surface de l'onde,
ou bien plonger, en faisant des culbutes, pour se baigner ou
chercher leur nourriture. Tous leurs mouvements s'exécutent

Fig. 55. Canards sauvages.

avec facilité, leurs évolutions se font avec grâce; on voit qu'ils
sont dans leur élément naturel. Ils aiment à barboter dans
la vase, où ils trouvent un continuel aliment à leur voracité.
Du reste, toute nourriture leur est bonne. Ils engloutissent
insectes d'eau, vers, limaces, escargots, petites grenouilles,
pain, viande fraîche ou gâtée, poisson vivant ou mort. Ils sont
en général si goulus, qu'on en a vu souvent deux tiraillant
et se disputant, pendant plus d'une heure, la peau d'une
anguille, ou tout autre débris de ce genre que l'un avait déjà
avalé, tandis que le second tenait ferme à l'autre bout.

Nous parlerons d'abord du *Canard ordinaire* ou *Canard
sauvage* (*Anas boschas*), si répandu dans nos pays pendant
l'hiver.

Le mâle a la tête, la gorge et la moitié supérieure du cou d'un vert d'émeraude, à reflets violets, et la poitrine d'un brun pourpré; le dos est d'un brun cendré, semé de zigzags gris-blanc. Les quatre plumes du milieu de la queue, recourbées en demi-cercle, sont d'un noir à reflets verts. La femelle, toujours plus petite, est variée de brun et de gris roussâtre.

Les canards sauvages (fig. 55) sont la souche de toutes nos races de canards domestiques. Ils ont pour véritable patrie ces contrées hyperboréennes que l'homme ne peut habiter, à cause de la rigueur du climat. Les rivières de la Laponie, du Groenland, de la Sibérie en sont littéralement couvertes, et au mois de mai leurs nids s'y trouvent en quantités telles, que l'imagination a peine à se les représenter. Aux premiers froids, les éclaireurs commencent à arriver chez nous, et vers la première quinzaine d'octobre ces bandes voyageuses augmentent en nombre.

Les canards ont le vol rapide, puissant et soutenu. D'un seul coup d'aile ils s'enlèvent de terre, aussi bien que de l'eau, et montent perpendiculairement jusqu'au-dessus de la cime des plus grands arbres; puis ils volent horizontalement. Ils se tiennent à de grandes hauteurs, et font de longs trajets sans prendre de repos. On les voit se diriger, en colonnes triangulaires, vers le but de leur voyage, et l'on entend le sifflement de leurs ailes d'une distance considérable. Celui qui dirige la marche, et qui prend toute la peine en fendant l'air le premier, est bientôt fatigué; il passe alors au dernier rang, pendant qu'un autre prend sa place (fig 56).

Les canards sauvages sont d'une méfiance extrême. Quand ils vont s'abattre sur un point, ou passer d'un étang à un autre, ils décrivent dans l'air des courbes concentriques, descendant et remontant jusqu'à ce qu'ils aient fait une reconnaissance complète de leur nouvelle station.

C'est principalement sur le bord des eaux douces de nos étangs, de nos lacs et de nos marais que se tiennent les canards sauvages, tant que les rigueurs de l'hiver ne les privent pas des insectes aquatiques. Mais quand la gelée a solidifié les eaux stagnantes, ils se transportent dans des pays plus tempérés, tout en suivant les rivières et les eaux cou-

Fig. 56. Vol de Canards sauvages.

rantes. Quand ils repassent après le dégel, c'est-à-dire vers le mois de février, ils se tiennent isolément, par couples, dans les joncs, dans les roseaux et les herbes. Quelquefois ils demeurent parmi nous, et nichent dans nos pays.

Il ne faut pas demander l'élégance au nid des canards sauvages. Souvent ils font choix d'une épaisse touffe de joncs, grossièrement tassée, et se contentent d'en couper ou d'en plier les tiges. Cependant ils garnissent l'intérieur d'une bonne couche de duvet. On trouve même leurs nids assez loin de l'eau, au milieu des bruyères. Parfois la femelle s'empare des nids de pies ou de corneilles, abandonnés par ces oiseaux sur les arbres.

Elle pond de dix à quinze et jusqu'à dix-huit œufs, d'une coloration différente, mais le plus souvent d'un blanc verdâtre. La femelle couve seule et ne quitte le nid que pour aller chercher sa nourriture. Quand elle rentre, notre rusée s'abat à une centaine de pas, pour se glisser à travers les herbes jusqu'au nid, regardant de toutes parts si elle n'est pas épiée.

L'incubation dure un mois environ. Au bout de ce temps, les petits viennent à éclore, généralement tous le même jour. Aussitôt éclos, la mère les conduit à l'eau, et les encourage par son exemple. Ils ne rentrent plus dans le nid; le soir, la mère cache ses petits sous ses ailes, et les nourrit d'abord de tous les moucherons qui passent à leur portée.

Les canetons sont couverts d'un petit duvet jaunâtre qui ne leur permet pas de voler. Ce n'est qu'au bout de trois mois que les pennes des ailes sont poussées et qu'ils peuvent prendre leur vol.

A l'approche d'un danger, la mère fait entendre un cri particulier, et à l'instant ses petits se cachent sous l'eau. Quand elle aperçoit le *grand Goéland*, le plus cruel ennemi de sa race, elle bat l'eau de ses ailes, comme pour attirer toute l'attention de l'agresseur. D'autres fois, elle s'élance sur lui, avec tant de force, qu'elle l'oblige à se retirer, honteux et battu.

Audubon raconte un trait remarquable de l'amour maternel de cet oiseau des marais. Le naturaliste américain avait trouvé dans les bois une femelle à la tête de sa jeune couvée. En s'approchant d'elle, il vit ses plumes se hérisser, et il l'entendit siffler d'un air menaçant à la manière des oies. Pendant ce temps, les petits décampaient dans toutes les directions. Son chien, parfaitement dressé, lui rapporta les canetons, un à un, sans leur faire aucun mal. Mais, dans toutes ses marches et démarches, il était épié par la mère, qui passait et repassait devant lui, comme pour le troubler dans ses recherches. Quand les canetons furent tous dans la gibecière, où ils criaient et se débattaient, la mère vint, d'un air triste et chagrin, se poser tout près du chasseur : elle ne pouvait résister à son désespoir. Audubon, saisi de pitié en la voyant se rouler presque sous ses pieds, lui rendit sa jeune famille et s'éloigna. « En me retournant pour l'observer, ajoute Audubon, je crus réellement apercevoir dans ses yeux une expression de gratitude, et cet instant me procura l'une des plus vives jouissances que j'aie jamais éprouvées. »

Pendant que la mère s'est livrée à l'éducation de la couvée, le père ne s'est guère occupé de sa progéniture. Fatigué et maigri, il vit immobile, dans l'isolement, plus triste et plus sauvage que jamais. C'est qu'il a subi une mue presque subite. La femelle perdra aussi ses plumes après l'éclosion des petits. Et ce n'est que vers la fin de l'automne qu'ils reprendront tous les deux leur robe éclatante.

De nombreux exemples prouvent que les canards sauvages sont susceptibles de s'attacher à l'homme. On peut facilement les apprivoiser.

La chair du canard sauvage est très estimée. Mais ces oiseaux sont fort difficiles à prendre, à cause de leur extrême défiance; il faut, avec eux, faire assaut de ruse. On ne peut les tirer que de fort loin, car ils se laissent difficilement approcher, et le plomb se perd souvent dans les couches épaisses de leur duvet. Aussi emploie-t-on pour les prendre divers moyens, qui tous exigent beaucoup de finesse. On les chasse à l'affût au moyen de canards domestiques (fig. 57) qui servent d'appeaux, à la hutte, au réverbère, au moyen d'appels, aux filets, à la nasse, au lacet, à l'hameçon, etc.

La chasse ordinaire, qui se fait au fusil et à découvert

Fig. 57. Chasse au Canard à l'affût avec des canards appelants.

(fig 58), est loin d'être aussi productive que les précédentes, mais elle est bien plus attrayante. Il n'est pas de chasse plus accidentée, plus féconde en surprises.

La *chasse à la hutte* (fig. 59) est la plus répandue. Des chasseurs cachés dans une hutte construite au bord des eaux, ou dressée au milieu d'un étang, sur de gros pieux, attendent ces oiseaux, pour les tirer de près. On emploie généralement des fusils longs et de gros calibre nommés *canardières*.

Sur la Saône, un chasseur et un rameur se placent dans un bateau léger, long, étroit et pointu, appelé *fourquette*. Les

Fig. 58. Chasse du Canard sauvage au fusil.

deux hommes, couchés dans le fond du bateau, sont cachés par un fagot placé sur le devant; le bout de la canardière passe à travers le fagot. En descendant ainsi la rivière, ils trouvent l'occasion de tirer des canards sans être aperçus.

Pour déjouer les instincts méfiants des canards sauvages, les chasseurs emploient quelquefois un artifice bizarre : ils se déguisent en vache, au moyen d'une vache artificielle, appareil grossier fabriqué avec du mauvais carton. A la faveur de ce travestissement, on s'approche des canards sauvages, sans exciter leur défiance, quand on sait s'en servir, c'est-à-dire quand on décrit, avec la vache artificielle, de lentes et gracieuses courbes, pour avancer peu à peu vers ces craintifs palmipèdes. Cette chasse est assez productive; mais elle n'est pas sans dangers. Un chasseur qui s'était affublé d'un costume de vache, étant tombé, par mégarde, au milieu d'un troupeau de bœufs, ceux-ci se mirent à le poursuivre avec fureur dans la prairie. Il fut heureux d'en être quitte en abandonnant son déguisement à la rage de ses assaillants cornus.

On prend de grandes quantités de canards au moyen de filets ou de pièges divers, dont nous passerons l'énumération sous silence.

Les *Canards domestiques* (*Anas domestica*) descendent des canards sauvages. Le premier canard domestique, ancêtre d'une famille si prodigieusement multipliée, naquit certainement d'un œuf qui fut enlevé aux roseaux d'un marais, et donné à couver à une poule.

Réduits en domesticité depuis un temps fort reculé, les canards sont d'une grande utilité pour l'économie culinaire, et occupent dans nos basses-cours une place distinguée. Leurs œufs sont un manger sain et agréable, leur chair est savoureuse. Les gourmets recherchent avec raison les pâtés de foie de canards de Toulouse, de Strasbourg, de Nérac et d'Amiens (nous les rangeons ici, selon leur ordre de mérite, non de par le baron Brisse, mais d'après nos faibles capacités gastronomiques). Leurs plumes, sans valoir celles de l'oie, sont l'objet d'un commerce considérable.

Les canards procurent de bons bénéfices à ceux qui les élèvent. En effet, ils sont peu difficiles pour les aliments. Tout leur convient : les graines répandues dans la basse-cour et dédaignées par les autres volailles, et les résidus les plus infimes de la desserte des tables ou des cuisines. Tout ce qu'ils exigent, c'est un peu d'eau à leur portée, pour barboter à leur aise.

On donne souvent des œufs de canne à couver à une poule. Tout en cherchant sa nourriture, elle conduit ses petits au bord de l'eau, et leur fait entrevoir le danger. Mais les canetons, poussés par leur instinct, se jettent dans leur élément de prédilection. Alors la pauvre mère, inquiète sur le sort de ces jeunes étourdis qu'elle aime comme ses propres enfants, jette des cris d'épouvante. Elle se jetterait résolument dans

Fig. 59. Chasse du Canard sauvage à la hutte.

l'eau et s'y noierait, si elle ne se tranquillisait en les voyant nager, gais et agiles. A ce signe la poule ne reconnaît plus son sang.

On compte plusieurs variétés du canard domestique, mais la race normande et la race picarde sont les plus avantageuses.

Tous les peuples de la terre élèvent des canards; mais ceux qui excellent dans cet art sont sans contredit les Chinois. Ils ont recours, pour les faire éclore, à une chaleur artificielle. Les Chinois possèdent de superbes variétés, qui, importées récemment en France, font aujourd'hui la gloire de nos pièces d'eau. On peut admirer de magnifiques couples de canards de la Chine au Jardin d'acclimatation de Paris.

Le *Canard ordinaire* que nous venons de décrire est l'espèce type du genre canard; mais on compte environ soixante-dix autres espèces. Les plus remarquables sont les *Garrots*, les *Milouins*, les *Souchets*, les *Tadornes*, l'*Eider*, la *Sarcelle*, la *Macreuse* et les *Harles*.

Le *Canard Garrot* (*Anas clangula*) est désigné parfois sous le nom de *Canard aux yeux d'or*, à cause de l'éclat de l'iris de son œil. Dans quelques provinces on lui a donné le surnom de *canard pie*, parce que son plumage, vu d'une certaine distance, semble uniquement composé de noir et de blanc.

Le vol du garrot est bas et rapide. Au mois de novembre, il arrive en France, par petites troupes, pour y séjourner jusqu'au printemps. Puis il retourne dans sa patrie, la Suède, la Norvège, la Laponie. Comme il se laisse facilement approcher, les chasseurs du littoral de la Picardie, de la Normandie et des Landes prennent de grandes quantités de ces oiseaux.

Le *Canard Milouin* (*Anas ferina*, fig. 60) est la variété la plus multipliée dans nos climats, après celle du canard ordinaire. Presque aussi gros que ce dernier, il fait son nid sur les joncs des étangs, et se nourrit presque exclusivement de vers, de mollusques et de petits poissons.

Cet oiseau arrive en France, au mois d'octobre, par troupes de vingt à quarante individus, et se laisse prendre aisément au filet.

Le *Canard Souchet* (*Anas clypeata*) est fort commun sur la Seine et sur la Marne, où il est désigné sous le nom de *Rouge de rivière* (fig. 61). Plus petit que le canard ordinaire, il a un bec très long, à mandibule supérieure demi-cylindrique, et dilatée à son extrémité en forme de spatule. Cet oiseau est charmant. Il a la tête et le cou d'un vert clair, et les ailes variées de bleu clair, de vert, de blanc et de noir. On l'appelle *rouge*, parce qu'au ventre son plumage est roux.

Fig. 60. Canard Milouin.

Au mois de février, il abandonne les contrées du Nord, pour fréquenter nos cours d'eau et nos étangs. Un assez grand nombre de souchets restent dans nos pays pour y nicher. Leur ponte est de huit à douze œufs. Les petits sont d'une laideur extrême en naissant; leur bec est presque aussi large que le corps. La chair des souchets est tendre et délicate et conserve sa couleur rosée même après la cuisson.

Fig. 61. Canard Souchet (rouge de rivière.)

Le *Canard Tadorne* (*Anas Tadorna*, fig. 62) est le plus remarquable de tous les canards, par sa taille, par la beauté et l'élégante variété de son plumage. Il est plus gros et plus haut de jambes que le canard ordinaire. Son plumage a des couleurs très vives. Il est blanc, avec la tête verte; autour de la poitrine, il a une ceinture couleur cannelle, et ses ailes sont variées de noir, de blanc, de roux et de vert.

Le Tadorne abonde sur les bords de la mer Baltique et
de la mer du Nord; on le retrouve en Amérique, sur les mers
australes, comme sur l'océan Boréal. La femelle choisit, pour
nicher, les trous de lapin qui sont dans les dunes, et les
pauvres lapins, dépossédés de leur terrier, ne se hasardent
plus d'y rentrer.

Le *Canard Eider* (*Anas mollissima*) est l'oiseau du Nord qui
fournit ce duvet si doux, si léger et si chaud qui fut connu

Fig. 62. Canard Tadorne.

d'abord sous le nom d'*Eider-don* ou duvet d'*Eider*, d'où l'on a
fait le nom d'*édredon*. Son plumage est blanchâtre, mais la
calotte, le ventre et la queue sont noirs.

L'*Eider* habite les mers glaciales du nord de l'Europe. Les
poissons et les vers aquatiques composent sa nourriture. Il
niche au milieu des rochers baignés par la mer. Quelquefois
deux femelles couvent dans le même nid, qui en renferme
alors dix, neuf au moins, car chacune d'elles n'en pond que
cinq ou six. Le nid est grossièrement fabriqué avec des

plantes marines, mais il est garni à l'intérieur d'une couche très épaisse de duvet, que l'oiseau arrache de son ventre.

Le lieu où nichent les eiders est toujours d'un difficile accès. Cependant les habitants de l'Islande, de la Laponie et des rivages de la mer du Nord savent bien découvrir leur refuge, et la moisson qu'ils font de ces oiseaux, à l'époque de la ponte, leur procure un important revenu. L'édredon est, en effet, l'objet d'un grand commerce. Les rochers où vont nicher les eiders sont des propriétés privées, qui se transmettent précieusement dans les familles comme autant de précieux avantages.

Le *Canard Sarcelle* (*Anas Crecca*) est plus petit que le *Canard ordinaire*.

Fig. 63. Sarcelle commune.

Cet oiseau paraît en France au printemps et en automne. Il niche dans toute l'Europe tempérée, et s'avance un peu vers le midi.

Le groupe des Sarcelles présente plusieurs variétés. On divise celles de nos climats en trois sortes : la *Sarcelle commune* (fig. 63), la *Sarcelle d'été* et la *petite Sarcelle*.

Les Romains avaient domestiqué la sarcelle, comme on peut le voir dans Columelle (*De re rustica*). Aujourd'hui, cet oiseau a repris l'état sauvage, et c'est là une perte regrettable pour nos basses-cours. La chair de la sarcelle est fort estimée.

Les sarcelles, moins craintives que les canards, se laissent facilement approcher par le chasseur.

Le *Canard macreuse* (*Anas nigra*, fig. 64) est presque aussi grand que le *Canard ordinaire*, mais plus court et plus ramassé. Son plumage est entièrement noir; il est grisâtre dans la jeunesse.

La *Macreuse* passe sa vie à la surface des eaux, et ne s'aventure sur la terre que poussée par la tempête, ou pour venir nicher dans les marécages. Elle ne fait que voleter au-dessus de la mer, et ne se sert de ses ailes que pour fuir

Fig. 64. Macreuse.

un danger, ou pour se transporter plus rapidement d'un point à un autre. Ses jambes, pendantes, rasent continuellement la surface des eaux; elle semble toujours quitter à regret son élément favori.

Sur la terre, les macreuses marchent lentement et sans grâce; mais dans l'eau elles sont infatigables. Comme les pétrels, elles ont le singulier privilège de courir sur les vagues. Elles habitent les deux continents. Vers le mois d'octobre, poussées par les vents du nord et du nord-ouest, elles descendent des contrées septentrionales de l'Europe sur les côtes maritimes de l'Océan et de la Méditerranée.

Les macreuses affectionnent les étangs avoisinant la mer et les anses maritimes, où elles trouvent un abri contre les tempêtes. C'est là qu'on leur fait la terrible chasse dont nous allons parler.

Deux ou trois fois pendant l'hiver, de grandes affiches placardées dans certaines villes du département de l'Hérault, à Montpellier, à Cette, à Adge, font savoir qu'un vol considérable de macreuses (appelées à tort *foulques* dans le pays) s'étant abattu dans l'étang voisin, une grande chasse aura lieu à tel jour indiqué. C'est pour les chasseurs une véritable fête, qui attire un concours extraordinaire de personnes. Tout le monde se met en route, au milieu de la nuit, les uns en voiture, les autres en charrette, et les plus modestes sur un âne. On arrive ainsi au point du jour au bord de l'étang. Là, chacun monte dans un bateau loué d'avance et pourvu d'un rameur. A un signal donné, toutes les barques quittent le rivage et s'avancent lentement vers la partie de l'étang où se trouvent les macreuses.

Ces apprêts inusités étonnent ces oiseaux, qui poussent de petits cris, et qui bientôt se serrent les uns contre les autres, avec frayeur. Les barques des chasseurs les cernent de tous les côtés et, rétrécissant peu à peu le cercle, les tiennent enfermés dans cet espace. Les macreuses, qui voient ainsi l'ennemi s'avancer en bon ordre, plongent et replongent avec inquiétude. Mais bientôt, se sentant trop pressées, elles déploient leurs ailes, pour s'enlever et passer au-dessus des chasseurs. C'est alors que commence une épouvantable fusillade. Les coups de feu ne cessent de retentir, car cinq cents chasseurs sont d'habitude réunis sur la surface d'un étang assez petit, comme celui de Mauguio ou de Palavas. Le massacre dure des heures entières. En effet, la macreuse, qui ne vole jamais bien loin, est sans cesse poursuivie de place en place par l'impitoyable barque qui se charge de morts, comme celle du vénérable Caron. Quand il n'y a plus de macreuses sur les eaux de l'étang, les bateaux virent de bord, et reviennent le long du rivage poursuivre les blessées. Trois mille macreuses tombent, dans l'espace de quelques heures, sous le plomb meurtrier.

De fréquentes querelles s'élèvent entre les chasseurs. Souvent on se dispute une pièce, qui a été, en effet, tirée de plusieurs barques lancées en même temps à sa poursuite; et grâce à la vivacité des têtes méridionales, ces querelles, commencées par des injures et des cris, se terminent quelquefois par un coup de fusil.

Aussi le tumulte est-il partout à son comble, et cette chasse est-elle aussi féconde en dangers qu'en plaisirs. Tantôt c'est un bateau qui chavire, par l'empressement excessif des rameurs; tantôt c'est un chasseur qui est blessé par un maladroit voisin; d'autres fois ce sont deux hommes qui tombent à l'eau en s'arrachant leur proie.

Voilà ce que j'ai vu bien souvent dans ma jeunesse, la chasse aux macreuses étant le bonheur suprême des enfants du *Clapas* (Montpellier).

La même chasse se fait à Hyères (Var) et dans l'étang de Berre, près de Marseille.

La macreuse est l'objet de chasses particulières quand elle ne paraît pas en bandes voyageuses. On la chasse alors en bateau, comme tout gibier d'eau de son espèce (fig. 65).

Sur les côtes de la Picardie, où les macreuses abondent pendant l'hiver, on leur fait une chasse très destructive. On tend horizontalement des filets, à quelques pieds au-dessus des bancs de coquillages, dont ces oiseaux font leur nourriture, et que la mer laisse à découvert pendant le reflux. Quand elles plongent pour saisir leur proie, les macreuses demeurent empêtrées dans les mailles du filet.

La macreuse fait mauvaise figure sur une table aristocratique. Sa chair, qui n'est pas toujours tendre, conserve un goût de marais très prononcé. Elle était autrefois très recherchée, mais ce n'était pas précisément pour ses qualités culinaires. La macreuse était alors en grande faveur, par la raison qu'il était permis de la manger en carême, comme le poisson.

Voici sur quelles considérations assez singulières l'Église catholique avait fondé cette tolérance, qui d'ailleurs subsiste encore et reçoit sa pleine exécution de nos jours.

Les conciles du douzième siècle permirent aux laïques, comme aux religieux, de manger des macreuses en carême, parce qu'on admettait généralement alors, sur la foi d'Aristote, que ces oiseaux ne sortaient pas d'un œuf, mais qu'ils tiraient leur origine des végétaux. Les savants du moyen âge et de la Renaissance voyant paraître subitement des quantités considérables de ces oiseaux, dont on ne connaissait ni les nids ni les œufs, s'étaient livrés à toutes sortes de conjectures pour expliquer ce fait mystérieux. Ils prêtèrent à la macreuse des modes de génération tout à fait inusités. Les uns, voyant une apparence de plumes dans les tentacules ciliés du mollusque qui habite la coquille appelée *Anatife*, voulaient que ce coquillage se changeât en macreuse. D'autres s'imaginaient que les macreuses provenaient du bois de sapin pourri, qui avait longtemps flotté dans la mer, ou bien des champignons et des mousses marines qui se développent sur les débris des navires. Quelques-uns même soutenaient qu'en Angleterre, et particulièrement dans les îles Orcades, il existe un arbre dont les fruits, quand ils tombaient dans la mer, se changeaient en un oiseau qu'on appelait, pour rappeler son origine, *Anser arboreus*, et que l'on croyait être la macreuse.

Les naturalistes du moyen âge et de la Renaissance qui développaient ces vues transcendantes pouvaient se vanter d'avoir Aristote de leur côté, car ce philosophe illustre croyait à la génération spontanée de bien des animaux divers; il admettait que les rats, par exemple, naissent de la pourriture végétale, et que les abeilles proviennent du cadavre d'un bœuf. Qui ne connaît l'admirable épisode du quatrième livre des *Géorgiques : Pastor Aristæus...*, où Virgile développe en beaux vers cette dernière et poétique fiction?

A la vérité, le pape Innocent III, mieux avisé qu'Aristote sur le chapitre de l'histoire naturelle des macreuses, avait fait justice de tous ces contes, en interdisant l'usage de ce gibier pendant le carême; mais personne, ni dans les monastères, ni dans les châteaux, ni dans les tavernes, n'avait voulu prendre au sérieux l'interdiction du souverain pontife.

Il arriva pourtant sur cette question controversée un éclaircissement inattendu. Un navigateur hollandais, Gérard Veer, trouva, dans un de ses voyages au nord de l'Europe, des œufs de macreuses. Il les rapporta, les fit couver par une

Fig. 66. Chasse des Macreuses à l'affût.

poule, et en vit sortir des macreuses, en tout semblables à celles que les anciens déclaraient provenir de la pourriture des plantes. Gérard Veer annonçait que ces oiseaux nichent dans le Groenland, ce qui expliquait l'absence complète de leurs œufs dans nos contrées.

Cette découverte du navigateur hollandais fut assez mal accueillie. L'usage était depuis longtemps établi de manger des macreuses en carême; l'Église l'autorisait, et tout le monde s'en trouvait bien. On renvoya donc Gérard Veer à ses galiotes, et l'on chercha toutes sortes d'autres raisons pour dégager les consciences et les estomacs également alarmés.

Ces raisons d'ailleurs ne manquèrent pas. On prétendit que les plumes des macreuses sont d'une nature bien différente de celle des autres oiseaux, que leur sang est froid, qu'il ne se condense pas quand on le répand, que leur graisse a, comme celle des poissons, la propriété de ne jamais se figer, etc.

L'analogie entre les poissons et les macreuses étant ainsi mise en lumière, la permission des conciles persista, et l'on mangea plus que jamais des macreuses en carême.

Enfin, comme les écrivains du moyen âge et de la Renaissance, assez mauvais naturalistes, avaient très vaguement défini la macreuse, il s'ensuivit que l'on étendit à plusieurs autres oiseaux de marais le même mode fabuleux de reproduction, et par conséquent la même tolérance en temps de carême. Si bien que l'on mangeait sous le nom usurpé de *macreuses* différents oiseaux de marais, tel que l'*Oie cravan* et l'*Oie bernache*. Personne ne songea à réclamer contre une assimilation qui mettait d'accord la dévotion et la gourmandise.

Il faut ajouter que la même confusion, au point de vue de l'histoire naturelle, dure encore, car sur les côtes de l'Océan on appelle aujourd'hui *Macreuses* plusieurs variétés du genre Canard.

On distingue cinq espèces principales de Macreuses. Les plus remarquables sont la *Macreuse commune* (*Anas nigra*, fig. 64) et la *Macreuse à large bec*.

Le *Harle* (*Mergus*, de *mergere*, submerger), dont on fait

quelquefois un genre séparé du genre Canard, se reconnaît
à son bec grêle, presque cylindrique, armé sur les bords de
pointes dirigées en arrière, et ressemblant à des dents de scie.
Du reste, par le port, le plumage et les mœurs, le harle a
beaucoup d'analogie avec le canard.

Les harles viennent très rarement à terre; ils sont exclusivement aquatiques, et fréquentent les rivières, les lacs et les
étangs. Les Latins leur avaient donné le nom de *Mergus* à
cause de leur habitude de nager le corps submergé, la tête
paraissant seulement au-dessus de l'eau.

Ces oiseaux se nourrissent de poissons, et en détruisent une
énorme quantité. Comme ils jouissent de la faculté d'accu-

Fig. 66. Harle huppé.

muler beaucoup d'air dans leur trachée, ils peuvent rester
quelques instants sans respirer. Ils en profitent pour plonger
jusqu'au fond de l'eau, où ils vont chercher leur nourriture,
et ne reparaissent qu'après avoir parcouru un grand espace.
Leur agilité est extrême dans la poursuite de leur proie; car,
pour accélérer leur nage, ils se servent non seulement de
leurs pieds, mais encore de leurs ailes. Les harles ont l'habitude d'avaler le poisson par la tête; aussi arrive-t-il souvent
que le reste du corps est trop gros pour que la déglutition
puisse s'en faire aisément. Loin de le rejeter, ils l'avalent peu
à peu; et quelquefois la digestion de la tête du poisson est
commencée dans l'estomac de l'oiseau, quand la queue entre
à peine dans l'œsophage.

Le vol des harles est rapide et soutenu, sans cependant s'élever bien haut. Leur démarche à terre est vacillante et embarrassée. Ils habitent d'ordinaire les régions tempérées pendant l'hiver, et retournent au printemps dans les contrées boréales, où ils vont nicher. Leur ponte, qui est de huit à quatorze œufs blanchâtres, se fait, soit sur le rivage entre deux pierres roulées, soit sur les bords des étangs ou des rivières dans les buissons et les herbes, quelquefois dans le creux d'un arbre.

Le harle est de passage régulier en hiver sur nos côtes, sur les lacs de l'intérieur. Sa chair est détestable.

L'*Oie* (*Anser*) forme un genre particulier parmi les Palmi-

Fig. 67. Oie cravan.

pèdes. C'est un oiseau fort mal à propos dédaigné, car il nous rend de très grands services.

Les oies se rapprochent des canards et des cygnes, mais elles sont moins aquatiques. Elles s'éloignent des eaux à des distances considérables, recherchent les prairies humides et les marais, où elles trouvent des plantes de leur goût et des graines diverses. Elles nagent assez peu et ne plongent pas. Elles nichent à terre, et pondent de six à huit œufs, qu'elles couvent un peu plus d'un mois. Les petits, en sortant de la coquille, commencent à marcher et se nourrissent eux-mêmes. Les oies, surtout les mâles, subissent deux mues par an, en juin et en novembre.

On entend de fort loin une bande d'oies qui cherchent leur nourriture, en se livrant à de bruyants ébats. Leur cri, qu'elles répètent fréquemment, est comme un son de trompette ou de clairon (*clangor*). Elles ne cessent de grommeler des accents plus brefs, mais plus continus, qui annoncent leur approche.

Deux membranes, juxtaposées au bas de la trachée-artère, produisent le son nasillard de la voix des oies et des canards. Les deux membranes sont placées l'une à côté de l'autre, aux deux embouchures osseuses et allongées du larynx interne, qui donnent entrée aux deux premières bronches. Un examen attentif de cet organe chez les oies a pu contribuer à l'invention de certains instruments à vent, comme le hautbois, le basson, la cornemuse, la clarinette et même l'orgue.

Lorsqu'elles sont attaquées, les oies font entendre un sifflement semblable à celui de la couleuvre. On a cherché à exprimer ce son par les trois mots latins *strepit, gratitat, stridet.* Le bruit le plus léger les éveille, et elles font alors entendre un cri unique, mais unanime, qui semble avertir la troupe d'un danger imminent. Aussi certains auteurs ont-ils avancé que l'oie est plus vigilante que le chien.

Tout le monde connaît l'histoire des oies du Capitole, qui sauvèrent les Romains de l'assaut tenté par les Gaulois. Le peuple romain, dans sa reconnaissance, fixait tous les ans une somme destinée à l'entretien des oies du Capitole, et au jour anniversaire du succès triomphant des gardiens emplumés, on fouettait des chiens devant le Capitole, en punition de leur coupable mutisme.

Les Gaulois n'ont jamais pardonné aux oies d'avoir fait avorter leur attaque. Nous-mêmes, les descendants des fiers compagnons de Brennus, ou les conquérants de leur territoire, paraissons avoir hérité de la haine de nos ancêtres. Dans beaucoup de fêtes de village, on attache quelques oies par les pattes, pour leur couper le cou avec un sabre ou pour les abattre, en leur lançant à la tête des pierres ou des bâtons. L'animal éprouve, à chaque coup, de terribles angoisses; et pourtant on le laisse souffrir jusqu'à ce qu'il ait rendu son dernier souffle. Alors le vainqueur l'emporte triomphalement à sa table, pour dévorer avec ses compagnons ce corps affreusement mutilé. L'Assemblée nationale, à la fin du siècle dernier, avait prescrit cette coutume sanguinaire, comme déshonorante pour une nation civilisée.

On ne saurait dire pourquoi les oies ont été, de tout temps, considérées comme le symbole de la stupidité. Elles jouissent d'une vue perçante, d'une remarquable finesse d'ouïe, et leur odorat est comparable à celui des corbeaux. Jamais leur vigilance n'est en défaut. Pendant qu'elles dorment ou qu'elles mangent, l'une d'elles, placée en vedette, le cou tendu et la tête en l'air, scrute de tous les côtés, jusqu'au plus lointain horizon, pour donner, à la moindre alerte, le signal du danger au reste de la bande.

Le vol des oies sauvages dénote une grande intelligence. Elles se placent sur deux lignes obliques, formant un angle en forme de V, ou sur une seule ligne, si la troupe est peu nombreuse. Cet arrangement permet à chacune de suivre le gros de l'armée avec le moins de fatigue possible, et de garder son rang. Quand celle qui fend l'air la première commence à être fatiguée, elle va se placer à la queue, et les autres, chacune à leur tour, conduisent la bande.

Ces oiseaux seraient trop nombreux pour voyager par grandes troupes; aussi paraissent-ils adopter des points de partage, d'où ils se séparent pour se répandre en différents pays. Les oies viennent surtout de l'Asie; arrivées en Europe, leurs bandes se dispersent dans diverses contrées. Celles qui viennent en France sont les messagères des frimas, et l'on sait que lorsqu'elles apparaissent de bonne heure, l'hiver sera rude. Elles habitent, avons-nous dit, les contrées orientales; mais dans leurs migrations elles traversent surtout l'Allemagne.

Bien qu'elles vivent très peu dans l'eau, les oies sauvages se rendent tous les soirs dans les étangs et dans les rivières pour y passer la nuit; de sorte que les canards ne se jettent à l'eau que lorsque les oies en sortent.

La chasse aux oies sauvages est difficile, parce que ces oiseaux volent très haut, et qu'ils ne s'abattent que lorsqu'ils voient de l'eau pour se reposer. Même alors, leur extrême défiance rend à peu près inutiles les stratagèmes des chasseurs.

On les attend parfois le soir, pour les prendre avec des filets, au moyen d'oies apprivoisées, qui servent d'appeaux.

Les Ostiaques des bords de l'Obi (Sibérie) amoncèlent la neige, et font des huttes avec des branchages. Près de ces cabanes, ils placent sur l'eau des oiseaux empaillés, sur lesquels les oies sauvages viennent fondre à coups de bec. Les chasseurs les tuent alors facilement, ou les prennent au filet.

Mais la chasse la plus difficile et la plus curieuse est faite par les industrieux habitants d'une petite île de l'Écosse, Kilda.

Les oies nichent, par grandes familles, au pied des rochers et des écueils baignés par la mer qui entoure cette île. Les habitants ont une longue corde tressée avec des lanières de cuir de vache, recouverte de peaux de mouton, pour qu'elle puisse résister davantage. Deux hommes montent au haut d'un rocher. Là, après s'être ceints de la corde chacun par un bout, l'un se laisse tomber le long de la falaise, tandis que l'autre se tient accroché à une aspérité. Le premier remplit un sac d'œufs, et prend tous les oisillons qu'il peut suspendre par la patte aux diverses parties de ses vêtements. Cette récolte faite, son compagnon le hisse au haut du rocher, à force de bras et de tours qu'il fait faire à la corde, en l'enroulant autour de son corps.

Cette chasse aérienne est très productive. La corde de lanières constitue en majeure partie la dot des jeunes Kildanes, et le plus souvent elle est l'unique ressource du nouveau ménage. Il arrive fort rarement des accidents à ces hardis chasseurs, tant ils ont de sang-froid et de puissance nerveuse.

Sous le rapport de l'économie rurale, c'est de l'*Oie commune* (*Anser sylvestris*) que l'on a su tirer le meilleur parti.

Dans nos basses-cours, les oies domestiques commencent au mois de mars à pondre de huit à douze œufs. Quand elles gardent plus longtemps que de coutume le nid où elles pondent, on peut en conclure qu'elles ne tarderont pas à couver. L'incubation dure un mois.

Rien de plus facile que l'éducation de l'oie, le plus utile et le plus productif de tous nos oiseaux de basse-cour. Quand les petits sont sortis de leur coquille, pleins de vie, mais couverts d'un duvet délicat, il faut avoir le soin de les tenir enfermés les premiers jours de leur naissance. Mais si le temps le permet, on peut bientôt les faire sortir. Pour les nourrir, on leur donne une pâtée formée avec de l'orge grossièrement moulue et du son, détrempés et cuits dans du lait, avec quelques feuilles de laitue un peu hachées. Il faut avoir le soin, lorsqu'ils sortent, de détruire sur leur route la ciguë et la jusquiame, qui sont pour eux des poisons.

Les Celtes, les Gaulois et les Francs, nos pères, élevaient un grand nombre de ces volatiles, et en faisaient un commerce considérable, surtout avec l'Italie. Pline, dans son *Histoire naturelle*, nous apprend qu'il a vu d'immenses troupeaux d'oies qui, de différents cantons de la Gaule, et notamment du pays des Morins (formant aujourd'hui les départements du Nord et du Pas-de-Calais), se rendaient à pied jusqu'à Rome. Les conducteurs de ces convois emplumés plaçaient les plus fatiguées au premier rang, afin que, la colonne les poussant en avant, elles fussent forcées d'avancer, même contre leur gré. Nos départements du Lot, de la Dordogne, de Lot-et-Garonne, du Gers, du Tarn, etc., conduisent encore de nos jours, de la même façon, en Espagne de nombreuses bandes d'oies.

L'oie démocratique et grossière avait suffi aux Romains de la république; mais plus tard ce peuple, devenu raffiné dans ses goûts, inventa la méthode barbare de l'engraissement. En privant les oies d'eau, de mouvement et de lumière, on sut obtenir le développement extraordinaire des foies de cet oiseau, qui leur donne un goût spécial et savoureux. Cette invention, qui fait les délices de la gastronomie moderne, remonte à l'époque d'Auguste et de Varron : deux personnages consulaires s'en disputent l'honneur.

Pour engraisser les oies, on leur donne une nourriture abondante, tout en les privant de lumière et de mouvement. La nourriture consiste en boulettes de maïs et de froment, dont on *gave* le pauvre animal trois fois par jour. Dans certains pays, on lui fait avaler de force les grains de maïs tout entiers. Au bout de quatre ou cinq semaines environ, l'engraissement est parfait. On le reconnaît, du reste, quand le malheureux palmipède commence à étouffer. Voilà une méthode assez cruelle : ce n'est pourtant que de cette façon qu'on obtient la belle graisse et les foies gras si appréciés des gastronomes. Le foie subit une altération qui serait mortelle pour l'animal : il prend un développement énorme. Ainsi les gourmets, qui l'ont en si haute estime, se délectent avec un foie malade !

Bien que l'importation du dindon ait fait un peu négliger en Europe l'éducation de l'oie, ce volatile est encore de nos jours une source de prospérité pour beaucoup de contrées de la France. Il n'y avait guère autrefois, dans notre pays, de repas, ou de fête de famille, sans que l'oie traditionnelle apparût sur la table. En Angleterre, l'oie est encore fêtée. Une coutume qui se rattache à l'histoire de la nation veut que tout bon Anglais mange une oie le jour de Noël.

La chair et la graisse d'oie salées se conservent fort bien. Dans certains pays on les emploie à des usages culinaires. Les foies énormes et succulents que portent ces précieux volatiles, après leur engraissement forcé, servent à confectionner les beaux pâtés de Strasbourg. Ceux de Nérac, comme ceux de Toulouse, sont confectionnés surtout avec les foies de canard, car on engraisse les canards à peu près de la même façon que les oies.

Les pâtés de foie gras n'étaient pas connus des anciens, comme on l'a dit à tort, d'après une mauvaise interprétation d'un passage de Pline. Ce mets délicat est d'origine moderne. Il fut inventé en 1780 par un maître d'hôtel du maréchal de Contades, à Strasbourg, nommé Close, qui était Normand.

Quand le maréchal de Contades eut été remplacé à Strasbourg par le maréchal de Stinville, Close continua à servir des pâtés de foie gras sur la table de son maître ; mais ce dernier n'y fit aucune attention. Ce dédain blessa à un tel point l'amour-propre de Close, qu'il abandonna la maison du maréchal, et alla s'établir dans la ville. Il ouvrit une petite boutique dans la rue Mésange, où il vendit des pâtés de foie gras pour son propre compte. Close fit en peu de temps une grande fortune dans ce commerce, et ainsi s'accrédita la réputation des *pâtés de foie gras de Strasbourg.*

En 1792, un certain Dajeu, de Bordeaux, perfectionna les pâtés de foie gras en y ajoutant des truffes. Le pauvre Close en mourut de chagrin.

Le duvet et les plumes de l'oie sont l'objet d'un commerce

important. Avant l'invention des plumes métalliques, on ne se servait pour écrire que des plumes arrachées aux ailes des oies. On avait soin de les *hollander*, c'est-à-dire d'en passer le tuyau sous la cendre chaude, ou bien de le plonger dans l'eau bouillante.

Quant au duvet, on le recueille sous le cou, sous les ailes et sous le ventre de l'animal. On procède à cet enlèvement de deux mois en deux mois, à partir du mois de mars jusqu'en automne.

Les oies ne sont certainement pas stupides, comme on le prétend. Les faits suivants permettent d'apprécier les qualités morales qui les distinguent.

En Écosse, une oie s'était tellement attachée à son maître, qu'elle le suivait partout, comme un chien. Un jour, le gentleman passe à travers la foule qui remplissait la ville, et il entre dans la boutique d'un barbier, pour se faire raser. Le palmipède l'avait suivi, et attendait à la porte la sortie de son maître, pour l'accompagner dans de nouvelles courses et rentrer avec lui dans sa maison. Cet intelligent oiseau reconnaissait son maître rien qu'à la voix, sous tous les déguisements.

En Allemagne, un *jars* (c'est le mâle de l'oie) conduisait, tous les dimanches, à l'église une vieille femme aveugle. Il la tirait par le bas de sa robe, et la menait jusqu'à la place qu'elle occupait ordinairement. Puis il se retirait au cimetière, pour paître l'herbe, et revenait, comme un docile caniche, prendre sa maîtresse lorsque l'office était terminé. Un jour, le pasteur, ne trouvant pas cette dame chez elle, s'étonne de ce que cette pauvre aveugle sorte ainsi toute seule. « Ah ! monsieur, nous ne craignons rien, lui répond sa fille, le *jars* est avec elle ! » Nos aveugles feraient fortune s'ils remplaçaient leur traditionnel caniche par ce guide d'un nouveau genre.

L'*Oie commune*, dont nous venons de parler (*Anser sylvestris*), paraît descendre de l'*Oie cendrée* (*Anser cinereus*), qui s'apprivoise assez facilement quand on la prend jeune. Elle habite les plages et les marais des contrées orientales de l'Europe, et vient en France dans ses migrations.

Parmi les variétés les plus connues, nous citerons l'*Oie sauvage* (*Anser segetum*), qui émigre des régions arctiques et passe dans nos pays en très grand nombre, l'*Oie cravan* (fig. 67), l'*Oie marbrée* (fig. 68), l'*Oie rieuse*, l'*Oie de neige*, l'*Oie à cravate*, l'*Oie à bec court*, etc. L'*Oie bernache*, qui habite les contrées situées au delà du cercle polaire arctique, arrive en France pendant l'hiver. Elle s'apprivoise assez facilement,

Fig. 68. Oie marbrée.

et se multiple en captivité. C'est cet oiseau que les naturalistes du moyen âge faisaient naître, ainsi que la macreuse, sur des arbres comme un fruit.

Le *Cygne* (fig. 69) a été admiré de tout temps. Ses proportions nobles et élégantes, la gracieuse courbure de son cou, et les formes arrondies de son corps, ont inspiré les poètes : on en a fait l'oiseau des dieux et des déesses. L'imagination poétique des Grecs attachait à son nom les plus souriantes idées. On allait jusqu'à dire qu'avant de rendre le dernier soupir, le cygne célébrait sa mort par un chant mélodieux.

Buffon lui-même a fait de cet oiseau une peinture poétique.

« Le Cygne, dit-il, règne sur les eaux à tous les titres qui fondent un empire de paix, la grandeur, la majesté, la douceur.... Il vit en ami plutôt qu'en roi au milieu des nombreuses peuplades des oiseaux aquatiques, qui toutes semblent se ranger sous sa loi.... »

L'immortel naturaliste s'est laissé entraîner trop loin dans ses inspirations littéraires, car le cygne, élégant et majestueux, il est vrai, dans ses formes, et souple dans ses mouvements sur l'eau, devient gauche et maladroit sur terre; de plus il est méchant et querelleur. Il s'attaque à tous les animaux, et même à l'homme. Les cygnes du jardin du Luxembourg à Paris avaient pris tous les gardiens en aver-

Fig. 69. Cygnes.

sion; quand ils en apercevaient un, ils sortaient tous du bassin pour lui chercher noise.

La force principale du cygne n'est pas dans son bec, mais dans ses ailes, arme offensive puissante, dont il se sert avec avantage.

En dépit de tous leurs défauts, les cygnes sont les plus beaux et les plus grands de tous les oiseaux aquatiques. Leur bec est rouge, bordé de noir, et leur plumage d'un blanc de neige. Ils nagent avec aisance, et volent parfaitement.

Leur nourriture consiste en plantes, fucus, petits insectes aquatiques; ils attaquent même des poissons.

Ils vivent par troupes, en Europe, en Asie, dans les deux Amériques et à la Nouvelle-Hollande. Au mois de février, ils se séparent par couples, pour aller nicher.

Leur ponte est de six à huit œufs, d'un blanc verdâtre, et l'incubation dure à peu près six semaines. Les petits, couverts d'abord d'un duvet gris, ne prennent leur plumage d'adultes qu'à leur troisième année. Les cygnes s'inquiètent peu de cacher leur couvée, parce qu'ils sont certains de la défendre contre tout ennemi. Ils combattent jusqu'à l'aigle lui-même, et le harcèlent à coups de bec et à coups d'ailes, jusqu'à ce qu'il ait fait une retraite plus ou moins honorable.

Ils déploient, pour protéger leurs petits, un courage extraordinaire. Une femelle de cygne couvait sur le bord d'une rivière, lorsqu'elle aperçut un renard qui nageait vers elle de la rive opposée. Jugeant qu'elle se défendrait mieux dans son élément naturel que sur la terre, elle se jette à l'eau, et court à la rencontre de l'ennemi qui menace sa progéniture. Elle l'atteint, fond sur lui avec tant de fureur, et le frappe d'une aile si vigoureuse, que le renard meurt sur le coup, au milieu de l'eau.

Le cygne soigne ses petits avec un rare dévouement. Il les porte sur son dos, les cache sous son aile pour les réchauffer, et ne les abandonne jamais dans leur première jeunesse. Qu'il est beau à contempler, lorsque, voguant sur l'onde, en avant de sa jeune couvée, il porte au loin un œil investigateur, prêt à briser tous les obstacles qui pourraient se présenter, tandis que la mère se tient, à quelque distance, prête à protéger l'arrière-garde! Admirez-les encore quand ils voguent à la surface de quelque lac solitaire. Si vous vous cachez derrière d'épais roseaux pour qu'ils ne se doutent point de votre présence, vous pouvez apercevoir ces nobles oiseaux décrivant avec leur cou les courbes les plus gracieuses, plongeant la tête dans l'eau, rejetant en arrière l'eau qu'ils ont prise avec leur bec, et qui retombe autour de leur corps en pluie scintillante. Vous les verrez battre des ailes, pour faire rejaillir autour d'eux l'onde écumeuse; puis, tout à coup, s'élancer vivement, et glisser avec majesté à la surface des eaux, que leur corps gracieux entr'ouvre devant lui, comme le laboureur ouvre un sillon sur la terre avec le soc de sa charrue.

Ces oiseaux, si ravissants, se livrent quelquefois entre eux des combats terribles, qui vont jusqu'à amener la mort de l'un des adversaires. Les cygnes domestiques, personnages civilisés et bien appris, ne poussent pas les choses à cette extrémité; mais les cygnes sauvages, qui vivent en liberté dans les contrées du Nord, c'est-à-dire sur les lacs de l'Islande et de la Laponie, tiennent de sanglants tournois en l'honneur de leurs belles. Un combat de cygnes est un duel à mort, dans lequel l'un et l'autre adversaire déploient non seulement une force et une furie sans égales, mais une grande adresse et beaucoup de patience. La lutte dure quelquefois plusieurs jours; elle ne se termine que lorsqu'un des champions a réussi à enrouler avec le sien le cou de son adversaire, et peut le tenir dans l'eau le temps nécessaire pour que mort s'ensuive. Le combat finit alors faute de combattants.

Détournons les yeux de ce spectacle guerrier, pour admirer les cygnes au moment où, sous l'aiguillon de l'amour, ils déploient toutes les grâces dont la nature les a doués. Leurs cous souples et longs s'enlacent comme des guirlandes de neige, leurs plumes se soulèvent mollement, et c'est alors qu'ils étalent tout l'éclat de leur beauté.

De cette beauté et de cette grâce, le cygne a certainement conscience, car il est constamment occupé soit à nettoyer, soit à lisser son plumage. Le cygne est le plus coquet de tous les volatiles. Aussi fait-il l'ornement de nos pièces d'eau. Il joint encore l'utile à l'agréable, en extirpant du fond des eaux les plantes qui y croupissent, et en transformant en limpides miroirs des eaux souvent fétides.

Son chant, ou plutôt son cri, est loin d'être harmonieux; c'est un sifflement sourd et strident, fort peu agréable à entendre. Tous les poètes, du reste, n'ont pas ajouté foi à la fable qui prête à ces oiseaux une voix mélodieuse et sonore. Virgile savait fort bien que les cygnes ont la voix rauque :

Dant sonitum rauci per stagna loquacia cycni.

Lucrèce dit à son tour :

Parvus cycni canor.

Les poètes grecs prétendaient que le cygne, au moment d'expirer, fait entendre lui-même son chant funèbre, et exhale en ce moment suprême des sons mélodieux. Cette fiction devait séduire bien des écrivains, des orateurs et des philosophes. De nos jours encore on aime à redire, en parlant des derniers élans d'un beau génie prêt à s'éteindre : C'est le chant du cygne. Il ne faut pas avoir beaucoup entendu re-

Fig. 70. Cygne noir d'Australie.

tentir sur les eaux le cri rauque et guttural de ces oiseaux pour trouver la comparaison peu flatteuse envers le génie.

Les cygnes, qui appartiennent surtout aux contrées boréales, émigrent vers la fin d'octobre, en troupes serrées et disposées en forme de coin. Dans les hivers rigoureux, ils descendent par bandes nombreuses dans l'Europe centrale, et reprennent le chemin des contrées polaires vers la fin du mois de mars. Leur vol est en général fort élevé.

La chasse de ces oiseaux se fait au fusil : ils se laissent plus facilement approcher que les canards. En Islande et au Kamtschatka, la chasse aux cygnes s'effectue au temps de la

mue, parce qu'alors ils ne peuvent pas voler. Des chiens
dressés à cette chasse les poursuivent, les forcent, et on abat
à coups de bâton ces oiseaux épuisés de fatigue.

Les Russes chassent autrement les cygnes. A la fonte des
neiges, ils les attirent au moyen d'oies et de canards empaillés. Les cygnes se précipitent avec fureur sur cet appât.
Alors les chasseurs, cachés dans une hutte qu'ils ont construite avec du feuillage ou avec la neige amoncelée, les
tuent facilement.

La chair du cygne est d'un goût très médiocre. Les anciens
la mangeaient, mais par ostentation, car on ne la servait que
sur la table des grands seigneurs. Aujourd'hui les peuples
du Nord ne la dédaignent pas; mais c'est apparemment en
raison de ce dicton philosophique : Faute de grives, on mange
des merles.

On distingue trois espèces de cygnes : une domestique, et
deux sauvages. Il en est une autre, particulière à l'Australie,
qui est entièrement noire, et que l'on a cherché à naturaliser
en Europe. Nous représentons ici (fig. 70) le *Cygne noir
d'Australie.*

Totipalmes. — Les oiseaux qui forment ce sous-ordre des
Palmipèdes ont le pouce réuni aux doigts par une membrane
commune. Doués d'un vol extrêmement puissant, ils sont en
même temps bons nageurs.

Les principaux genres de ce sous-ordre sont : les *Frégates*,
les *Phaétons*, les *Anhingas*, les *Fous*, les *Cormorans* et les
Pélicans.

Les *Frégates* (fig. 71) ont pour caractères principaux : un
bec plus long que la tête, avec les deux mandibules courbées
au bout, le devant du cou dépourvu de plumes, des ailes très
longues, une queue longue et fourchue, des pieds à palmures
échancrées.

Les frégates ont une envergure de 3 mètres; aussi leur vol
est-il très puissant. Elles habitent les mers intertropicales
des deux mondes, et les navigateurs assurent qu'on les rencontre à deux ou trois cents lieues de toute terre. Quand une
tempête éclate, elles s'élèvent au-dessus de la région des
orages, et attendent, dans ces sphères empyréennes, que le

càlme soit rétabli. Grâce à leurs ailes immenses, elles peuvent se soutenir des journées entières dans les airs, sans prendre aucun repos.

Leur vue est si perçante, qu'elles aperçoivent, d'une distance où elles échappent à notre vue, des colonnes d'exocets, ou poissons volants. Elles s'élancent du haut des airs sur cette proie ailée inopinément sortie de son élément naturel,

Fig. 71. Frégate.

et, tenant les pattes et le cou dans une situation horizontale, elles happent, en rasant les flots, la malheureuse victime, qui ne s'attendait guère à trouver un tel ennemi. Souvent elles ravissent au Fou le poisson qu'il vient de pêcher, de sorte que ce malheureux oiseau est leur pourvoyeur naturel, mais involontaire.

Les frégates ont l'humeur si guerrière, et elles ont une telle confiance dans leur force, qu'elles ne craignent pas de braver l'homme. On en a vu s'approcher des marins pour leur arracher le poisson qu'ils tenaient à la main. Un marin français, M. de Kerhoënt, rapporte que, pendant son séjour à l'île de l'Ascension, une nuée de frégates entouraient ses matelots. Elles voltigeaient jusqu'à quelques pieds au-dessus de la chaudière des cuisines dressées en plein air, pour en enlever la viande, sans se laisser intimider par la présence de l'équipage. M. de Kerhoënt terrassa d'un coup de canne un de ces volatiles indiscrets.

Lorsqu'elles sont bien repues de poissons ou d'autres animaux marins, qui composent leur nourriture, les frégates prennent ensuite leur essor vers le rivage, et vont se percher sur un arbre pour accomplir en paix leur digestion.

Elles se réunissent par grandes troupes dans les îles où elles ont coutume de nicher. Au mois de mai, elles commencent à réparer leurs nids, ou à en construire de nouveaux. Elles coupent avec leur bec de petites branches sèches et forment leurs nids avec ces morceaux de bois entre-croisés. Dans ces nids, suspendus aux arbres qui s'inclinent sur les eaux, elles déposent deux ou trois œufs.

Ces oiseaux sont communs au Brésil, à l'île de l'Ascension, à Timor, aux îles Mariannes, aux Moluques. On les trouve dans les contrées tropicales. Les navigateurs, frappés de la légèreté de leur vol et de leurs formes élancées, leur ont donné le nom qu'elles portent, pour les comparer aux plus élégants et aux plus rapides de nos vaisseaux de guerre.

Linné donna au palmipède dont nous allons parler le nom mythologique de *Phaéton*, par allusion au fils d'Apollon et de Clymène, qui eut la prétention téméraire de conduire le char du Soleil. Les marins les nomment beaucoup plus prosaïquement *Paille-en-queue*, à cause de deux plumes très longues et très minces qui se trouvent à la queue et qui simulent deux brins de paille.

L'apparition des phaétons annonce aux navigateurs le voisinage de la zone torride, car ces oiseaux ne dépassent jamais les limites de cette région. Cependant ils s'avancent quelquefois au large, à une centaine de lieues. Lorsqu'ils sont fati-

gués, ils se servent de leur grande palmure pour se reposer
sur la mer. Comme beaucoup d'oiseaux marins, ils ne peuvent, à cause de leur organisation, s'abattre sur la terre;
aussi sont-ils obligés de raser continuellement l'eau pour
s'emparer des poissons ou des poulpes dont ils font leur principale nourriture. L'immense envergure de leurs ailes les
force, lorsqu'ils sont à terre, à choisir des positions élevées,
telles que la cime des arbres ou le sommet des rochers. Et
lorsqu'ils se sont abattus sur les ondes, ils attendent, pour
reprendre leur vol, qu'une vague les soulève. Leur manière
de voler est assez curieuse : ils impriment à leurs ailes une

Fig. 72. Phaéton blanc.

sorte de tremblement, comme s'ils étaient épuisés de fatigue.

Les phaétons recherchent, pour nicher, les îles isolées et
solitaires. Ils placent leurs nids dans des trous d'arbres élevés, dans des anfractuosités de rochers, mais toujours dans
des positions d'un accès difficile. Leur ponte est de deux ou
trois œufs. Les petits à peine éclos ressemblent, grâce à leur
duvet éblouissant, à des houppes à poudrer.

On connaît trois espèces appartenant au genre Phaéton :
1° le *Phaéton à brins rouges* (*Phaeton Phœnicurus*), blanc, mais
nuancé d'une légère teinte rose, avec les deux longues pennes
de la queue rouges; il habite les mers de l'Inde et de l'Afrique,
Madagascar, l'île de France et l'océan Pacifique; 2° le *Phaéton*.

à *brins blancs* (*Phaeton œthereus*, fig. 72), à plumage blanc : les deux longues pennes de sa queue sont blanches, à tiges brunes, et il habite l'océan Atlantique; 3° le *Phaéton à bec jaune* (*Phaeton flavirostris*), caractérisé par la couleur de son bec, et qui habite les îles Bourbon et Maurice.

Les *Anhingas* (fig. 73) ont le bec droit, pointu, avec des dentelures à la pointe, dirigées en arrière. Leur tête, effilée et cylindrique, termine un cou grêle et excessivement long, ce

Fig. 73. Anhinga.

qui les fait ressembler à un serpent enté sur un oiseau. Dans tous ses mouvements, le cou imite les ondulations du reptile; aussi leur a-t-on donné aux États-Unis le nom d'*Oiseaux-Serpents*. Ce sont des nageurs infatigables et d'excellents plongeurs. Quand un danger les menace, ils plongent entièrement et ne reparaissent qu'à une très grande distance, quelquefois plus de deux mille mètres plus loin, jusqu'à ce qu'ils aient trouvé des roseaux pour se cacher. D'un naturel défiant et sauvage, ces oiseaux se tiennent constamment dans les lieux solitaires. Ils perchent sur les arbres qui bordent les mares ou les rivières, pour s'élancer de là sur le poisson qu'ils aperçoivent. Ils le saisissent avec une adresse extraordinaire, et l'avalent tout entier s'il est assez petit. S'il est trop gros, ils l'emportent sur un rocher, pour le dépecer avec leur bec et leurs ongles crochus.

Les anhingas construisent leur nid sur les branches les plus élevées des arbres, avec des bûchettes et des roseaux, et le garnissent à l'intérieur d'une couche épaisse de duvet.

On ne connaît que deux espèces d'anhingas : l'*Anhinga de Levaillant* (*Plotus Levaillantii*), espèce africaine, dont le plumage est noir depuis la poitrine jusqu'à la queue, et l'*Anhinga à ventre noir* (*Plotus melanogaster*), espèce américaine.

Les *Fous* (fig. 74) sont des oiseaux massifs, de forme peu gracieuse, plus gros qu'un canard, et d'un plumage blanc.

Ils ont reçu la dénomination de *Fous*, à cause de la stupidité qu'on leur attribue, à tort ou à raison. Quand on les trouve obstruant un passage, ils n'opposent aucune résistance à l'homme, et se laissent assommer plutôt que d'abandonner le terrain. Les frégates, d'un caractère audacieux, les forcent à dégorger le poisson qu'ils ont capturé. Leur organisation imparfaite explique ce défaut de résistance. La brièveté de leurs jambes et la longueur excessive de leurs ailes les empêchent de se soustraire par la fuite aux attaques de leurs ennemis.

Mais quand ils se sont élevés dans les airs, ils planent admirablement, le cou tendu, la queue étalée et les ailes presque immobiles. Bien qu'ils possèdent un vol rapide, ils s'écartent peu des terres, car on ne les rencontre jamais au delà d'une vingtaine de lieues en mer. Aussi leur présence annonce-t-elle au navigateur le voisinage de la terre. Ils effleurent, en volant, la surface de l'eau, et saisissent les poissons, harengs ou sardines, qui nagent à découvert. La peau de leur gorge est si dilatable qu'ils peuvent avaler leur proie malgré son volume. Du reste, les fous sont assez bons plongeurs pour rester plus d'une minute sous l'eau à la poursuite des poissons.

Ces oiseaux se trouvent sur tous les points du globe. Ils

habitent de préférence les contrées tropicales; mais ils sont très abondants aux îles Hébrides, en Norvège, en Écosse, et même au Kamtschatka. Quand le froid approche, ils émigrent vers le sud, et dans les hivers rigoureux ils sont de passage en Hollande et en Angleterre.

On en connaît trois espèces : le *Fou de Bassan* (*Sula Bassana*), très commun sur une petite île de ce nom, qui se trouve dans le golfe d'Édimbourg : c'est la seule espèce que

Fig. 74. Fou.

nous possédions en Europe; 2° le *Fou commun* (*Sula dactylatra*), vulgairement appelé *Mouche de velours*, plus petit que le précédent, et qui est dans l'île de l'Ascension; 3° le *Fou brun* (*Sula fusca*), qui habite l'Amérique méridionale.

Les *Cormorans* ont le corps massif et sans grâce, des pieds courts et rentrés dans l'abdomen, la tête petite et aplatie, la poche gutturale très petite. Leur taille varie, suivant les espèces, depuis la grosseur d'une oie jusqu'à celle d'une sarcelle. Leur plumage noirâtre a fait trouver un rapprochement entre eux et les corbeaux : de là leur nom de *Cormorans*, qui signifie *Corbeaux marins*.

Ces oiseaux, disséminés sur toutes les parties du globe, fréquentent constamment les bords de la mer et l'embouchure des rivières. Ce sont d'excellents nageurs et d'habiles plongeurs, qui poursuivent avec une rapidité extraordinaire les poissons, dont ils font leur nourriture. Rarement leur victime échappe à leur voracité.

Le cormoran avale toujours sa proie par la tête. Quand il l'a saisie du mauvais côté, il la fait sauter en l'air, et la reçoit dans son bec, la tête la première. Il s'écoule quelquefois une bonne demi-heure avant qu'il réussisse à introduire convenablement une anguille dans son estomac. On peut le voir alors faire des efforts violents pour engloutir sa capture ; et au moment où l'on croit que le glissant morceau est absorbé avec succès, soudain la proie remonte du fond de son sépulcre vivant, et fait des efforts inouïs pour s'échapper. Le cormoran l'avale derechef, l'anguille se rebiffe encore, et montre sa queue, qui sort du bec de l'oiseau. Épuisée par cette longue et inutile résistance, la victime se résigne enfin à son malheureux sort.

L'appétit de ce palmipède est insatiable ; il se gorge jusqu'à n'en pouvoir plus. Le dégât qu'il commet dans les rivières est considérable, car il peut dévorer en un seul jour trois à quatre kilogrammes de poisson.

L'habileté que les cormorans déploient à la pêche et la facilité avec laquelle on les apprivoise, font que dans certaines régions de l'Asie orientale on les élève en domesticité. Les Chinois et les Japonais sont les peuples qui utilisent le mieux, pour la pêche, le talent de ces oiseaux. Ils leur mettent un anneau au cou, pour les empêcher d'avaler le poisson, et les lâchent dans les endroits poissonneux. Les cormorans, dressés à obéir à la voix de leur maître, lui rapportent l'aquatique butin.

Le vol de ces oiseaux est rapide et soutenu ; mais, autant ils sont agiles dans l'eau, autant ils paraissent gauches et lourds lorsqu'ils sont à terre. D'un naturel doux et confiant, ils se laissent facilement approcher, quand ils se sont

placés pour se reposer sur les arbres ou parmi les rochers.

On trouve le Cormoran dans les deux mondes, et il n'est
pas rare en France. C'est un oiseau migrateur; mais on le
voit dans nos pays en toutes saisons.

On distingue en Europe quatre espèces de cormorans : 1° le
Grand Cormoran (*Carbo Cormoranus*, fig. 75), de la taille de
l'oie : c'est l'espèce qui a été réduite en domesticité, et qui
se rencontre assez souvent en France; 2° le *Cormoran nigaud*
(*Carbo graculus*), au plumage noir, plus petit que le précédent et qui habite les parages arctiques et antarctiques; 3° le

Fig. 75. Cormoran.

Cormoran largup (*Carbo cristatus*), dont le plumage est vert
foncé; 4° le *Cormoran de Desmarest* (*Carbo Desmarestii*), espèce
que l'on a observée en Corse et qui est d'un vert noirâtre. Il
existe une dizaine d'espèces étrangères. Les plus remarquables
sont le *Cormoran de Gaimard* et le *Cormoran à ventre blanc*.

Les *Pélicans* ont le bec long, large et aplati. La mandibule inférieure porte une membrane nue, qui peut se dila-
ter en sac volumineux. Ce sont des oiseaux aquatiques,
qui vivent indifféremment sur les rivages de la mer et des
fleuves, sur les bords des lacs et des marais. Quand les pois-

sons trahissent leur présence, soit en sautillant, soit en faisant miroiter leurs écailles au soleil, les pélicans cinglent aussitôt vers ce butin facile. Ils n'ont qu'à ouvrir leur large bec pour engloutir dans cette énorme poche tout ce qui se présente.

Cet oiseau a un appétit si grand et un estomac si vaste, qu'il fait provision, en une seule pêche, d'autant de poisson qu'il en faudrait pour nourrir six hommes. Les Égyptiens l'ont surnommé *Chameau de rivière*, parce qu'il absorbe à la fois plus de vingt pintes d'eau. Il ne fait que deux repas par jour; mais quels repas!

Les pélicans voyagent souvent en société, à l'embouchure des fleuves, ou sur les bords de la mer. Quand ils ont choisi un endroit convenable, ils se mettent à battre la surface de l'eau avec leurs ailes déployées, afin de chasser le poisson devant eux. Rétrécissant leur cercle à mesure qu'ils se rapprochent d'une anse ou du rivage, ils réunissent le poisson dans un petit espace. Alors commence le repas commun. Quand ils ont mangé à satiété, ils se rendent sur le rivage pour laisser la digestion s'opérer dans toute la quiétude requise. Les uns se reposent le cou sur le dos; les autres s'occupent à lisser, à lustrer leurs plumes. Tous attendent avec patience que la digestion se termine, et que le retour de la faim les convie à un festin nouveau. De temps en temps, un de ces oiseaux vide sa poche, bien garnie, et étale devant lui le poisson qu'elle contient, pour se délecter de la vue de sa capture. Quand il l'a contemplée avec bonheur, il l'absorbe définitivement.

Ce sac guttural, qui joue un si grand rôle dans l'existence du pélican, est composé de deux peaux, dont l'externe n'est qu'un prolongement de la peau du cou; l'interne est contiguë à la paroi de l'œsophage.

Malgré sa grande taille, le pélican vole facilement et d'une manière soutenue.

Les pélicans placent leurs nids dans les anfractuosités des rochers voisins de l'eau. Ils se contentent quelquefois de déposer leurs œufs, qui sont ordinairement de deux à quatre, dans une excavation qu'ils ont grossièrement garnie de brins d'herbe.

Après une incubation de quarante ou quarante-cinq jours,

les petits viennent à naître, couverts d'un duvet gris. La femelle les nourrit. Elle n'a qu'à presser son sac guttural contre sa poitrine pour dégorger le poisson dans le bec des jeunes. C'est probablement là ce qui a accrédité cette fable absurde que la femelle du pélican se perce la poitrine pour nourrir ses enfants de son sang maternel.

On peut facilement apprivoiser les jeunes individus. On prétend qu'ils sont susceptibles d'une certaine éducation, et qu'on peut, comme aux cormorans, leur enseigner à pêcher.

On trouve les pélicans plutôt dans les pays chauds que

Fig. 76. Pélican.

dans nos contrées. Ils sont très communs en Afrique, à Siam, en Chine, à Madagascar, aux îles de la Sonde, aux Philippines, à Manille, en Amérique, depuis les Antilles jusqu'au sud des terres australes.

Les espèces les mieux connues sont les suivantes :

1° Le *Pélican blanc* (*Pelecanus onocratalus*, fig. 76), qui est gros comme le cygne. Son bec a un pied et demi de longueur; son plumage est d'un blanc légèrement rosé.

Ce pélican fut nommé par les anciens *Onocrotale*, parce qu'on trouvait dans ses cris une ressemblance avec le braiment de l'âne. Il est très commun sur les lacs et sur les rivières de la Hongrie et de la Russie, comme sur les bords du Danube. Il habite également l'Afrique et l'Amérique. On ne le rencontre que fort accidentellement en France. Il vole quelquefois très haut, mais ordinairement il se balance au-dessus des vagues. Malgré ses pieds palmés, il perche souvent sur les arbres.

2° Le *Pélican huppé* ou *frisé* (*Pelecanus crispus*) à le plumage blanc, les tiges des plumes du dos et des ailes noires; les plumes de la tête et de la partie supérieure du cou croisées entre elles, de façon à former une touffe assez volumineuse, ce qui lui a valu le nom qu'il porte. Il habite les parages de la mer Noire et les îles voisines de l'embouchure du Danube; on l'a aussi rencontré au Sénégal. Sa taille est à peu près celle du pélican blanc.

3° Le *Pélican brun* (*Pelecanus fuscus*) est de plus petite taille que les précédents. Il a la tête et le cou variés de blanc et de cendré, tout le plumage d'un brun gris marqué de blanchâtre sur le dos, la poche d'un bleu cendré rayé de rougeâtre. On le trouve dans les grandes Antilles, sur les côtes du Pérou, au Bengale et à la Caroline du Sud.

4° Le *Pélican à lunette*, (*Pelecanus conspicillatus*), qui est confiné dans les terres australes, et ainsi nommé parce que la peau nue qui embrasse l'œil dans une assez grande étendue rappelle des lunettes par sa forme plus ou moins circulaire. Son plumage est blanc.

Longipennes. — Les *Longipennes*, ou *Grands voiliers*, ont reçu ce nom à cause de leur vol puissant et étendu. Les navigateurs les rencontrent partout, et les reconnaissent facilement à leurs ailes longues et pointues, à leur queue fourchue, à leur pouce libre ou nul, et à leur bec sans dentelures. Ils vivent toujours à de très grandes distances de la terre et ne s'approchent du rivage que pour nicher. C'est à ce sous-ordre qu'appartiennent les *Hirondelles de mer*, les *Bec-en-ciseaux*, les *Mouettes* et *Goélands*, les *Labbes* ou *Stercoraires*, les *Pétrels*, les *Albatros*, etc.

Les *Sternes*, appelées communément *Hirondelles de mer*, à cause de leurs ailes longues et pointues et de leur queue fourchue, paraissent, autant que les hirondelles proprement dites, ennemies du repos. Elles ont des pattes très courtes et un bec droit, effilé, tranchant, aussi long ou plus long que la tête. On les voit s'élever dans les airs, à une très grande hauteur, puis tomber tout à coup sur la proie que leur vue perçante a découverte à la surface de l'eau. Souvent on les voit raser les flots avec une rapidité étonnante, et saisir au vol le poisson qui s'aventure au-dessus de l'eau. Elles ne s'arrêtent pas dans leur course sur la mer, et rarement elles se décident à nager. Quand elles ont besoin de repos, elles gagnent des rochers isolés au milieu de la mer.

Les sternes vivent en troupes plus ou moins nombreuses.

Fig. 77. Sterne ou Hirondelle de mer.

Elles montrent tant d'attachement pour les individus de leur espèce, que lorsque le plomb du chasseur a blessé une d'elles, toutes les autres l'entourent, et ne l'abandonnent qu'après avoir reconnu qu'il n'y a plus d'espoir de la sauver.

Ces oiseaux jettent, en volant, des cris perçants et aigus qui produisent un vacarme assourdissant. Ces cris se répètent avec plus de force encore lorsque les sternes se disposent à entreprendre de longues courses. Ils se font surtout entendre discordants et perçants au temps des nichées.

Comme les hirondelles de terre, celles de mer arrivent au printemps sur nos côtes maritimes. Les unes y restent pen-

dant l'été; les autres se dispersent sur les lacs et les grands
étangs, où elles se nourrissent de toutes les substances ani-
males qu'elles trouvent : matières fraîches ou en putréfaction, poissons, mollusques, insectes. Elles se retirent le soir
fort tard; longtemps encore après le coucher du soleil, elles
cherchent leur pâture.

Les sternes nichent par troupes sur les bords de la mer
et des lacs, dans les marécages et dans les lieux boisés
placés à l'embouchure des fleuves. Leurs nids sont tellement
rapprochés les uns des autres, que les couveuses se touchent.
Elles déposent leurs œufs, au nombre de deux ou trois, sur
les rochers, ou à terre dans une petite cavité qui n'a nulle-
ment l'apparence de nid.

Fig. 78. Vol de l'Hirondelle de mer.

Ces œufs sont un mets très délicat; on en fait aux États-
Unis un commerce considérable.

Les hirondelles de mer sont répandues dans toutes les contrées des deux continents. On les trouve jusqu'aux terres
australes et dans les îles de l'océan Pacifique.

Les espèces européennes sont fort nombreuses. Les principales sont : la *Sterne Pierre Garin* (*Sterna hirundo*, fig. 77),
qui est très commune en France, sur les bords de l'Océan et
de la Méditerranée; — la *petite Sterne* (*Sterna minuta*), qui
est très abondante sur les côtes maritimes de Hollande,
d'Angleterre et de France, où elle se nourrit du frai des poissons et de petits insectes ailés; — la *Sterne épouvantail*

(*Sterna nigra*), qui fréquente les rivières et les bords des lacs, mais particulièrement les marais, où elle niche parmi les roseaux et les feuilles de nénufar : c'est l'espèce la plus abondante en Europe; — la *Sterne leucoptère* (*Sterna leucoptera*), qui habite les baies et les golfes de la Méditerranée, et visite accidentellement le nord de la France; — la *Sterne arctique* (*Sterna arctica*), qui habite les régions du cercle arctique, et passe régulièrement sur les côtes maritimes du nord de la France. Citons encore la *Sterne Moustac* (*Sterna leucoporeia*), la *Sterne Hansel* (*Sterna Anglica*), la *Sterne Dougals* (*Sterna Dougalli*), la *Sterne Caujek* (*Sterna Cantiaca*) et la *Sterne Tschegrava* (*Sterna Caspia*), espèces qui ne se montrent que rarement en France.

Les espèces étrangères sont aussi en très grand nombre.

Les *Becs-en-ciseaux* ont reçu ce nom de la conformation de leur bec, qui est aplati latéralement en deux lames superpo-

Fig. 79. Bec-en-ciseaux.

sées, et formé de deux mandibules comprimées en lames tranchantes; seulement, la mandibule supérieure est d'un tiers plus courte que l'inférieure. Pour pêcher les crevettes et les petits poissons dont ils se nourrissent, ces oiseaux sont obligés de raser la surface des eaux en plongeant dans l'eau la mandibule inférieure; la mandibule supérieure étant ouverte et hors de l'eau, ils n'ont qu'à la refermer lorsqu'un insecte aquatique, ou tout menu fretin, vient frapper l'inférieure. Ce bec singulier leur sert aussi pour ouvrir les coquilles bivalves. Ils se tiennent ordinairement près de ces mollusques, et quand ils les voient entr'ouvrir un peu leur coquille, ils y plongent leur long bec; ensuite ils brisent le ligament de la coquille, en le frappant sur la grève, et peuvent alors dévorer sans obstacle l'habitant de la maison détruite.

La seule espèce remarquable est le *Bec-en-ciseaux noir* (*Rhynchops nigra*), vulgairement nommé *Coupeur d'eau*, de la taille d'un pigeon; il est blanc, à calotte et à manteau noirs, avec une bande blanche sur l'aile.

Ces oiseaux sont très nombreux dans les mers des Antilles. Ils volent avec lenteur, et forment avec les mouettes et quelques autres oiseaux de mer des bandes tellement épaisses, que souvent elles obscurcissent le ciel dans un espace d'une lieue.

Nous réunirons dans la même description les *Mouettes* et les *Goélands*, parce qu'ils ont les mêmes caractères génériques :

Fig. 80. Goéland à manteau gris.

ils ne diffèrent entre eux que par la taille. Les *Goélands* désignent les espèces qui sont au moins aussi grandes que les canards, les *Mouettes* celles dont la taille est inférieure.

On trouve les mouettes et les goélands (*Larus*) dans tous les pays, sur toutes les plages, en pleine mer, et quelquefois dans les eaux douces. Ces oiseaux fourmillent sur les bords de la mer, où ils se gorgent de toute pâture qu'ils rencon-

Fig. 81. Goéland à manteau bleu.

trent. Poisson frais ou gâté, chair récente ou corrompue, vers, coquillages, peu leur importe, pourvu qu'ils puissent satis-faire leur voracité. S'ils aperçoivent un cadavre d'animal flot-tant sur la mer ou échoué sur le rivage, la proie est bien vite nettoyée par ces *vautours de la mer*, comme les appelle Buffon.

Quand l'un d'eux a découvert la carcasse d'une baleine morte, il avertit le reste de la bande, et aussitôt tous fondent sur le butin, en faisant entendre des cris discordants. Ils se remplissent jusqu'à la gorge. Mais leur estomac a bientôt digéré les aliments corrompus qu'ils choisissent de préférence. Et comme ils aiment la variété dans leur nourriture, ils vont raser la surface des flots, pour enlever le menu poisson.

Souvent ils s'envolent vers quelques îles où ils sont sûrs de trouver des milliers d'œufs et de jeunes oiseaux. Malgré les cris de douleur des parents, malgré les cris plaintifs des petits, ils sacrifient tout à leur gloutonnerie, soit en suçant les œufs, soit en dévorant les jeunes à peine éclos. Mais, lâches dans toute occasion, ces vagabonds de la mer ne songent qu'à se

Fig. 82. Goéland à manteau noir.

cacher ou à fuir de toute la vitesse de leurs longues ailes lorsqu'ils voient venir un oiseau plus guerrier qu'eux, serait-il plus petit. L'apparition d'un labbe suffit pour leur faire dégorger leurs aliments.

Ces oiseaux, qui ne vivent que d'une pâture offerte par le hasard, sont souvent fort en peine de leurs aliments, surtout en temps d'orage. Aussi peuvent-ils supporter la faim pendant plusieurs jours de suite.

Les Goélands se trouvent partout, mais ils sont plus nombreux sur les plages du Nord, où les cadavres des gros poissons et des baleines leur offrent une proie abondante. Ils aiment à nicher sur les îles désertes des mers polaires, où l'homme ne vient pas les inquiéter.

lls se contentent de déposer leurs œufs, au nombre de deux ou trois, dans un trou creusé dans le sable ou dans une anfractuosité de rocher.

Fig. 83. Mouette cendrée.

Ces oiseaux s'apprivoisent facilement, et prennent bientôt des habitudes domestiques. Mais leur chair, dure et coriace, est détestable. Pour les rendre mangeables, les marins, après les avoir écorchés, les suspendent par les pattes, et les laissent exposés au serein pendant deux ou trois nuits. De cette façon, ces animaux perdent un peu de leur mauvaise odeur.

Les espèces de Goélands les plus remarquables sont les suivantes :

Le *Goéland à manteau gris* (*Larus glaucus*, fig. 80) a le dessus du corps d'un cendré bleuâtre. On le trouve plus fréquemment vers l'Orient; il est plus rare sur les côtes de l'Océan.

Le *Goéland à manteau bleu* (*Larus argentatus*, fig. 81) est blanc, avec le manteau bleu. On le voit pendant toute l'année sur les côtes de la Méditerranée et de l'Océan.

Le *Goéland à manteau noir* (*Larus marinus*, fig. 82) est blanc, avec le manteau noir. Il est très commun dans les régions septentrionales, et passe habituellement sur les côtes de l'Océan, au nord de la France.

Les espèces de mouettes qu'il faut signaler sont :

La *Mouette blanche*, ou *Sénateur* (*Larus eburneus*), qui ne paraît qu'accidentellement dans l'Europe tempérée. Elle se trouve très communément au Groenland et dans la baie de Baffin. Son plumage est entièrement blanc, teinté de rose en dessous; les pieds sont noirs, le bec est bleuâtre.

La *Mouette à masque brun* (*Larus capistratus*), qui a le haut de la tête et la gorge d'un brun clair, la partie intérieure des ailes d'un cendré clair; le reste du corps est blanc, le bec et les tarses sont d'un brun rouge. Cette espèce est commune en Angleterre.

La *Mouette rieuse* (*Larus ridibundus*), de couleur blanche au cou, à la queue et aux parties inférieures. Le dos et les couvertures des ailes sont d'un cendré bleuâtre; le bec et les pieds d'un rouge vermillon. C'est l'espèce la plus facile à apprivoiser. On l'appelle *Mouette rieuse* à cause de son cri. Très répandue en Europe, elle niche sur les bords de la mer, à l'embouchure des rivières. Elle n'est que de passage en France et en Allemagne, tandis qu'on la trouve en toute saison en Hollande.

La *Mouette cendrée* (*Larus cinereus*, fig. 83) est vulgairement nommée *Pigeon de mer*. Son plumage est d'un beau blanc, et son manteau cendré. Cette espèce se répand en troupes dans les terres, à l'approche des tempêtes. Elle est commune en été dans les régions du cercle arctique ; en automne et en hiver, elle se répand sur les côtes maritimes de l'Europe tempérée et méridionale.

Les *Labbes* ou *Stercoraires* (fig. 84) sont remarquables par leur bec robuste, presque cylindrique, recouvert d'une membrane depuis la base jusqu'aux narines ; la mandibule supérieure est convexe, crochue, et armée à son extrémité d'un onglet qui paraît surajouté.

Ces oiseaux se tiennent le plus souvent sur les bords de la mer; mais à la suite d'une tempête ils s'aventurent dans les terres. Leur vol est très rapide, même contre le vent le plus violent. Ils poursuivent avec le plus grand acharnement les mouettes et les sternes, parfois même les fous et les cormorans, pour leur enlever leur proie. Mais ce sont surtout les mouettes et les

Fig. 84. Labbe ou Stercoraire

sternes qui deviennent leurs pourvoyeurs habituels. Ils ne cessent de poursuivre ces oiseaux, de les harceler, de les frapper, jusqu'à ce qu'ils leur aient fait rendre gorge et lâcher leur butin. Avant que le poisson ne tombe dans la mer, ils le saisissent au vol. Cette singulière habitude avait fait croire qu'ils se nourrissaient des excréments des mouettes, et c'est pour cela qu'on leur avait donné le nom de *Stercoraires*.

Dans certaines contrées, comme dans les îles Shetland, ces oiseaux sont tenus en vénération. On leur confie presque entièrement le soin et la protection des brebis, car ils nourrissent une haine invétérée contre les aigles. Dès que le roi des airs apparaît à leurs yeux, ils se réunissent trois ou quatre ensemble pour le combattre. Ils ne l'attaquent jamais en

face, mais le harcèlent impitoyablement, jusqu'à ce qu'ils
aient affaibli ses forces, et qu'ils l'aient complètement abattu,
ou du moins l'aient forcé à la retraite. En récompense de
leurs services, les habitants de ces contrées jettent aux labbes
le rebut de leur pêche.

Les labbes vivent presque toujours isolés, pour se procurer
plus aisément leur nourriture, qui consiste en poissons, en
mollusques, en œufs, en jeunes oiseaux de mer, en petits
mammifères. Habitant les régions arctiques de l'Europe et de
l'Amérique, ils nichent dans les bruyères. Leur ponte est de
deux à quatre œufs, que la femelle et le mâle couvent alternativement. Ils sont courageux au point de défendre leur
couvée contre tout animal et même contre l'homme.

On reconnaît quatre espèces européennes : le *Labbe parasite*
(*Lestris parasiticus*), qui habite le Groenland, Terre-Neuve et
le Spitzberg, et qui vient visiter assez souvent les côtes de
l'Océan; — le *Labbe-Richardson* (*Lestris Richardsonii*), qui est
très abondant en Suède, en Norvège, en Laponie, dans l'Amérique du Nord; — le *Labbe pomarien* (*Lestris pomarineus*),
qui est très commun à Terre-Neuve, en Irlande et à Féroë; —
le *Labbe cataracte* (*Lestris cataractes*), appelé vulgairement
Goéland brun.

Les *Pétrels* ont un bec renflé, dont l'extrémité, qui est crochue, semble faite d'une pièce articulée au reste de la mandibule supérieure. Ces oiseaux ne plongent pas et nagent
rarement; mais, dans leur vol rapide, ils effleurent les
vagues et semblent courir sur les eaux. Cette habitude leur
a valu le nom de *Pétrel*, c'est-à-dire *Petit Pierre*, par allusion
au miracle de saint Pierre, qui marcha sur les eaux agitées
du lac de Génézareth.

La famille des Pétrels contient plusieurs espèces, de taille
très variable. Ces oiseaux parcourent des trajets immenses,
dans leur vol puissant et rapide, presque toujours en planant. Ils ne se rapprochent des côtes que pour faire leurs
nids. Ils choisissent alors une petite crevasse dans quelque
rocher escarpé, et y pondent un œuf blanc et gros, qu'ils
couvent en faisant entendre un bruit sourd et continu, comparable à celui d'un rouet.

En général, les Pétrels sont d'un aspect peu engageant, mais ils sont une précieuse ressource pour les pauvres habitants des îles situées dans les mers australes, qui ne dédaignent pas de manger leur chair, mais qui les estiment

Fig. 85 Pétrels marchant sur les vagues.

surtout pour leur duvet chaud, et pour l'huile que l'on extrait de leur estomac.

La quantité d'huile que ces oiseaux possèdent est si grande, qu'ils en alimentent leurs petits. Aux îles Féroë on fabrique des chandelles avec cette matière oléagineuse. Souvent même les insulaires font de l'oiseau lui-même le flambeau naturel qui éclaire leurs veillées. Ils passent une mèche à travers le corps de l'oiseau qu'ils viennent de tuer, l'allument, et s'en servent comme d'une lampe. C'est l'éclairage économique par excellence.

Ces oiseaux aiment avec passion la tempête : ils courent sur les vagues agitées, et semblent se jouer en suivant les pentes de ces montagnes d'écume. Quand elle est trop violente, ils se réfugient sur les écueils les plus voisins ou sur les vergues des navires. Aussi les marins, simples et superstitieux, qui ne les voient apparaître qu'au moment de la tourmente, les prennent-ils pour des mauvais esprits, pour des oiseaux du diable, messagers des orages. Leur plumage noirâtre les confirme dans cette opinion.

Quand les bâtiments envoyés à la pêche de la baleine ont passé les îles Shetland et entrent dans les mers septentrionales, dont les flots sont si souvent agités, on voit les Pétrels voler au milieu des tourbillons d'écume formés par le sillage du navire. Ils attendent qu'on leur jette quelque chose par-dessus le bord, car ils sont extrêmement voraces et très avides de graisse, surtout du gras de baleine. Lorsque les pêcheurs commencent à dépecer une baleine, les Pétrels accourent au nombre de plusieurs milliers. Ils ne craignent pas de s'approcher jusqu'à portée de la main : de sorte qu'on peut les prendre ou les tuer d'un coup de gaffe. Un coup de fusil perce difficilement leur plumage épais; du reste, la détonation les intimide fort peu.

Les Pétrels marchent très péniblement à terre. Pour se reposer en pleine mer, ils montent sur un glaçon, et la tête sous l'aile ils se laissent aller au gré des vents.

Les espèces les plus remarquables sont : le *Pétrel géant* (*Procellaria gigantea*), appelé vulgairement *Briseur d'os*, qui habite depuis le cap Horn et au delà jusqu'au cap de Bonne-Espérance; — le *Pétrel damier* (*Procellaria capensis*), vulgairement nommé *Damier Pintado*, propre aux mers du Sud; — le *Pétrel Fulmar* (*Procellaria glacialis*), qui habite les mers arctiques; — le *Pétrel tempête* (*Procellaria pelagica*), vulgairement dit *Oiseau des tempêtes* (fig. 86), qui fréquente les mers d'Europe, et apparaît sur les côtes du nord de la France, à la suite des ouragans; — le *Pétrel de Forster* (*Procellaria Forsteri*), vulgairement nommé *Pétrel bleu*, qui habite les mers antarctiques.

Sous le nom de *Puffins*, on distingue des espèces de Pétrels dont le bec est quelquefois plus long que la tête, ou du moins aussi long; les narines s'ouvrent en deux tubes distincts.

On connaît le *Puffin cendré* (*Puffinus cinereus*), qui est très commun sur la Méditerranée, et niche en Corse; le *Puffin des*

Fig. 86. Pétrels tempête.

Anglais (*Puffinus Anglorum*), qui habite les régions septentrionales de notre hémisphère; le *Puffin brun* (*Procellaria æquinoxialis*), qui habite l'Océan méridional, et qu'on rencontre fréquemment au Cap.

Les *Albatros* sont les plus grands et les plus massifs de tous les oiseaux qui volent à la surface des mers. Ils appartiennent à l'hémisphère austral. Les matelots ne les connaissent que sous le nom de *Moutons du Cap* et *Vaisseaux de guerre*, à cause de leur taille énorme. Leurs ailes étendues ont jusqu'à cinq mètres d'envergure. Leur plumage est généralement blanc, le manteau seul est noir.

Mais le courage ne se mesure pas à la taille; on le reconnaît chez ces oiseaux, qui, malgré leur force étonnante, leur bec grand, fort, tranchant, crochu, sont d'une couardise et d'une lâcheté révoltantes. De faibles mouettes les attaquent et les harcèlent, s'efforçant de leur déchirer le ventre. Les albatros n'ont pas de meilleur moyen, pour s'en débarrasser, que de plonger sous l'eau. Bien qu'ils soient d'une voracité extrême, à l'approche d'espèces beaucoup plus petites, telles que les goélands et les mouettes, ils aiment mieux fuir que de disputer leur butin.

Leur nourriture se compose de petits animaux marins, de mollusques, de zoophytes mucilagineux d'œufs et de frai de poissons. Ils avalent même d'assez gros poissons sans les dépecer. Lorsqu'ils sont repus, ne pouvant dévorer tout entier le poisson qu'ils ont saisi, ils sont forcés d'en tenir une partie hors du bec avant de l'avaler, jusqu'à ce que la première moitié soit digérée. C'est ce que font, comme on le sait, plusieurs serpents. Ainsi gorgé, l'albatros n'a qu'une ressource pour fuir, si on vient alors à le poursuivre : c'est de rejeter les aliments dont son estomac est surchargé.

Doués d'une puissance de vol extraordinaire, ces oiseaux s'avancent à des distances énormes de toute terre, surtout dans les temps orageux. Ils semblent se plaire au milieu des éléments en fureur. Ils peuvent rester plusieurs semaines sans dormir. Quand la fatigue s'empare d'eux, ils se reposent sur la surface de la mer, la tête cachée sous l'aile. Comme ils se laissent approcher de très près, les marins, pour les prendre, n'ont qu'à les assommer avec une gaffe, ou les harponner avec un croc.

Les navigateurs ont eu l'occasion d'observer ces oiseaux dans les contrées polaires, là où la nuit n'existe pas, pendant une moitié de l'année. On voyait alors les mêmes troupes voltiger autour des vaisseaux, pendant plusieurs jours de suite, sans qu'on aperçût chez eux la moindre fatigue, ni le plus léger ralentissement de leurs mouvements. Ce qu'il y a de curieux dans leur vol, c'est que, soit qu'ils s'élèvent, soit qu'ils s'abaissent, ils semblent ne faire que planer; on ne s'aperçoit pas qu'ils impriment le moindre battement à leurs ailes.

Ils s'attachent à suivre le sillage des navires, sans doute

Fig. 87. Albatros.

parce que l'agitation des flots amène à la surface les petits animaux marins dont ils font leur pâture. Ils s'abattent aussi sur tout corps qui tombe du vaisseau dans la mer, serait-ce même un homme. Un homme qui était tombé à la mer, d'un navire français, ne put être secouru immédiatement, parce

que les appareils de sauvetage manquaient. Avant qu'on eût
le temps de détacher une embarcation, les albatros qui suivaient le bâtiment se jetèrent sur le malheureux, lui déchirant la tête et les bras. Ne pouvant résister à la fois à la mer
et aux ennemis qui l'entouraient, l'homme succomba sous les
yeux de l'équipage.

Les albatros et les pétrels sont les vautours de l'Océan. On
dirait qu'ils sont destinés à purger les mers de tous les animaux morts ou en putréfaction qui flottent à leur surface.

Les albatros arrivent vers la fin de juin, en grandes troupes,
sur les côtes du Kamtschatka, dans la mer d'Okhotsk et dans
l'île de Behring. De maigres qu'ils étaient à l'arrivée, ils
deviennent très gras en peu de temps, à cause de la nourriture abondante qu'ils trouvent à l'embouchure des rivières.
Ils se rendent à terre, vers la fin de septembre, pour nicher.
Ils choisissent de préférence l'île Tristan d'Acunha, où ils se
réunissent en très grand nombre. Leurs nids, hauts d'environ
un mètre, sont construits avec de la boue. La chair de ces
animaux est très dure, et ne peut être rendue mangeable
qu'après avoir été salée un certain temps, bouillie et relevée
par une sauce piquante. Encore les marins et les habitants de
Kamtschatka n'en usent-ils que dans les moments de disette.

Les espèces les plus remarquables sont : l'*Albatros commun*
(*Diomedea exulans*, fig. 87), qui fréquente de préférence les
côtes de l'Afrique méridionale ; — l'*Albatros à sourcil noir*
(*Diomedea melanophrys*), qui habite aussi les mers du cap de
Bonne-Espérance ; — l'*Albatros brun* (*Diomedea fuliginosa*) ;
— l'*Albatros à bec jaune et noir* (*Diomedea chlororhynchus*),
qui, comme l'espèce précédente, habite les mers du pôle
austral, ainsi que les parages de la Chine et du Japon.

ORDRE DES ÉCHASSIERS

Le caractère saillant des *Échassiers* réside dans la nudité et la longueur de leurs tarses, qui atteignent parfois des dimensions vraiment extraordinaires : de sorte que ces oiseaux paraissent montés sur des *échasses*. Cette conformation spéciale est, du reste, parfaitement appropriée à leurs conditions d'existence. Habitant, pour la plupart, des rivages ou des marais, et contraints d'y subsister, ils ne doivent pas craindre d'entrer dans l'eau et dans la vase qui recèlent leur nourriture. Cependant ils ne sont pas tous aquatiques : les agamis, les outardes, les autruches vivent dans l'intérieur des terres, et leur régime est herbivore ou granivore.

Chez ces oiseaux, le bec présente les formes les plus diverses. Il est généralement long; mais il est également gros ou mince, conique ou plat, émoussé ou pointu, robuste ou faible, suivant les genres; et chez certaines espèces, comme le flammant, la spatule, le savacou, il défie, pour ainsi dire, toute description. Il est toujours porté par un cou grêle et en parfaite harmonie avec la longueur des jambes.

Presque tous les échassiers sont d'excellents voiliers, et entreprennent, deux fois l'an, des voyages considérables, qu'ils accomplissent par grandes troupes, comme les canards, les oies et les cygnes. Il est cependant certaines exceptions à cette règle. Quelques-uns, comme l'outarde, se meuvent difficilement dans l'air, mais sans que leur infériorité, sous ce rapport, devienne de l'ineptie; d'autres, comme les Brévipennes, sont dans l'impossibilité absolue de voler, et leurs ailes, tout à fait rudimentaires, ne servent qu'à accélérer leur course et à exalter leur allure, à un tel point qu'aucun autre animal ne peut les dépasser à la course.

Leur régime nutritif varie avec la forme et la vigueur du bec, ainsi qu'avec le milieu qu'ils habitent : il consiste surtout en poissons, batraciens, mollusques, vers, insectes, quelquefois en petits mammifères et en reptiles, plus rarement en herbes et semences. Il faut croire que ce régime est merveilleusement propre à développer les qualités savoureuses de la chair, car c'est dans cet ordre qu'on trouve les plus succulents gibiers : il suffit de citer la bécasse, la bécassine, le pluvier, le vanneau, l'outarde, pour faire tressaillir d'aise toute une légion de gourmets. Certaines espèces, complètement dépourvues de qualités culinaires, rachètent ce défaut par un plumage auquel la parure féminine emprunte ses plus brillants atours. Les plumes d'autruche, de marabout, de héron sont vivement appréciées de nos élégantes, dont elles contribuent à rehausser la beauté.

C'est ainsi qu'après avoir charmé les palais délicats, cet ordre d'oiseaux réussit encore à contenter les esprits frivoles : le goût et la vue, la gourmandise et la coquetterie y trouvent leur compte, et viennent y puiser leurs sensations les plus agréables. Ce sont là évidemment des dons inestimables, et l'on ne peut raisonnablement demander rien de plus. Sans doute il serait désirable qu'au lieu de pousser des cris aigus et malsonnants, ces oiseaux fussent doués de toutes les séductions de la voix, et fissent retentir les airs de chants mélodieux. Mais ne serait-ce pas trop exiger, puisque la perfection n'est pas de ce monde?

Les Échassiers sont monogames ou polygames, suivant les espèces, et leur histoire nous fournira des traits touchants d'attachement conjugal. Ils établissent leurs nids, soit sur les arbres, soit sur les édifices, soit sur le sol, soit enfin au milieu des eaux, parmi les joncs et les herbes aquatiques. En général, ils montrent peu de soin dans la construction de leurs abris. Le plus souvent ils se bornent à rassembler sans art des substances diverses; quelquefois même ils creusent un simple trou en terre et, sans autre préambule, y déposent leurs œufs.

Nous partagerons les Échassiers en six grandes familles, d'après la classification de Cuvier, légèrement modifiée : les

Palamodactyles, les *Macrodactyles*, les *Longirostres*, les *Cultrirostres*, les *Pressirostres* et les *Brévipennes*.

Palamodactyles. — Chez ces oiseaux, les doigts antérieurs sont réunis par une large membrane, le pouce est nul ou presque nul, les jambes sont très hautes. Bien que par leurs pieds palmés ils se rattachent aux Palmipèdes, ils nous présentent, par la disposition de leurs doigts, les types les plus caractéristiques des Échassiers.

Le *Flammant* est l'un des plus curieux échassiers. L'imagination la plus fantaisiste ne pourrait rien enfanter d'aussi

Fig. 88. Flammant.

bizarre que le corps de cet oiseau. Des jambes interminables supportant un petit corps; un cou à l'avenant; un bec plus haut que large, brusquement courbé, et comme cassé vers le milieu, inventé probablement pour le désespoir de ceux qui seraient tentés de le décrire; des ailes médiocres; une queue courte : tels sont les traits distinctifs de cette singulière physionomie, que complètent des pieds largement palmés, un pouce court, élevé, et une splendide couleur rose, passant au rouge vif sur le dos et les ailes.

C'est parce qu'ils avaient été frappés de cette coloration des ailes que les anciens avaient baptisé cet oiseau du nom de *phénicoptère* (ailes de feu), expression que nous avons rendue par le mot *flambant* ou *flammant*, moins joli que celui des Grecs, mais qui ne signifie pas autre chose.

Les flammants habitent le bord des lacs et des étangs, et plus rarement les rivages de la mer ou des fleuves. Ils se nourrissent de vers, de mollusques, d'œufs de poissons, qu'ils saisissent de la manière suivante : ils font prendre à leur cou et à leur tête une position telle, que la mandibule supérieure de leur bec se trouve en dessous; remuant alors la vase en tous sens, ils y trouvent facilement leur subsistance. Ils se servent aussi de leurs pieds pour fouler le limon, et mettre à découvert les petits animaux nécessaires à leur alimentation. Ils aiment la société et vivent en troupes soumises à une stricte discipline. Lorsqu'ils pêchent, ils s'alignent en longues files droites et régulières, et posent une sentinelle chargée de signaler le danger. Survient-il quelque cause d'alarme, la vedette fait entendre un cri bruyant, analogue au son d'une trompette, et toute la bande s'envole aussitôt dans un ordre parfait.

Les flammants sont donc très défiants, mais à l'égard de l'homme seulement; la vue des animaux n'a pas le privilège de les mettre en fuite. Lorsqu'on connaît ce fait, on peut parfaitement l'exploiter pour faire un grand carnage de ces beaux oiseaux. En se dissimulant adroitement dans la peau d'un cheval ou d'un bœuf, on peut s'en approcher et les fusiller à coup sûr. Tant qu'ils n'ont pas aperçu le chasseur, ils ne s'effrayent pas du bruit de l'arme et se laissent tuer stupidement, sans changer de place, bien qu'ils voient tomber leurs camarades à leurs côtés.

Quelques auteurs ont prétendu que le flammant se sert de son cou comme d'une troisième jambe, et qu'il marche en appuyant sa tête sur le sol. Ce qui a sans doute donné lieu à cette supposition, c'est le mouvement que lui impose sa manière toute particulière de pêcher, mouvement que nous avons

Fig. 89. Nids de Flammants

décrit plus haut, et qui a pu causer l'illusion de certains observateurs. On raconte, il est vrai, qu'un flammant élevé en captivité, et privé accidentellement d'un de ses membres, remédia lui-même à son infirmité en marchant sur une jambe et s'aidant de son bec comme d'une béquille; ce que voyant, son maître lui fit adapter une jambe de bois, dont il se servit avec le plus grand succès. Mais ce récit, qui s'applique à un oiseau incomplet, placé par conséquent dans des conditions spéciales, n'infirme en rien l'observation précédente.

Le flammant construit un nid (fig. 89) aussi original que sa personne. Il consiste en un cône tronqué, haut d'environ cinquante centimètres, et fait de vase séchée au soleil. C'est dans la cavité peu profonde, ménagée au sommet de ce monticule, que la femelle dépose deux œufs, allongés et d'un blanc mat. Pour couver, elle s'assied à califourchon sur ce trône d'un nouveau genre, en laissant pendre ses jambes de chaque côté. Les petits peuvent courir peu de temps après leur naissance, mais ils ne sont capables de voler que plus tard, alors qu'ils se parent des brillantes couleurs des adultes.

Les flammants se trouvent dans toutes les régions chaudes et tempérées du globe. Certaines îles de l'Amérique en possèdent une si grande quantité, que les navigateurs leur ont donné le nom d'*îles des Flammants*. Dans l'ancien continent ils sont très répandus au-dessous du quarantième degré de latitude, principalement en Égypte et en Sardaigne; pendant l'été, ils vont chercher un climat moins ardent: c'est alors que nous en voyons des troupes nombreuses arriver sur nos côtes méridionales. Le cou tendu et les jambes pendantes, ces magnifiques oiseaux, dont la taille atteint jusqu'à cinq pieds, figurent dans le ciel de gigantesques triangles de feu et présentent un spectacle admirable.

Les anciens recherchaient avidement la chair du flammant, qu'ils regardaient comme un délectable gibier. La langue surtout était considérée comme un mets exquis, et l'empereur Héliogabale l'appréciait à tel point, qu'il voulait en avoir en tout temps, de sorte qu'un corps de troupes était exclusivement chargé d'immoler des Phénicoptères à ses caprices gastronomiques.

Aujourd'hui on ne mange plus le flammant, dont la viande

est huileuse et conserve une odeur de marais très désagréable; quant à sa langue, les Égyptiens, dit-on, se contentent d'en extraire une huile, qui sert à assaisonner les aliments. Ajoutons, pour compléter l'histoire de cet oiseau, qu'il possède un duvet analogue à celui du cygne et qui est employé aux mêmes usages, tandis que l'os de son fémur sert, dans certains pays, à faire des flûtes.

L'*Avocette* (fig 90) est caractérisée par un bec très long, très grêle, flexible et recourbé vers le haut, ce qui lui a valu, de la part des savants, le nom de *Recurvirostre* (bec recourbé). Cet étrange instrument lui sert à fouiller la vase jusqu'à une assez grande profondeur, pour y saisir les vers, les petits

Fig. 90. Avocette.

mollusques et le frai de poisson dont elle fait sa principale nourriture. Ses longues jambes lui permettent d'ailleurs de parcourir sans danger les marécages et les lagunes; de plus, elle nage avec la plus grande facilité. Aussi n'est-il par rare de la voir chercher sa subsistance au sein même des eaux.

L'avocette mesure environ cinquante centimètres de haut, quoique son corps ne soit guère plus gros que celui du pigeon. C'est un joli oiseau, à la taille élancée, au plumage blanc en dessous, noir sur la tête et le dos. On le rencontre sur les deux continents; l'espèce d'Europe est commune en Hollande et sur tous les rivages de la France. D'un naturel sauvage et d'une humeur farouche, elle se laisse rarement approcher, sait éviter les pièges qu'on lui tend et échappe aux poursuites des chasseurs, soit par le vol, soit par la nage. Elle ne fait pas grands frais pour la construction de son nid elle se contente de porter quelques brins d'herbe dans le premier creux qu'elle trouve sur le sable, et y dépose deux ou trois œufs, qu'on lui ravit souvent pour les manger, car on assure qu'ils sont excellents; quant à sa chair, elle est passable.

Les *Échasses* (fig. 91) sont ainsi nommées à cause de l'excessive longueur de leurs jambes, tellement minces et flexibles qu'elles peuvent subir sans se rompre une courbe très prononcée. Elles n'ont pas les pieds aussi complètement palmés

Fig. 91. Échasse.

que les espèces précédentes, les deux membranes qui réunissent les doigts antérieurs étant inégales. Le bec est long, mince et pointu comme celui de l'avocette, mais droit; les ailes sont longues et aiguës, la queue courte. Elles sont à peu près de la grosseur de l'avocette et atteignent jusqu'à soixante-cinq centimètres. Elles volent fort bien, mais marchent difficilement à terre. En revanche, elles sont à l'aise dans la vase des marais, où elles plongent leur bec, pour en retirer les insectes, les vermisseaux, les petits mollusques, le frai des grenouilles, toutes choses dont elles sont très friandes.

Ce sont des oiseaux tristes, défiants, menant une vie solitaire, excepté à l'époque de la reproduction. Réunis alors en grand nombre, ils construisent leurs nids dans les marais, sur de petites éminences très rapprochées les unes des autres : l'herbe en est l'élément principal. Leur ponte est ordinairement de quatre œufs verdâtres, semés de taches cendrées. Les mâles font sentinelle pendant que les femelles couvent; à la moindre alerte, ils poussent un cri qui fait lever toute la bande, laquelle s'envole au plus vite, pour revenir quand le danger est passé.

Les échasses sont peu communes en Europe; c'est surtout dans les marais de la Russie et de la Hongrie qu'on les rencontre. Pendant l'été, elles viennent quelquefois visiter nos côtes méditerranéennes; mais il est très rare d'en voir sur la côte de l'Océan. Elles ont peu de valeur comme gibier.

Macrodactyles. — Les oiseaux qui composent la famille des *Macrodactyles* (à grands doigts) sont remarquables par l'extrême longueur de leurs doigts, tout à fait indépendants ou faiblement palmés; aussi peuvent-ils marcher sur les herbes qui flottent à la surface de l'eau. En général, la brièveté de leurs ailes ne leur permet qu'un vol très faible.

Cette famille comprend les Poules d'eau, les Talèves ou Poules sultanes, les Râles, les Foulques, les Glaréoles, les Jacanas, les Kamichis.

Les *Poules d'eau* sont caractérisées par un bec court, robuste; épais à la base, pointu à l'extrémité, envoyant un prolongement sur le front, et par quatre doigts très développés, munis d'ongles aigus, dont les trois antérieurs sont garnis d'une membrane étroite et fendue. Répandues sur une partie du globe, elles se plaisent au milieu des marais, sur les bords des lacs et des rivières, où elles se nourrissent de vers, d'insectes, de mollusques et de petits poissons. Ce sont des oiseaux sémillants et gracieux, qui se tiennent toute la journée parmi les roseaux, et aiment à se promener sur les larges feuilles des nénufars. Ce n'est que le soir et le matin qu'ils se hasardent à sortir de leur retraite pour chercher leur nourriture.

Fig. 92. Nid de Poule d'eau.

Quoique leur vol ne soit ni élevé ni rapide, les poules d'eau savent éviter le chasseur avec beaucoup d'adresse. Harcelées de trop près, elles se jettent à l'eau, plongent et ne reparaissent à la surface que quelques pas plus loin; encore ne montrent-elles de leur corps que ce qui est strictement nécessaire pour respirer et examiner la situation; elles ne s'envolent que lorsque tout péril est écarté.

Dans certains pays, elles sont sédentaires; dans d'autres, au contraire, elles accomplissent des migrations, et dans ce cas elles varient leurs plaisirs en voyageant tantôt à pied, tantôt à la nage, tantôt à tire-d'aile. Elles suivent tous les

Fig. 93. Poule d'eau.

ans la même route, et reviennent constamment faire leur nid (fig. 92) au lieu témoin de la première ponte.

Les œufs, au nombre de sept ou huit, sont couvés alternativement par le mâle et la femelle, qui ne manquent jamais, lorsqu'ils s'éloignent, de recouvrir d'herbes leur doux trésor, afin de le soustraire à la voracité du corbeau.

Immédiatement après leur éclosion, les petits sortent du nid, suivent la mère, et bientôt ils sont en état de pourvoir eux-mêmes à leurs besoins. Ils ne sont revêtus que d'un duvet rare et grossier; mais ils courent avec vitesse, nagent et plongent parfaitement et savent se cacher à la moindre apparence de danger. Cet accroissement rapide de leur progéniture permet à chaque couple de poules d'eau de faire jusqu'à trois pontes par an.

La *Poule d'eau commune* (fig. 93) habite l'Europe. On la trouve surtout en France, en Italie, en Allemagne et en Hollande. Une autre espèce, la *Poule d'eau ardoisée*, est originaire de Java.

Le *Talève*, ou *Poule sultane* (fig. 94), est l'oiseau-type de la famille des Macrodactyles; on pourrait le définir : une exagération de la poule d'eau. Il a, en effet, le bec plus épais et plus robuste, la plaque frontale plus étendue, les doigts

Fig. 94. Poule sultane.

plus longs que celle-ci; mais ses mœurs sont les mêmes. Il est cependant moins exclusivement aquatique, ce qui tient à ce qu'il est très friand de céréales. Il mange en se tenant sur un pied, et en se servant de l'autre comme d'une main pour porter sa nourriture à son bec.

C'est un magnifique oiseau dont tout le corps est bleu indigo, tandis que le bec et les pattes sont roses. Les anciens, qui le connaissaient et l'élevaient en domesticité, l'avaient nommé *Porphyrion* (couleur de pourpre), sans doute à cause de cette coloration rose. Il serait à désirer qu'on l'introduisît en France, où il ferait le plus bel ornement de nos jardins.

Il existe plusieurs espèces de poules sultanes, différant les unes des autres, et habitant toutes les régions chaudes de l'ancien continent. L'espèce ordinaire se trouve en Afrique et dans le midi de l'Europe; sa grosseur est celle d'une poule.

Les *Râles* se distinguent par un bec plus long que la tête, des tarses allongés, terminés par des doigts grêles complètement séparés, des ailes moyennes et une queue très courte.

Ils ont une certaine analogie d'habitudes avec les poules d'eau. Comme ces dernières, ils sont craintifs, et se cachent tout le jour dans les joncs, les broussailles, les herbes des marais et des prairies. Les trous creusés par les rats d'eau leur servent aussi de refuges lorsqu'ils sont poursuivis de trop près. Les petits sentiers qui bordent la plupart des rivières sont leurs lieux de prédilection. Peu favorisés sous le rapport des ailes, ils ne sont capables que d'un vol assez lourd, s'exécutant ordinairement en ligne directe et à une faible distance du sol. Aussi est-ce par la course qu'ils cherchent le plus souvent à échapper au chasseur, et leurs nombreux détours parviennent quelquefois à les sauver. Mais dans cer-

Fig. 95. Râle.

tains cas ils résistent si mollement, que les chiens les rapportent vivants, ou que les chasseurs les prennent à la main.

Les râles ne se réunissent jamais en troupes. Différant en cela des autres oiseaux, qui s'assemblent pour émigrer en commun, ils exécutent séparément leurs longs voyages.

Il construisent, parmi les joncs et les roseaux, un nid assez grossier, où ils pondent de six à huit œufs. Les petits courent en naissant et se développent très vite. Ces oiseaux aiment les vers, les insectes, les crevettes, et mangent même les graines qu'ils rencontrent sur les bords des rivières. Leur chair est généralement bonne et bien supérieure à celle des poules d'eau; à l'automne, elle est d'un goût exquis.

Les râles sont très communs en France. L'espèce la plus

répandue est le *Râle des genêts* (fig. 95), ainsi nommé à cause de son existence plus terrestre qu'aquatique, et de sa préférence pour les champs, les taillis, les genêts et les prairies. Il est vulgairement appelé *Roi des cailles*, parce qu'il vit dans la société des cailles, et qu'il les accompagne dans leurs migrations. C'est à la fin de l'été qu'il acquiert toute sa saveur; c'est à ce moment qu'il convient de le tuer. On compte une vingtaine d'espèces de râles, répandues dans les diverses contrées du globe. Leurs caractères sont partout à peu près les mêmes.

Les *Foulques* (fig. 96) ont le bec médiocre, avec une plaque frontale très développée, les doigts grêles et bordés [d'une

Fig. 96. Foulque.

membrane festonnée. Leur plumage est lustré et imperméable à l'eau.

Les foulques — qu'il ne faut pas confondre avec les macreuses ou *foulques* des habitants du midi de la France — sont essentiellement aquatiques. Elles habitent les lacs, les étangs, les marais et quelquefois les rivages maritimes ou fluviatiles des baies et des golfes. Comme celle des poules d'eau et des râles, leur existence est semi-nocturne. Cachées pendant le jour au sein des roseaux, elles ne sortent que le soir, pour chercher leur nourriture, qui consiste en vers, insectes, petits poissons et jeunes pousses de végétaux aquatiques. Elles viennent rarement à terre, car elles s'y meuvent très difficilement. En revanche, elles nagent et plongent avec une aisance pleine de grâce; leur vol, quoique moins faible que celui des râles, est cependant encore assez médiocre.

Les foulques vivent en société; elles établissent leurs nids au milieu des eaux, dans les joncs, et y déposent de huit à quatorze œufs. Les petits se jettent à l'eau en naissant, mais deviennent souvent la proie des busards, qui en dévorent une grande quantité. Il arrive souvent que toute la couvée est ainsi détruite : la femelle en fait alors une seconde, qu'elle abrite dans les lieux les plus solitaires et les moins accessibles aux ennemis de sa race.

On trouve les foulques dans toutes les contrées de l'Europe, dans l'Amérique septentrionale, en Afrique et en Asie. Leur chair, qui sent le marais, n'est pas fort estimée. On en connaît trois espèces : la *Foulque morelle* ou *macroule*, très commune dans le nord de la France; la *Foulque à crête*, indigène de Madagascar, mais visitant le midi de l'Europe; la *Foulque bleue*, qui habite le Portugal.

Les *Glaréoles*, ou *Perdrix de mer*, ont le bec court et arqué, les tarses longs et minces, le doigt médium uni à l'externe par une petite

Fig. 97. Glaréoles à collier.

membrane, les ailes longues et aiguës, la queue fourchue. Elles vivent par troupes sur les bords du Danube, du Volga, et sur les rives de la mer Noire et de la mer Caspienne. Elles se nourrissent de vers, d'insectes aquatiques, et surtout de sauterelles qu'elles attrapent au vol pour en aspirer les liquides.

Les *Jacanas* (fig. 98) sont caractérisés par un bec droit et
médiocre, des ailes armées d'éperons pointus, des doigts
pourvus d'ongles longs et acérés, celui du pouce dépassant
en longueur le doigt lui-même. Ces oiseaux habitent l'Asie,
l'Afrique et l'Amérique méridionale. On leur donne au Brésil
le nom de *Chirurgiens*, par allusion à l'ongle de leur pouce
qui ressemble à une lancette. Ils se tiennent dans les marécages, les lagunes et sur les bords des étangs. Tandis
qu'ils marchent, avec la plus grande facilité, sur les larges
feuilles des plantes aquatiques, ils ne nagent que très
imparfaitement: certains naturalistes affirment même

Fig. 98. Jacana à longue queue.

qu'ils ne nagent pas du tout. Leur vol est assez rapide,
mais peu élevé.

Les jacanas vivent par couples. Ils sont très sauvages, et
on ne peut les approcher que par ruse et à l'aide des plus
grandes précautions. D'un naturel remuant et querelleur, ils
entament avec les autres oiseaux des luttes dans lesquelles
ils se servent avec avantage de leurs éperons. Ils défendent
leur progéniture même contre l'homme, et sacrifient sans
hésiter leur vie pour la défendre.

Le mâle et la femelle ont le plus grand attachement l'un
pour l'autre; une fois unis, ils ne se quittent plus. Ils établissent leur nid au milieu des herbes aquatiques, et y dé-

posent quatre ou cinq œufs, qu'ils ne couvent que durant la nuit; car la température élevée du jour, dans les climats qu'ils habitent, supplée très bien à leur propre chaleur. Dès leur naissance, les petits abandonnent le nid et suivent leurs parents.

Le *Jacana commun* est noir, avec le manteau roux et les pennes des ailes vertes.

Les *Kamichis* ont le bec plus court que la tête, un peu comprimé et recourbé à la pointe; les ailes très amples et pour-

Fig. 99. Kamachi cornu.

vues à l'épaule de deux forts éperons; les doigts séparés et munis d'ongles robustes, longs et pointus. Leur plumage est noirâtre. Ils sont à peu près de la grosseur du dindon. Ce sont des oiseaux de l'Amérique méridionale, qui vivent dans des lieux humides et marécageux, dans les savanes inondées et sur les bords des rivières peu profondes. Ils ne nagent pas, mais entrent dans l'eau pour s'y repaître d'herbes et de graines aquatiques. Plusieurs naturalistes, se fondant sur l'existence des éperons chez le kamichi, ont prétendu que ces oiseaux attaquent les reptiles et s'en nourrissent : c'est une erreur aujourd'hui reconnue.

Ces oiseaux vivent isolément, par paires; ils sont d'un caractère doux et pacifique, et c'est seulement à l'époque de la reproduction qu'ils songent à faire usage de leurs armes. Les mâles se livrent alors des combats meurtriers pour la possession d'une compagne. L'union des époux est indissoluble, elle ne se termine qu'avec la mort de l'un d'eux; et l'on assure que le survivant se consume dans l'affliction, près des lieux où la Parque cruelle trancha l'existence d'un être chéri.

Par ses tarses relativement courts et gros, par sa coupe générale et par sa démarche, ainsi que par son régime et son naturel inoffensif, le kamichi a plus d'un point de rapprochement avec les Gallinacés; il n'est donc pas étonnant que l'homme ait pu le domestiquer et s'en faire un auxiliaire utile.

Le genre Kamichi comprend deux espèces : le *Kamichi cornu* et le *Kamichi fidèle*.

Le *Kamichi cornu* (fig. 99) est ainsi nommé, parce qu'il porte sur la tête une tige cornée, droite, mince et mobile, longue de près de trois pouces.

Le *Kamichi fidèle* (fig. 100) porte, au lieu d'une corne, une huppe de plumes disposées en cercle sur la nuque. C'est cette espèce qui est susceptible d'éducation. Il s'apprivoise facilement, devient très familier avec l'homme, et se montre pour lui un serviteur actif, intelligent et dévoué. Il est à la fois le camarade et le protecteur des autres oiseaux de la basse-cour; si bien que, dans certaines contrées, les habitants ne craignent pas de lui confier la garde de leurs troupeaux de volailles. Le kamichi les accompagne aux champs le matin, et les ramène au logis à l'entrée de la nuit. Si quelque oiseau de proie s'approche du troupeau de volatiles avec des intentions suspectes, il déploie ses larges ailes, s'élance sur l'intrus, et lui fait durement sentir ce que peut le bon droit servi par quatre solides éperons.

Longirostres. — Les oiseaux qui composent la famille des *Longirostres* (long bec) sont caractérisés par un bec long, flexible, qui n'est guère propre qu'à fouiller la vase et les terrains mous. Ce sont des oiseaux de rivage, ou plutôt de marais.

Fig. 100. Kamachi fidèle.

Ils comprennent les genres *Chevalier*, *Tourne-pierre*, *Combattant*, *Maubêche*, *Bargo*, *Bécasse*, *Bécassine*, *Courlis*, *Ibis*.

Les *Chevaliers* ont le bec droit, long et mince, flexible à la base, solide vers la pointe ; les tarses grêles et allongés ; les ailes suraiguës ; les pieds à demi palmés ; le pouce court et ne touchant à terre que par le bout. Ils vivent par petites troupes, sur le bord des eaux douces et sur le rivage de la mer. Certaines espèces fréquentent les bois marécageux ; d'autres, les terrains secs et sablonneux. Ils se nourrissent de vers, d'insectes, de frai de poisson, quelquefois même de menu fretin et de crustacés. Leurs mœurs sont paisibles, leurs allures libres et dégagées. On les voit sans cesse en mouvement sur les grèves et les rives des fleuves, courant, nageant et plongeant avec une égale facilité. Ils ont la vue fort perçante : le plus petit insecte, dans un rayon de quelques pas, ne saurait échapper à leurs regards. Dès que l'un d'eux a découvert une proie, tous se précipitent à l'envi pour la lui disputer.

Les chevaliers habitent le nord des deux continents et passent en France deux fois l'an, au printemps et à l'automne. C'est dans les pays septentrionaux qu'ils font leur ponte, composée de trois à cinq œufs. Leur chair, très délicate,

Fig. 101. Chevalier Gambette.

les fait rechercher des gourmets; aussi les chasse-t-on ardemment et par tous les moyens possibles : au fusil, au filet, aux gluaux et au piège.

On connaît en France sept espèces de chevaliers, dont la taille varie entre celles de la grive et du moineau. Ce sont: le *Chevalier brun*, appelé aussi *Chevalier arlequin;* — le *Chevalier aboyeur;* — le *Chevalier gambette* (fig. 101), vulgairement le *Chevalier aux pieds rouges;* — le *Chevalier stagnatile;* — le *Chevalier sylvain*, communément *Bécasseau des bois;* —. le *Chevalier cul-blanc;* — le *Chevalier guignette.* Cette dernière espèce est la plus petite et la plus estimée.

Le *Tourne-pierre* habite les plages maritimes des deux continents, et doit son nom au moyen tout particulier qu'il emploie pour trouver sa nourriture: il soulève les galets et les
petites pierres qui émaillent ses domaines, pour dévorer les
vers et les insectes qui se cachent sous leur ombre. Il est
pourvu, pour cet usage, d'un bec de moyenne longueur, conique, pointu et résistant, qui lui sert de levier. Il vit solitairement, et ne se rapproche même pas de ses semblables
pour émigrer : il aime à voyager seul. Ce n'est que dans le
nord, où il va se reproduire, qu'il montre quelques instants
de sociabilité. Sa ponte est de trois ou quatre œufs, assez

Fig. 102. Tourne-pierre à collier.

gros, d'un gris cendré, qu'il laisse tomber au fond d'un trou
creusé dans le sable du rivage. Les petits sont très précoces,
et courent avec le père et la mère, dès leur sortie du nid,
pour se mettre en quête de leur subsistance.

L'espèce unique du genre, le *Tourne-pierre à collier* (fig. 102),
est de passage en France; sa chair n'est pas sans saveur.

Le *Combattant* se recommande à l'attention de l'observateur
par la subite métamorphose qui révolutionne tout son être
vers les premiers jours de mai, à l'aurore de ce mois charmant où la nature entière s'épanouit en splendeurs de toutes
sortes, comme pour rendre hommage au Créateur. A cette
époque, les tourments d'amour opèrent dans le costume de

cet oiseau, jusqu'alors sombre et sans éclat, une transforma-
tion des plus brillantes. Son cou s'entoure d'une étincelante
collerette, qui s'étend peu à peu sur les épaules et la poitrine.
Sur son chef, à droite et à gauche, se dressent deux panaches
qui rehaussent sa physionomie et contribuent à la majesté de
l'ensemble. Le jaune, le blanc, le noir, disposés de cent façons, selon les individus, éclatent en leur parure, pour le plus
grand plaisir des yeux (fig. 103).

Ce travestissement physique n'est pas sans avoir un certain
retentissement dans l'esprit du combattant. Affolé d'orgueil,
enivré de sa propre magnificence, notre héros se sent tout à
coup agité des sentiments les plus belliqueux.

Mais quel objet frappe ses regards? Un autre combattant,
un rival? Aussitôt il se précipite à la rencontre du nouveau
venu, qui, de son côté, le charge à fond de train. Le bec tendu,
la crinière hérissée, les deux adversaires se choquent impétueusement. Un duel furieux s'engage alors, sous les yeux du
sexe faible, qui juge les coups, approuve ou blâme, et par des
cris lancés à propos sait ranimer l'ardeur défaillante des
preux. Les coups de bec succèdent aux coups de bec, le sang
coule et l'arène est rougie, jusqu'à ce qu'enfin les deux champions épuisés roulent côte à côte dans la poussière (fig.104,
p. 141). Ces duels, qui se renouvellent fréquemment pendant
deux ou trois mois, ne laissent pas que de faire de nombreux
vides dans les rangs de l'espèce.

Avec le mois d'août, les riches vêtements disparaissent, et
cette fièvre de guerre s'apaise. Le combattant redevient un
oiseau tout ordinaire, de mœurs paisibles, uniquement occupé à chercher des vers et des insectes sur les plages de
l'Océan. C'est alors qu'il tombe sous le plomb du chasseur ou
dans les filets de l'oiseleur.

Ces oiseaux s'habituent assez bien à la domesticité. En Angleterre et en Hollande, où ils sont très nombreux, on élève les
combattants, et on les engraisse pour la table. Mais on a soin
de les tenir dans l'obscurité durant la saison des amours, afin
d'ôter tout prétexte à leur humeur tapageuse, qui s'enflamme
au moindre sujet sous l'influence de la lumière.

Les combattants habitent les contrées septentrionales et
tempérées de l'Europe et de l'Asie; en France, ils sont très

Fig. 103. Chevaliers combattants en plumage de noces.

communs sur les côtes [du [nord et du nord-ouest. Au printemps, ils s'établissent dans les prairies humides et marécageuses, et y pondent quatre ou cinq œufs pointus, d'un gris verdâtre constellé de petits points bruns; à l'automne, ils se répandent sur le littoral. Leur taille égale à peu près celle des plus grands chevaliers.

Les *Maubêches* ont le bec aussi long que la tête, les doigts libres, le pouce court, les ailes aiguës, les formes lourdes et trapues. Elles vivent sur les bords de la mer et dans les marais salés, et ce n'est qu'accidentellement qu'elles s'aventurent dans l'intérieur du continent. Elles sont indigènes du cercle polaire arctique et passent sur nos côtes au printemps et à l'automne. Leur ponte, qui se fait dans le nord, se compose de quatre ou cinq œufs.

Les *Sanderlings*, les *Pélidnes*, les *Courlis* sont des genres très voisins des *Maubêches*, mais ils en diffèrent par les mœurs et par les caractères physiques. Ils visitent toutes les côtes de l'Europe, allant sans cesse par petites troupes à la recherche d'une douce température. L'abondance de la nourriture ne suffit même pas pour les retenir longtemps dans le même lieu; le mouvement est la loi de leur existence.

Les *Bécasses* ont le bec très long, droit, grêle, mou, et à pointe renflée; la tête comprimée, les tarses courts et les jambes garnies de plumes. Elles habitent, non les rivages, mais les bois. Elles s'éloignent donc, par certains côtés, de la plupart des Échassiers; néanmoins, comme elles s'en rapprochent par l'ensemble de leurs caractères, on a dû les maintenir dans cet ordre.

Les bécasses habitent, pendant l'été, les hautes montagnes boisées du centre et du nord de l'Europe. Chassées par les grands froids, elles descendent dans les plaines et arrivent dans nos contrées vers le mois de novembre. D'un naturel méfiant et farouche, elles se cachent toute la journée, dans les bois les plus couverts, s'occupant à retourner les feuilles sèches avec leur bec, pour saisir les vers et les larves. D'ailleurs l'éclat du jour les offusque, et c'est le soir seulement, ou le matin, qu'elles recouvrent toute la plénitude de leurs facultés visuelles. Elles sortent alors de leur obscurité et vont butiner dans les champs cultivés, dans les prairies humides, ou aux alentours des fontaines.

Toutes les bécasses n'émigrent pas; beaucoup sont sédentaires dans nos contrées, et prennent leurs quartiers d'hiver dans le voisinage des sources que les froids les plus rigoureux n'ont pas le pouvoir de congeler. Elles vivent solitairement pendant la plus grande partie de l'année, s'apparient au printemps, et construisent leur nid à terre avec des herbes et des racines, près d'un tronc d'arbre ou d'un buisson de houx. La femelle pond quatre ou cinq œufs oblongs, un peu plus gros que ceux du pigeon. Les petits courent au sortir de l'œuf; le père et la mère les accompagnent avec sollicitude, et témoignent en toute occasion le plus grand attachement pour eux. Si quelque danger les menace, ils les prennent les uns après les autres sous leur cou, et, les maintenant à l'aide du bec, les transportent ainsi à des distances considérables.

Ces oiseaux semblent affectionner les lieux qu'ils ont une fois habités, et ils y reviennent volontiers les années suivantes. Le fait suivant peut du moins le donner à penser. Un garde-chasse, ayant pris une bécasse dans ses filets, lui rendit la liberté, après lui avoir attaché un anneau de cuivre à la jambe. Un an après, il reconnut parfaitement, à l'aide de cette marque, la bécasse qu'il avait capturée et qui était revenue dans les mêmes parages.

La bécasse est sans voix pendant dix mois de l'année; ce n'est qu'avec les premières feuilles qu'elle fait entendre un petit cri: *pitt-pitt-corr!* pour appeler sa compagne.

Le plumage de la bécasse est remarquable par l'harmonie de ses nuances; c'est un heureux assemblage de brun, de roux, de gris, de noir et de blanc. Il n'est pas très rare de rencontrer des bécasses complètement blanches: ce sont des albinos de l'espèce. D'autres portent un vêtement fond blanc, avec quelques taches grises ou brunes.

La bécasse est un oiseau très propre, et qui, pour rien au monde, ne voudrait se lever ou s'endormir sans faire sa toilette. Chaque matin et chaque soir on la voit se diriger, d'un

Fig. 104. Duel de Chevaliers combattants.

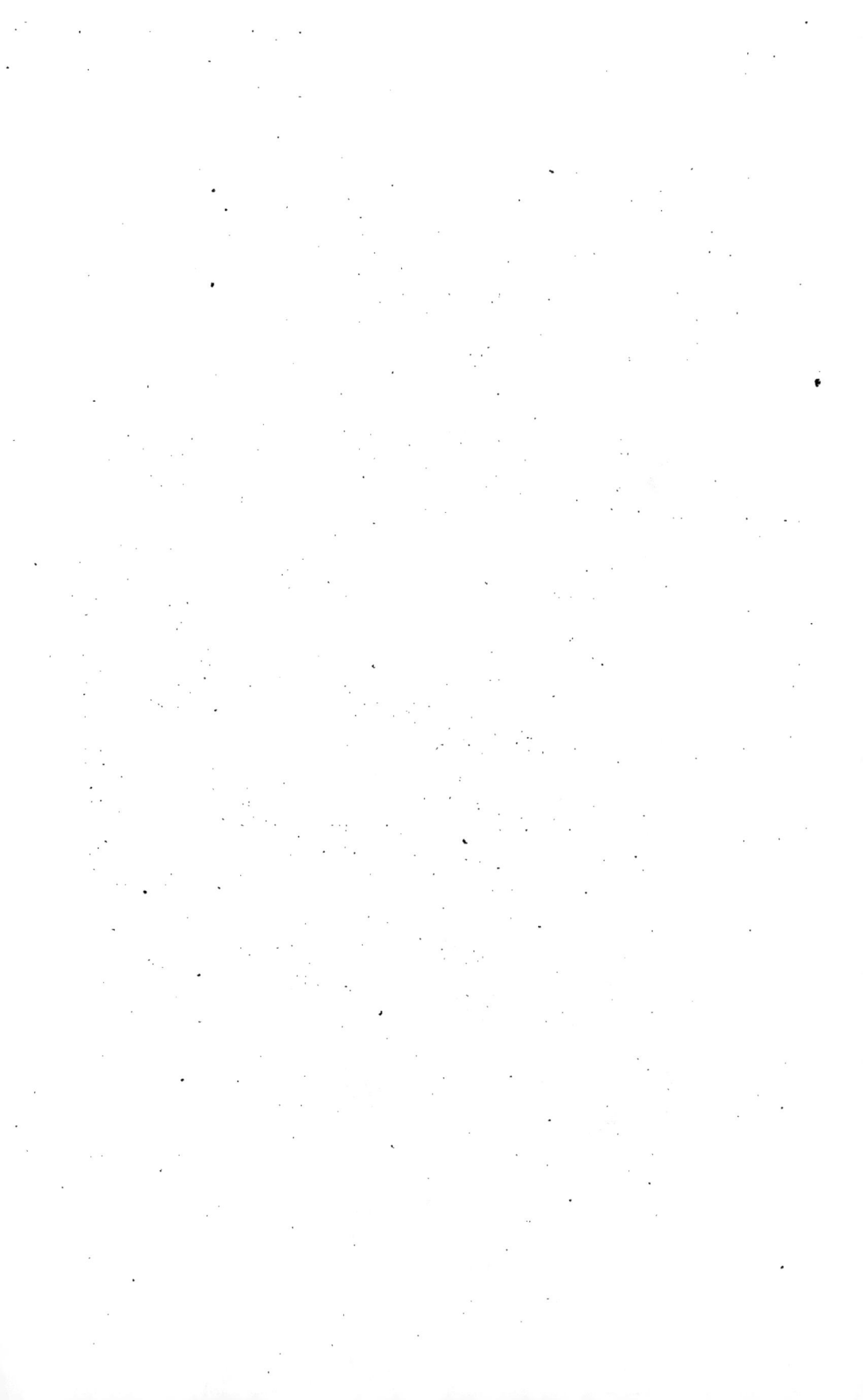

vol rapide, vers les fontaines et les ruisseaux, pour se désal
térer et pour se laver le bec et les pattes.

On trouve cet oiseau dans la plupart des départements de
la France, mais principalement dans l'Ain et dans l'Isère. On

Fig. 105. Bécasse commune.

le poursuit, nous n'avons pas besoin de le dire, avec une
ardeur que ne décourage aucun obstacle. On ne se figure pas
jusqu'à quel degré d'héroïsme peuvent atteindre les fanatiques

Fig. 106. Bécasses (variété blanche isabelle).

chasseurs de bécasse. Se condamner à une promenade de dix
ou douze heures dans la boue; abandonner les lambeaux de
ses habits à toutes les broussailles du chemin; déployer des
prodiges de tactique et de ruse, et, pour récompense de tant

d'efforts, faire souvent un magnifique buisson creux : telle est l'histoire sommaire de la chasse à cet oiseau des bois.

La principale difficulté dans la chasse de la bécasse consiste à la découvrir et à la faire lever. Toujours cachée au sein des buissons les plus touffus, sans mouvement et sans voix, elle n'envoie pas d'émanations au nez du chien, qui erre de tous côtés, et peut se rebuter à ce travail. Il ne réussira qu'à la condition de fouiller tous les halliers les uns après les autres, et de se déchirer plus ou moins la peau aux épines qui se croisent en un inextricable fouillis. Lorsque le chasseur voit ou suppose son chien en arrêt, il s'approche doucement, et, déterminant par induction la remise de la bécasse, il se placera dans la situation la plus convenable pour la tirer dès qu'elle s'envolera (fig. 107). S'il la manque, libre à lui de la poursuivre, car elle peut aller se poser à une faible distance; mais il aura affaire à forte partie. Les crochets, les détours, les croisements de voie, toutes pratiques familières à cet oiseau, mettront plus d'une fois l'homme et le chien en défaut; et si la bécasse succombe enfin dans la lutte, ce ne sera pas sans avoir fatigué chasseurs et chiens.

En Bretagne, les bécasses étaient si communes, il y a quelques années, qu'on les chassait au filet par le singulier expédient que voici. Deux hommes se réunissaient pendant la nuit : l'un porteur d'une lanterne, l'autre d'un petit filet fixé au bout d'un bâton. Ils se rendaient dans les parties du bois où les cerfs avaient pâturé, lieux fréquentés par les bécasses, parce qu'elles trouvent des vers et des insectes sous les bousards de ces animaux. Tout à coup les rayons de la lanterne étaient projetés sur les oiseaux, qui, éblouis par l'éclat de la lumière, se laissaient emprisonner dans les mailles du filet avant de songer à prendre leur vol (fig. 110, p. 149).

La bécasse est un gibier délicieux qui exhale un fumet exquis; elle tient le haut du pavé, parmi les volatiles, pour la succulence de la chair.

La *Bécassine* ressemble beaucoup à la bécasse, mais elle est petite et a les tarses plus hauts. Elle en diffère aussi par ses mœurs. Habitant les marais, elle se nourrit de vermisseaux, quelquefois même de plantes aquatiques. Elle vole la

Fig. 107. Chasse de la Bécasse dans les taillis.

nuit aussi bien que le jour; c'est le plus souvent dans les moments sombres et pluvieux qu'elle effectue des passages.

On trouve les bécassines dans toutes les parties du globe et sous toutes les latitudes. Quelques-unes sont sédentaires en France. Elle placent leur nid au milieu des joncs, dans un endroit bourbeux et d'un accès difficile à l'homme et aux bestiaux; elles y pondent ordinairement quatre ou cinq œufs. Les petits quittent le nid dès leur naissance, et sont nourris, pendant quelque temps, par le père et la mère, la faible consistance de leur bec ne leur permettant pas de chercher eux-mêmes leur nourriture.

Fig. 108. — a. Bécassine sourde. — b. Bécassine ordinaire.

Les bécassines ne vivent pas solitaires comme les bécasses : on les voit presque toujours par troupes, et lorsqu'elles prennent leur vol, elles font entendre de petits cris facilement reconnaissables. Elles nous arrivent, à l'automne, des marais de la Pologne et de la Hongrie, et y retournent au printemps. Les espèces les plus communes sont la *Bécassine ordinaire* (fig. 108, *b*), la *double Bécassine* et la *Bécassine sourde* (fig. 108, *a*).

La bécassine ordinaire n'est pas plus grande que la grive et a le bec un peu plus long que la bécasse. Elle porte sur la tête deux larges bandes longitudinales noires, a le manteau noirâtre et la poitrine blanche. Elle est en butte aux attaques des petits oiseaux de proie, tels que l'émerillon, le hobereau, la crécerelle. Mais de tous ces ennemis le plus terrible c'est l'homme, qui l'estime à l'égal de la bécasse, et qui, pour ce motif, la poursuit avec un acharnement extraordinaire. Il paye quelquefois bien cher, il est vrai, le plaisir de tuer ce gibier; car, non seulement la chasse de la bécassine est encore plus fatigante que celle de la bécasse, mais elle est vraiment dangereuse. Sans parler des chutes qu'il risque de faire dans les terrains perfides des marais, qui peuvent l'enterrer tout vif dans la fange, le chasseur de bécassine n'a-t-il pas en perspective l'horrible rhumatisme venant s'asseoir à son chevet, dans un âge où la plupart des hommes sont encore vigoureux? Certes une pareille pensée peut donner à réfléchir; mais comme les rhumatismes ne font généralement traite qu'à longue échéance, on ne s'en inquiète guère lorsqu'on est jeune, sauf à le regretter plus tard. Outre l'attrait du rhumatisme, la chasse de la bécassine possède encore celui de la difficulté. Cet oiseau exécute, dès son départ, deux ou trois crochets qui déroutent le chasseur même le plus habile, et dont peut triompher seulement une longue expérience, servie par une grande sûreté de main et de coup d'œil.

La *double Bécassine* est d'un tiers environ plus grosse que la précédente. La *sourde* est ainsi nommée parce qu'elle n'entend pas venir le chasseur, et lui part littéralement sous les pieds.

Fig. 199. Barges.

Les *Barges* sont de beaux oiseaux, à la taille élancée et aux longues jambes.

Fig. 110. Chasse nocturne de la Bécasse, en Bretagne.

Elles sont plus grosses que les bécasses et ont le bec plus long.

Les barges habitent le nord de l'Europe et sont de passage régulier en France. Elles font leur nid dans les prairies voisines de la mer, au milieu des herbes et des joncs, et pondent quatre œufs très gros, eu égard au volume de l'oiseau. Leur chair est très estimée et sans contredit la meilleure dans le groupe des oiseaux maritimes. Elle est toutefois loin de valoir celle de la bécasse ou de la bécassine.

Dans ce genre, le mâle est toujours plus petit que la femelle. On en connaît deux espèces : la *Barge à queue noire* et la *Barge à queue barrée* (fig. 109).

Les *Courlis* (fig. 111) sont remarquables par la longueur démesurée de leur bec, grêle, arqué et rond dans toute sa lon-

Fig. 111. Courlis cendré.

gueur. Ils ont les ailes médiocres et la queue courte. Leur plumage est un mélange de gris, de roux, de brun, de fauve et de blanc. Ils tirent leur nom du cri triste et lent qu'ils poussent en prenant leur vol.

Ces oiseaux habitent les bords de la mer, dans le voisinage des marais et des prairies humides, se nourrissant de vers, d'insectes aquatiques et de petits mollusques. Ils plongent leur bec dans le sol, auquel ils communiquent ainsi un cer-

tain ébranlement; les vers, dérangés dans leur demeure sou
terraine, montent alors à la surface, pour être aussitôt avalés.

La démarche des courlis, en temps ordinaire, est grave et
mesurée; mais dès qu'on les inquiète, ils se mettent à courir
avec une étonnante rapidité et prennent leur essor. Ils sont
capables d'un vol soutenu, mais s'aventurent peu dans l'intérieur des terres; c'est toujours sur les côtes qu'on les
rencontre. Ils vivent par troupes nombreuses, excepté à
l'époque de la reproduction. Ils s'isolent alors, pour nicher
dans des endroits secs, au milieu des herbes. La ponte de la
femelle est de quatre ou cinq œufs. Les petits vont chercher
leur nourriture en sortant de la coquille, et ne reçoivent
aucun soin de leurs parents.

Le courlis est d'un naturel défiant et sauvage. Au Sénégal
on est cependant parvenu à le réduire en domesticité, sans
grands avantages, il est vrai, car sa chair conserve un goût
de marécage assez prononcé.

Les courlis sont répandus sur toute la surface du globe.
Très communs en France, ils arrivent au mois d'avril pour
repartir vers la fin d'août, et passent même quelquefois l'hiver
sur nos côtes. On peut très facilement les tirer : il suffit d'imiter leur cri pour les approcher jusqu'à une portée de fusil.

Les *Ibis* ont le bec long, courbé vers la terre, presque carré
à la base, arrondi vers la pointe; la tête et le cou en grande
partie nus; quatre doigts, dont les trois antérieurs, réunis à
leur base par une membrane, le pouce s'appuyant sur le sol
dans presque toute sa longueur.

Ces oiseaux habitent les régions chaudes de l'Afrique, de
l'Asie et de l'Amérique; une seule espèce, l'*Ibis vert*, se trouve
en Europe. On les rencontre par bandes de sept ou huit
individus, dans les terrains humides et marécageux et sur
le bord des grands fleuves, où ils saisissent les vers, les insectes aquatiques et les petits mollusques qui forment la
base de leur nourriture. Ils mangent aussi des herbes tendres,
qu'ils arrachent du sol. D'un caractère doux et paisible, ils
ne se déplacent pas avec cette pétulance qui caractérise certains Échassiers : on les voit souvent pendant des heures
entières à la même place, occupés à fouiller la vase qui ren-

Fig. 112. Ibis sacré.

ferme leur pâture. Comme presque tous les oiseaux de cette famille, ils émigrent chaque année, et entreprennent de longs voyages d'un continent à l'autre. Ils sont monogames, se jurent une fidélité éternelle, et la mort seule peut trancher des liens fortifiés par l'amour et l'habitude. Ils nichent ordinairement sur des arbres élevés, quelquefois à terre, et pondent deux ou trois œufs blanchâtres, dont l'incubation dure vingt-cinq à trente jours.

Il existe dix-huit à vingt variétés d'ibis, dont trois seulement méritent de fixer l'attention : ce sont l'*Ibis sacré*, l'*Ibis vert* ou *noir* et l'*Ibis rouge*.

L'*Ibis sacré* (*Ibis religiosa*, fig. 112) est de la taille d'une poule. Son plumage est blanc, avec du noir à l'extrémité des ailes et sur la croupe. Il jouit d'une célébrité fort ancienne, à cause de la vénération dont il fut autrefois l'objet de la part des Égyptiens. Ceux-ci l'élevaient dans des temples, comme une divinité, et le laissaient se multiplier dans les villes à tel point qu'il était, au dire d'Hérodote et de Strabon, un embarras pour la circulation. Quiconque tuait un ibis, même par mégarde, devenait immédiatement la proie d'une foule en délire, qui le lapidait sans pitié. Après leur mort, ces oiseaux étaient recueillis et embaumés avec le plus grand soin, puis placés dans des pots de terre hermétiquement clos, que l'on rangeait dans des catacombes spéciales. On a retrouvé un grand nombre de ces momies d'ibis dans les nécropoles de Thèbes et de Memphis, et l'on peut en voir quelques échantillons au Muséum d'histoire naturelle de Paris.

Le culte des Égyptiens pour l'ibis est un fait certain, incontestable; ce qui l'est moins, c'est l'origine de pareils honneurs. Hérodote en a donné le premier une explication assez obscure, il est vrai, qui, adoptée et commentée arbitrairement par ses successeurs, fut longtemps acceptée par les savants.

« Les Arabes assurent, dit Hérodote, que c'est en reconnaissance des services qu'il rend au pays en détruisant les *serpents ailés*, que les Égyptiens ont une grande vénération pour l'ibis, et ils conviennent eux-mêmes que c'est là la raison pour laquelle ils l'honorent. »

Suivant la tradition, ces serpents ailés venaient d'Arabie en Égypte, chaque année, au commencement du printemps.

Ils suivaient toujours le même itinéraire, et s'engageaient invariablement dans un défilé où les ibis allaient les attendre, et en faisaient un carnage effroyable. Hérodote ajoute que, s'étant rendu en Arabie pour avoir des renseignements exacts sur les serpents ailés, il aperçut, gisant sur le sol près de la ville de Buto, « une quantité prodigieuse d'os et d'épines du dos de ces serpents. »

Après lui, et probablement sur sa seule autorité, un certain nombre d'écrivains ont reproduit cette fable, enrichie de variations plus ou moins fantaisistes : Cicéron, Pomponius Méla, Solin, Ammien, Élien en ont parlé. Suivant ce dernier auteur, l'ibis inspirait aux serpents une telle épouvante, que la vue seule de ses plumes suffisait pour les faire fuir, et que leur contact les frappait de mort, ou tout au moins de stupeur.

Il n'en fallut pas davantage pour que tous les naturalistes admissent que les Égyptiens vénéraient l'ibis à cause des services qu'il leur rendait, en détruisant une grande quantité de *serpents venimeux*. Comme on le voit, c'était la version d'Hérodote, dans laquelle les serpents *ailés* étaient remplacés par des serpents *venimeux*. La traduction est un peu libre, avouons-le. C'est aussi l'avis de M. Bourlet, qui a écrit un mémoire tendant à prouver qu'Hérodote a voulu désigner, par la dénomination des serpents ailés, les sauterelles qui traversent fréquemment, en bandes innombrables, l'Égypte et les contrées environnantes, en dévastant tout sur leur passage. Cette explication nous paraît meilleure que la précédente. On sait, en effet, avec certitude, que l'ibis n'attaque pas les serpents, car son bec est trop faible pour un tel usage.

Après l'opinion de M. Bourlet, voici celle du naturaliste Savigny, dont les études sur ce sujet ont été consignées dans un ouvrage intitulé : *Histoire mythologique de l'Ibis :*

« Au milieu de l'aridité et de la contagion, dit-il, fléaux qui de tout temps furent redoutables aux Égyptiens, ceux-ci s'étant aperçus qu'une terre rendue féconde et salubre par les eaux douces était incontinent habitée par l'ibis, de sorte que la présence de l'un indiquait toujours celle de l'autre (autant que si ces deux choses fussent inséparables), leur crurent une existence simultanée, et supposèrent entre elles des rapports surnaturels et secrets. Cette idée, se liant intimement au phénomène général duquel dépendait leur conservation, je veux dire aux épanchements périodiques du fleuve, fut le premier motif de leur vénération pour l'ibis, et devint le fondement de tous les hommages qui constituèrent ensuite le culte de cet oiseau. »

Ainsi, suivant Savigny, l'ibis n'aurait été vénéré des Égyptiens que parce qu'il leur annonçait chaque année le débordement du Nil. Cette explication est généralement admise aujourd'hui.

Cet oiseau, dont l'attachement pour l'Égypte était autrefois si grand, qu'au dire d'Élien il se laissait mourir de faim lorsqu'on l'en déplaçait, ne se voit plus guère aujourd'hui dans cette contrée. Cet abandon provient probablement de ce que les Égyptiens modernes, foulant aux pieds les croyances de leurs pères, chassent et mangent l'ibis comme tout autre gibier, sans se préoccuper autrement de son rang de divinité déchue. Privé de cette antique protection qui lui avait rendu l'Égypte si chère, l'ibis a déserté la terre ingrate des Pharaons. Il y fait encore de courtes apparitions, à l'époque de la crue du Nil, tant est grande la force de l'habitude; mais il s'enfuit bientôt au fond de l'Abyssinie, avec ses souvenirs et ses regrets. On le trouve aussi au Sénégal et au cap de Bonne-Espérance.

L'*Ibis vert*, désigné par Hérodote sous le nom d'*ibis noir*, a le plumage d'un noir nuancé de vert en dessus. Il habite le nord de l'Afrique et le midi de l'Europe. De même que le précédent, il était honoré des Égyptiens.

L'*Ibis rouge* est indigène dans l'Amérique méridionale, et principalement à la Guyane, où il se tient par troupes à l'embouchure des fleuves. Son plumage est tout entier d'un beau rouge vermillon taché de noir à l'extrémité des ailes; mais il n'apporte pas cette brillante livrée en naissant : il ne l'endosse que vers l'âge de deux ans. Les jeunes s'apprivoisent très aisément, et leur chair est d'un assez bon goût.

Famille des Cultrirostres. — Les *Cultrirostres* (bec en couteau) ont le bec long, fort et tranchant. Généralement doués de robustes tarses, ils fréquentent les bords des marais et des fleuves. Beaucoup d'entre eux jouissent de la propriété de se tenir sur une seule jambe durant des heures entières. Cette singulière attitude est rendue possible, grâce à un mécanisme curieux qui a été dévoilé par Duméril. Le tibia, dans son articulation avec le fémur, présente une tubérosité saillante, qui raidit avec force les ligaments du genou, et forme une sorte d'engrènement analogue à celui du ressort d'un couteau.

Les genres principaux de cette famille sont : les *Spatule, Cigogne, Jabiru, Ombrette, Bec-Ouvert, Drome, Tantale, Marabout, Savacou, Héron, Grue, Agami, Courlan, Caurale.*

La *Spatule* est remarquable par la forme étrange de son bec, qui est plat, large et arrondi à son extrémité, comme l'instrument de pharmacie qui porte ce nom. Elle s'en sert

Fig. 113. Spatule.

pour saisir, dans la vase et dans l'eau, les vers, et surtout les petits poissons, dont elle est très friande; elle se nourrit aussi d'insectes aquatiques, qu'elle prend en plaçant son bec à demi ouvert à la surface de l'eau, et happant tous ceux qui passent à sa portée. Elle habite, en petites troupes, les lieux voisins des rivages maritimes, et devient facilement domestique.

On en connaît deux espèces : la *Spatule blanche*, répandue dans toute l'Europe, mais qui ne se rencontre guère en France que dans le Midi, et qui porte une aigrette sur la nuque; et la *Spatule rose*, propre à l'Amérique méridionale et dont le plumage présente des teintes roses du plus bel effet.

Les *Cigognes* ont le bec long, droit, large à la base, pointu et tranchant; le pouce inséré haut, portant sur le sol; les ailes larges et concaves; la queue courte. Elles habitent toutes les parties du monde; certaines espèces émigrent très régulièrement. Elles sont d'ailleurs organisées pour parcourir de grandes distances, car, sous un gros volume, elles présentent un poids relativement minime, la plupart de leurs os étant creux.

Les cigognes vivent dans les lieux humides et inondés, sur les bords des étangs et des rivières. Leur alimentation est fort complexe : elles se nourrissent principalement de reptiles, de batraciens et de poissons; mais elles mangent aussi des oiseaux, de petits mammifères, des mollusques, des vers et des insectes, entre autres des abeilles; elles ne dédaignent même pas les charognes et les immondices. Elles marchent gravement. et on les voit rarement courir; en revanche, elles volent avec aisance, le cou et les jambes tendus, disposition qui, avec leurs grandes ailes déployées, leur donne l'apparence de croix ambulantes. Privées

Fig. 114. Cigogne.

de voix, elles ne font entendre d'autre bruit qu'un craquement résultant du choc de leurs mandibules l'une contre l'autre. Ce bruit, cri de colère ou d'amour, est quelquefois très fort; et dans des circonstances favorables, on peut le distinguer à une lieue de distance. Elles pondent de deux à quatre œufs, leur fécondité croissant en raison inverse de leur taille. La durée de leur existence varie entre quinze et vingt ans.

On connaît plusieurs espèces de cigognes.

La *Cigogne blanche* mesure 1^m à $1^m,20$ de hauteur; son plumage est blanc, avec les ailes frangées de noir. C'est l'espèce la plus répandue en Europe : on la rencontre principalement en Hollande et en Allemagne. En France, c'est l'Alsace qui les accapare presque toutes; on la voit si rarement en Angleterre, qu'elle est presque passée, dans ce pays, à l'état légendaire. Elle est très commune dans les parties chaudes et tempérées de l'Asie. Chaque année, au mois d'août, elle nous quitte pour aller visiter l'Afrique, et revenir au printemps suivant. La cause de ces migrations réside, non dans une raison de température, car la cigogne résiste aux froids les plus rigoureux, mais dans une raison de subsistance : se nourrissant surtout de reptiles qui restent plongés dans un complet engourdissement durant nos hivers, elle est bien forcée d'aller se pourvoir ailleurs.

La cigogne est d'un naturel très doux et se familiarise aisément. Comme elle détruit une foule d'animaux nuisibles, elle est devenue un auxiliaire utile de l'homme, qui a su reconnaître ses services et lui a accordé de tout temps aide et protection. En Égypte, elle était anciennement vénérée au même titre que l'ibis; il existait en Thessalie une loi qui condamnait à mort tout meurtrier d'un de ces oiseaux. Aujourd'hui encore les Hollandais et les Allemands considèrent comme un heureux présage que la cigogne choisisse leur maison pour y établir son gîte. Ils lui en facilitent même les moyens, en plaçant sur leur toit une caisse ou une grande roue posée horizontalement : c'est là la charpente du nid, que l'oiseau garnit ensuite de roseaux, d'herbes et de plumes, selon sa fantaisie. On voit assez souvent à Strasbourg de ces nids de cigogne perchés sur le haut d'une cheminée ou la pente d'un toit (fig. 115).

Lorsque la cigogne a adopté un logis et qu'elle y est bien traitée, elle finit par perdre l'habitude des migrations. Elle ne peut pourtant se défendre d'une certaine agitation aux époques de départ; il arrive même quelquefois que, cédant aux appels de ses compagnes sauvages et au besoin de se reproduire (car elle reste stérile en captivité), elle se laisse entraîner et se joint aux bandes voyageuses. Mais cette séparation n'est que momentanée; l'année suivante, notre échappée revient au logis, et reprend possession de son domicile, avec force clappements qui témoignent de sa joie. Elle revoit avec

plaisir les habitants de la maison, et se remet promptement
sur le pied d'intimité avec tout ses commensaux. Elle folâtre
avec les enfants, caresse les parents, lutine les chiens et les

Fig. 115. Nid de Cigogne sur le toit d'une maison.

chats; en un mot, montre une gaieté et une sensibilité qu'on
ne soupçonnerait guère sous son air morne et taciturne. Elle
assiste aux repas de famille et en prend sa part. Si son maître

travaille la terre, elle le suit pas à pas, et dévore les vers que met au jour le fer de la bêche ou de la charrue.

La cigogne peut être proposée comme modèle à toutes les mères; son amour pour ses petits atteint parfois jusqu'à l'héroïsme. En voici deux exemples touchants.

En 1536, un incendie se déclara dans la ville de Delft, en Hollande. Une cigogne dont le nid se trouvait placé sur l'un des édifices en proie aux flammes, fit d'abord tous ses efforts pour sauver sa progéniture. Mais, reconnaissant son impuissance, elle se laissa consumer avec ses enfants, plutôt que de les abandonner.

En 1820, dans un autre incendie, celui de Kelbra, en Russie, des cigognes, menacées par le feu, réussirent à préserver leur nid et leurs petits en les arrosant sans relâche d'eau qu'elles apportaient dans leur bec. Ce dernier fait prouve jusqu'à quel point peut être excitée l'intelligence de ces animaux sous l'influence de l'amour maternel.

Non seulement la cigogne est bonne mère, mais elle est incomparable épouse. L'attachement que ces oiseaux accouplés éprouvent l'un pour l'autre leur a valu dès longtemps une grande réputation de fidélité conjugale. C'est ainsi que dans le Vorarlberg (Tyrol) on vit un mâle, violentant ses habitudes et ses penchants, passer plusieurs hivers près de sa compagne, qui, par suite d'une blessure à l'aile, était dans l'impossibilité de voler.

Il faut ajouter pourtant que certaines dames cigognes se consolent bien vite, le cas échéant, de la perte d'un mari qui devait leur laisser des regrets éternels. Quelques larmes pour la forme, et c'est tout. Sprüngli a vu une veuve cigogne contracter de nouveaux liens au bout de deux jours de deuil. Une autre fit preuve d'une perversité bien coupable. Elle commença par tromper la confiance de celui qui l'avait unie à sa destinée; ensuite sa présence lui devint insupportable, et elle le tua à l'aide de son complice.

Du reste, les erreurs de la femelle servent souvent à mettre en relief la haute moralité du mâle, témoin l'histoire suivante rapportée par Néander.

Dans le bourg de Tangen, en Bavière, habitait une troupe de cigognes. L'harmonie régnait dans tous les ménages, et leur vie s'écoulait heureuse et libre. Malheureusement, une femelle, jusque-là la plus honnête des cigognes, se laissa séduire par les propos galants d'un jeune mâle, en l'absence de son époux, occupé à rechercher la nourriture de la famille. Cette liaison coupable dura jusqu'au jour où le mâle, revenu à l'improviste, put se convaincre de son malheur. Il ne voulut cependant pas se faire justice lui-même : il lui répu-

Fig. 116. Cigogne Marabout.

gnait de tremper son bec dans le sang de celle qu'il avait tant aimée. Il la traduisit devant un tribunal, composé de tous les oiseaux qui étaient en ce moment réunis pour le départ d'automne. Après avoir exposé les faits, il requit contre l'accusée toute la sévérité du tribunal. Condamnée à mort d'un accord unanime, l'épouse infidèle fut immédiatement mise en pièces. Quant au mâle, quoique trahi et vengé, il courut

ensevelir sa douleur au fond d'un désert, et depuis lors on
n'en entendit plus parler.

Les cigognes du Levant font preuve d'une susceptibilité
plus grande encore. Les habitants de Smyrne, qui savent jusqu'à quel point les mâles ont le sentiment de l'honneur conjugal, en font la base d'un divertissement assez cruel. Ils
s'amusent à mettre des œufs de poule dans des nids de cigogne. A la vue de ce produit insolite, le mâle sent un horrible soupçon lui mordre le cœur. L'imagination aidant, il se
persuade bientôt qu'il est trahi par sa compagne; et malgré
les protestations de la pauvrette, il la livre aux autres cigognes, attirées par ses cris. La victime innocente et malheureuse est écharpée, pour la plus grande distraction des
habitants de Smyrne.

Outre les nombreuses vertus que nous venons d'énumérer,
amour paternel, fidélité conjugale, chasteté, gratitude, les
anciens avaient attribué aux cigognes le monopole de la
piété filiale. Ils croyaient que ces oiseaux soutenaient leurs
parents sur leurs vieux jours, et s'appliquaient, par les soins
les plus tendres, à adoucir leurs dernières années : de là le
nom de loi *Pelargonia* (du grec πελαργός *cigogne*) donné par
les Grecs à la loi qui obligeait les enfants à nourrir leurs
parents, lorsque l'âge les avait rendus incapables de tra-
vailler. Ce dernier trait n'a pas peu contribué à la célébrité
universelle de la cigogne.

La chair de la *Cigogne blanche* est un pauvre aliment : on
ne voit donc pas pourquoi les chasseurs de notre pays s'ob-
stinent à la tirer, chaque fois qu'ils en trouvent l'occasion.
Cette manie stupide qui distingue les Nemrods français, de
massacrer indistinctement tout ce qui se présente à portée de
leur fusil, ne profite ordinairement à personne; elle est même
souvent nuisible. C'est ce qui est arrivé pour la cigogne, qui,
ne trouvant que mauvais procédés en échange de ses bons et
loyaux services, se retire peu à peu de notre patrie, et l'aura
bientôt abandonnée complètement.

La *Cigogne noire* est un peu plus petite que la précédente;
elle habite l'Europe orientale et se voit rarement en France.
Elle se nourrit presque exclusivement de poissons, qu'elle
saisit avec beaucoup d'adresse. Très farouche, elle fuit la so-

ciété de l'homme, et niche solitairement sur les arbres verts.

La *Cigogne à sac*, ou *Marabout*, nommée aussi *Argala*, *Adjudant*, *Philosophe* (fig. 116), est reconnaissable à son bec très fort et très volumineux, et à la nudité de son cou, qui est pourvu, à sa partie inférieure, d'une poche qui ressemble assez à un saucisson.

Les marabouts habitent les Indes et le Sénégal ; ils se nour-

Fig. 117. Jabiru.

rissent de reptiles et d'immondices, et ont su captiver, par ce seul fait, la bienveillance des habitants. Dans les grandes villes de l'Inde, ils sont aussi apprivoisés que nos chiens, et débarrassent les rues des débris de toutes sortes qui les encombrent. Ils ne manquent jamais, aux heures de repas, de se ranger en ligne devant les casernes, pour y dévorer les restes que leur jettent les soldats ; et ils sont d'une telle gloutonnerie qu'ils avalent d'un seul coup des os énormes. A Calcutta et à Chandernagor, ils sont protégés par la loi, qui inflige une amende de dix guinées à quiconque tue un marabout.

Les plumes blanches si longues, si fines et si légères tout à la fois, qui sont employées pour la parure des chapeaux de dames, et sont connues dans le commerce sous le nom de *marabout*, proviennent de cet oiseau, qui les porte sous les ailes. Aussi, malgré leur laideur peu ordinaire, élève-t-on des marabouts en domesticité, pour leur arracher, de temps à autre, ces jolies plumes dont les Européennes raffolent.

On peut rapprocher des cigognes plusieurs genres qui ne s'en distinguent que par la forme un peu différente du bec. Nous nous bornerons à les nommer, en indiquant leur lieu d'habitation; ce sont : le *Jabiru* (fig. 117), qui réside dans l'Amérique méridionale; l'*Ombrette*, qui se trouve au Sénégal; le *Bec-ouvert*, qui habite l'Inde et l'Afrique (Sénégal et Cafrerie); le *Drome*, qu'on rencontre sur les rivages de la mer Noire et du Sénégal; enfin le *Tantale*, qui vit dans les régions chaudes des deux continents.

Quiconque a vu une fois le *Savacou* ne peut ni l'oublier ni le confondre avec d'autres oiseaux. Qu'a-t-il donc de si caractéristique? Pas autre chose que son bec, qui est bien l'instrument le plus bizarre qu'on puisse imaginer. Qu'on se figure deux larges et longues cuillers, à bords tranchants, appliquées l'une contre l'autre par leur côté concave, dont l'une, la supérieure, est munie de deux dents aiguës à son extrémité, et l'on aura une idée de cet étrange magasin, dans lequel son propriétaire peut entasser des provisions pour toute une journée. Si l'on ajoute à cela que le savacou est possesseur d'une belle huppe noire, qui pend derrière sa tête, qu'il a la taille d'une poule, les ailes larges, la queue courte, et qu'il repose solidement sur le sol par ses quatre doigts, on aura un portrait assez exact du sujet. Cet oiseau, qui habite les savanes de l'Amérique équatoriale, se fixe au bord des rivières, où il se nourrit de poissons, de mollusques et quelquefois de crabes. Il niche dans les buissons.

Chez les *Hérons*, qui forment tout un genre dans la famille

des *Cultrirostres*, le bec est long, pointu, largement fendu et
très robuste; les jambes sont en partie dépourvues de plumes;
les doigts sont longs et munis d'ongles aigus, sans en
excepter le pouce, qui repose sur le sol dans toute son
étendue; le cou est long et grêle; enfin le derrière de la tête
est garni de longues plumes qui retombent en panache sur le
dos, tandis que celles du devant, étroites et pendantes, simulent une espèce de barbe au bas du cou.

Ces oiseaux, dont l'existence est demi-nocturne, habitent

Fig. 118. Savacou.

les bords des lacs, des marais, des rivières, et s'y nourrissent
de reptiles, de grenouilles et de poissons. Généralement d'humeur farouche, ils vivent solitairement au fond de leur domaine. Pour guetter leur proie, ils entrent dans l'eau jusqu'à
mi-jambes, et là, le cou ramené sur la poitrine, la tête en-
foncée entre les épaules, ils restent quelquefois des heures
entières dans une immobilité de statue. Quelque poisson
passe-t-il à leur portée, ils détendent leur cou, comme par
un ressort, et de leur bec projeté avec force ils transpercent

l'imprudent. Lorsque la pêche est peu productive, ils foulent la vase avec leurs pieds, pour en faire surgir les grenouilles et autres animaux qu'elle renferme. Au besoin, ils se jettent sur les rats, les mulots et les campagnols; et si la faim les presse, ils ne montrent pas une répugnance invincible pour la chair morte. Du reste, ils peuvent supporter l'abstinence pendant un temps assez long.

La plupart des hérons sont doués d'un vol puissant. Ils émigrent généralement par troupes nombreuses, les jeunes et les vieux voyageant séparément. Néanmoins, comme ils s'accommodent de toutes les températures, certaines espèces sont sédentaires, et on les rencontre, toute l'année, dans les contrées les plus disparates.

Les principales espèces de hérons sont le *Héron cendré* ou *commun*, le *Héron pourpré*, le *Héron blanc*, le *Héron vert*, le *Héron Butor*, le *Bihoreau*, le *Grabier* et le *Blongios*.

Tout le monde connaît, au moins de réputation, le *Héron cendré* (fig. 119), ne fût-ce que par ce vers de la Fontaine :

> Le héron au long bec emmanché d'un long cou.

Sa taille est d'un mètre, et il est répandu sur toute la surface du globe. C'est le plus commun des hérons de France, et le seul qui se rapproche de ses semblables dans la saison des amours, pour nicher, couver et élever ses petits en société. Le lieu affecté à la réunion est ordinairement un massif d'arbres élevés, situé dans le voisinage de grands lacs ou d'un cours d'eau. C'est au sommet de ces arbres et aux points de jonction des branches que les hérons établissent leurs nids, faits tout uniment de branchages entrelacés, et sans aucune de ces superfluités telles que mousse, brins d'herbe, etc., dont les petits oiseaux aiment à tapisser leurs demeures. La femelle y dépose trois ou quatre œufs, et le mâle partage avec elle le soin de l'incubation. Après l'éclosion, c'est lui qui se charge de la nourriture de la jeune famille. Tantôt il dégorge, dans le bec de ses petits, les grenouilles et le menu fretin qu'il vient d'avaler; tantôt il leur partage un gros poisson qu'il a rapporté dans son bec, de l'étang voisin ou de lointains rivages. Il accomplit quelquefois, en effet, de véritables voyages, pour assurer le bien être de sa progéniture, et ses excursions embrassent une étendue de pays souvent très considérable.

Lorsque les héronneaux sont en état de voler, ils quittent le nid et pourvoient eux-mêmes à leurs besoins.

Mais l'époque de l'émigration est arrivée. Vers le commencement d'août, et toujours à la même date, la colonie, qui compte alors cinq ou six cents individus, se met en ordre et quitte la *héronnière*. L'année suivante, elle y revient, et l'ar-

Fig. 119. Héron cendré et Héron Garzette.

rivée, comme le départ, se fait à jour fixe. Il est à remarquer que le nombre des couples est à peu près le même que celui des nids, de façon que chacun puisse trouver sa place. La dernière génération est donc allée fonder une colonie nouvelle en quelque autre lieu.

Les *héronnières* deviennent de plus en plus rares. M. Toussenel dit n'en avoir rencontré qu'une seule en France, celle d'Écury (Marne), entre Épernay et Châlons.

Le *Héron cendré* a pour ennemis les aigles, les faucons et

les corbeaux. Ceux-ci se réunissent pour lui dérober ses œufs; quant aux premiers, c'est au héron lui-même qu'ils en veulent, sa chair étant fort de leur goût. Lorsqu'il se voit poursuivi par l'un de ces rapaces, il commence par se délester de tout ce qui l'alourdit, puis il essaye de prendre le dessus en volant : c'est à peu près son seul moyen de salut. Il y parvient quelquefois, car il peut s'élever à des hauteurs prodigieuses. S'il est serré de trop près, il se sert admirablement de son bec pour se défendre. Sa tactique la plus ordinaire consiste à attendre son ennemi la lance en arrêt, et à le laisser s'enferrer par sa propre impétuosité. S'il peut cependant lui décocher quelque bon coup dans l'œil, il ne néglige pas une si belle occasion d'utiliser ses petits talents; c'est la botte secrète, son coup de Jarnac, et plus d'un chien, quêtant dans les roseaux, a senti le poids de cette arme offensive.

Disons toutefois que le héron n'est pas toujours aussi heureux, et que le plus souvent il devient la proie de l'aigle et du faucon, ses ardents adversaires.

C'est à la magnificence de son vol et à ses belles dispositions dans la défense que le héron a dû autrefois d'être honoré de l'attention toute spéciale des rois et des princes : ceux-ci le faisaient chasser par des faucons dressés à cet exercice. Le pauvre héron n'était sans doute que médiocrement touché d'une si haute estime, et sans doute il bénit l'obscurité dans laquelle il végète aujourd'hui.

Il en coûte trop cher pour briller dans le monde,

dit la Fontaine.

Quoi qu'il en soit, la chair du héron, autrefois réputée *vyande royalle*, ne se servait que sur la table des puissants de la terre, bien qu'elle fût d'ailleurs aussi désagréable que possible. Pour se procurer plus facilement cette viande exquise, on imagina même, par une disposition artificielle de certaines parties de forêts, d'attirer les malheureux oiseaux dans ces retraites qui réalisaient l'idéal de la héronnière naturelle. Ces oiseaux y jouissaient de toutes les commodités de la vie, jusqu'à ce qu'ils en fussent brutalement arrachés par la fantaisie du prince. On avait, hâtons-nous de le dire, la précaution de leur enlever leurs petits, dans l'intérêt de la cassette royale; car Pierre Belon nous apprend que « *l'on a coustume de faire grand traffic de ses petits, qui montent iusques à de grandes sommes d'argent* ». François I⁽ᵉʳ⁾ fit établir à Fontainebleau des héronnières, qui, au dire des connaisseurs, ne laissaient rien à désirer.

Le héron est susceptible d'éducation lorsqu'il a été pris très jeune. Mais ce n'est guère alors qu'un oiseau de luxe; car les services qu'il rend dans une habitation se réduisent à peu de chose. A l'âge adulte, il est tout à fait intraitable, refuse toute nourriture et meurt au bout de quelques jours.

Le *Héron pourpré* a les mêmes mœurs que le précédent,

Fig. 120. Héron vert.

mais il est un peu plus petit. Il doit son nom aux nombreuses taches rousses qui maculent sa livrée. On le rencontre rarement en France; mais il est assez commun aux embouchures du Danube et du Volga et sur le bord des lacs de la Tartarie.

Le *Héron vert* (fig. 120) est propre à l'Amérique, et particulièrement à la Floride.

Le *Héron blanc* est remarquable par son plumage, tout entier d'un blanc pur. On en connaît deux variétés : la plus grande, vulgairement nommée *Grande Aigrette*, est à peu près de la taille du héron cendré; elle est commune dans l'est de l'Europe et dans le nord de l'Afrique et de l'Amérique; la plus

petite, désignée sous le nom de *Héron Garzette* (fig. 119),
Petite Aigrette, n'est pas plus grosse qu'une corneille; habitant les confins de l'Asie, l'Europe orientale, elle est de passage régulier dans le midi de la France.

Ces deux espèces sont pourvues, pendant la saison des amours, de plumes fines et soyeuses qui naissent sur les épaules, s'étendent sur le dos et retombent de chaque côté de la queue en panaches élégants. Ce sont ces plumes dont aiment à se parer les femmes, en Europe, qui ont valu à ces oiseaux le nom d'Aigrettes.

L'Afrique septentrionale possède un joli héron blanc, de la taille d'un pigeon, dont les fonctions sont on ne peut plus intéressantes : c'est le *Garde-bœuf*. Il accompagne les bœufs dans les champs, et se donne pour mission de les débarrasser des insectes parasites qui les tourmentent. En France, on ne le trouve guère qu'à l'embouchure du Rhône.

Fig. 121. Butor.

Le *Héron Butor* (fig. 121) a le cou, ainsi que les tarses, plus courts que le héron commun, et son plumage est de couleur sombre. Habitant les pays entrecoupés de marais, il se tient caché tout le jour parmi les roseaux, dans l'immobilité et le silence. C'est là aussi qu'il établit son nid, presque à terre et tout près de l'eau. Ce n'est que le soir qu'il quitte son poste pour s'élever dans les airs à perte de vue. Son cri d'amour est effrayant; il ressemble au gémissement du taureau ; on l'entend à plus d'une demi-lieue. C'est pour cela que les anciens l'appelaient *Bos Taurus*, d'où, par corruption, nous avons fait *butor*.

Le butor est très courageux : il se défend énergiquement contre les oiseaux de proie, contre les chiens et même contre l'homme. Il est très répandu par toute l'Europe.

Les *Grues*, qui forment un genre dans la famille des *Cultrirostres*, sont caractérisées par un bec aussi long ou plus long que la tête, suivant les espèces, mais toujours médiocrement fendu, par un pouce court ne touchant pas la terre, par des ailes longues et aiguës. Ces oiseaux sont essentiellement migrateurs, et l'on n'aura pas lieu de s'en étonner lorsqu'on saura qu'ils joignent à un vol excessivement puissant la précieuse faculté de supporter l'abstinence la plus complète pendant plusieurs jours, faculté qui, pour le dire en passant, est commune à la plupart des grands Échassiers.

Il en existe trois espèces : la *Grue cendrée*, la *Grue couronnée* et la *Demoiselle de Numidie*.

La *Grue cendrée* (fig. 122) est un bel oiseau dont la taille atteint 1m,53. A l'exception du cou, qui est noir, toutes les parties du corps sont d'un gris cendré uniforme. Son port est noble et gracieux, et les plumes de la croupe, qui se relèvent en touffes ondoyantes, ajoutent encore à sa bonne mine.

Ces grues sont de passage périodique en France; elles arrivent en Europe au mois d'avril ou de mai, et vont passer la belle saison dans les contrées les plus septentrionales. Dès les premiers froids, vers la mi-octobre, elles repartent, pour aller hiverner en Égypte, en Abyssinie et jusque dans le sud de l'Asie. Elles voyagent par bandes, plus ou moins nombreuses, dont l'effectif s'élève parfois jusqu'à deux ou trois cents individus, et se rangent ordinairement sur deux lignes, de manière à figurer un triangle isocèle, une sorte de coin, dont la pointe occupe l'avant, disposition la plus commode pour fendre l'air sans trop de fatigue. On s'est plu à répéter, depuis un temps immémorial, que ces oiseaux confient le soin de les diriger à un chef, qui, après leur avoir frayé la route pendant un certain temps, transmet son mandat à l'un de ses compa-

gnons, lorsque ses forces sont épuisées, et passe à l'arrière de
la bande, où, nouveau Cincinnatus, il redevient simple citoyen.
La vérité est que le chef de file change dix fois en une minute,
et que le sommet de l'angle est successivement occupé par
toutes les grues, dans un espace de temps très court.

Les grues voyagent presque toujours la nuit, et s'abattent
pendant le jour, pour chercher leur nourriture. Quelquefois
cependant elles ne s'arrêtent pas et continuent à fendre l'espace, en poussant des cris éclatants, qui ne sont probablement que des signes de ralliement à l'adresse de ceux de la
compagnie qui seraient tentés de s'amuser en route. Lorsqu'elles aperçoivent un oiseau de proie, ou qu'elles ont à lutter
contre un ouragan, elles abandonnent leur ordre habituel, et
se groupent en masse circulaire, pour mieux résister à l'ennemi.

Les grues se tiennent dans les grandes plaines entrecoupées
de marais et de cours d'eau. Elles se nourrissent de poissons,
de reptiles, de grenouilles, de mollusques, de vers, d'insectes
et même de petits mammifères. Les graines ont aussi pour
elles un certain attrait; et il n'est pas rare de les voir envahir
les champs nouvellement ensemencés, pour y dévorer les
graines que le cultivateur vient de confier à la terre.

A l'époque des amours, elles rompent leur pacte de société.
Chaque couple s'isole, pour se reproduire, et vaquer à l'éducation de ses petits.

Leurs nids, grossièrement construits, sont placés sur de
petites éminences, au milieu des marais. Il n'est pas rare, en
Égypte, de trouver des nids de grue perchés sur le haut des
vieilles colonnes de temples en ruine (fig. 123); elles y déposent le plus souvent deux œufs. Le mâle partage avec la
femelle les soins de l'incubation. Ces oiseaux, ordinairement
timides et s'effarouchant à la moindre apparence de danger,
deviennent très courageux dès qu'il s'agit de défendre leur
progéniture; ils ne craignent pas, dans ce cas, d'attaquer
l'homme lui-même.

Les grues ont mérité de devenir l'emblème de la vigilance
par l'habitude suivante : lorsqu'elles dorment, la tête cachée
sous l'aile, l'une d'elles est spécialement chargée de veiller à
la sûreté commune, et d'avertir toute la troupe, en cas d'alerte.

Elles s'apprivoisent très facilement lorsqu'on les a prises

jeunes, et montrent en peu de temps une grande familiarité ;
aussi sont-elles très recherchées dans certains pays, tant à

Fig. 122. Grue cendré.

cause dé leurs jolies formes, que de la surveillance qu'elles
exercent autour des habitations.

Ces oiseaux étaient connus dès les temps les plus anciens :

Homère, Hérodote, Aristote, Plutarque, Élien, Pline, Strabon,
ont noté leurs migrations. Malheureusement, à côté d'observations vraies, ils ont donné créance aux fables les plus ridicules imaginées en Grèce et en Égypte, terres classiques du
merveilleux. C'est ainsi que, pour les Égyptiens, les grues
allaient combattre, aux sources du Nil, les Pygmées, « sortes
de petits hommes, dit Aristote, montés sur de petits chevaux,
et qui habitent des cavernes. » D'après Pline, ces petits
hommes sont armés de flèches et montés sur des béliers; ils
habitent les montagnes de l'Inde et descendent, au printemps,
pour venir guerroyer contre les grues, dont l'unique souci
est de les exterminer. Le naturaliste romain pense même
qu'elles y parvinrent; car la ville de Gerania, déjà ruinée et
déserte de son temps, était habitée autrefois, dit-il, par la
race des Pygmées, qu'on croit en avoir été chassés par les
grues. Suivant les commentateurs modernes, ces Pygmées ne
seraient autre chose que les singes, qui vont en grandes
troupes dans les forêts de l'Afrique et de l'Inde, et se montrent
hostiles, en toute occasion, à la plupart des oiseaux.

Les Grecs ont aussi inventé deux histoires, très ingénieuses
assurément, mais qui ont le tort d'attribuer une trop large
place à de simples cailloux. Suivant eux, les grues se mettent
un caillou dans la bouche, lorsqu'elles traversent le mont
Taurus, pour s'obliger à rester muettes, et éviter d'éveiller
l'attention des aigles, habitants de ces parages, qui sont disposés à leur faire un mauvais parti. De même, la grue placée
en sentinelle dans l'intérêt de la compagnie endormie doit
se tenir sur une patte, et porter dans l'autre un caillou, dont
la chute aurait pour effet de la rappeler à elle-même, s'il lui
arrivait de se laisser gagner par le sommeil. C'est, on le sait,
l'expédient dont se servait le jeune Aristote, qui y tenait une
boule d'airain au-dessus d'un bassin de métal, pour se ré-
veiller s'il venait à succomber au sommeil. Il faut prêter
bien de l'imagination à une grue pour lui attribuer une
action d'Aristote!

Les grues passent encore pour avoir dévoilé à Palamède
plusieurs caractères de l'alphabet. Ce serait, dit-on, en exa-
minant les invariables dispositions du vol des grues, que ce
judicieux observateur aurait imaginé les lettres V et Y : d'où

le nom d'*oiseau de Palamède*, donné en Grèce à l'oiseau qui
nous occupe.

Ces intéressants volatiles possédaient, en outre, certaines

Fig. 123. Nid de Grue sur un fût de colonne, en Égypte.

vertus qui avaient bien leur mérite. Un os de grue conférait
à celui qui pouvait se le procurer une vigueur et une élasti-
cité de jarret remarquables. Sa cervelle était une espèce de

philtre amoureux. Elle transformait l'homme le plus laid en
Adonis, et lui attirait les faveurs de toutes les femmes.

C'est encore aux grues que les Grecs devaient une de leurs
danses favorites. Mais ici nous rentrons en pleine réalité. Ces
jeux et ces danses auxquels se livrent les grues entre elles ne
sont pas des contes faits à plaisir; des observateurs dignes
de foi en ont démontré, de nos jours, la complète authenticité.
Il est très vrai que ces oiseaux se groupent en diverses façons,
s'avancent les uns vers les autres, se font des espèces de salu-
tations, prennent les poses les plus étranges, en un mot se
livrent à des pantomimes tout à fait burlesques et amusantes.
C'est là, il faut l'avouer, un côté curieux de leurs mœurs. Il
a été exploité par les Chinois, qui apprennent aux grues à
danser selon les règles de l'art.

Les anciens faisaient grand cas de la chair de la grue, qui
est pourtant mauvaise. Les Grecs surtout s'en montraient
friands; ils engraissaient ces oiseaux, après leur avoir crevé
les yeux ou cousu les paupières : cette cruauté était, selon
eux, nécessaire pour obtenir un embonpoint convenable.

Aux beaux temps de la fauconnerie, la grue jouissait, avec le
héron, de l'estime des princes. Aujourd'hui encore, au Japon,
elle est réservée aux plaisirs de la chasse du *mikado* (roi), et
le peuple la traite avec tous les égards qui lui sont dus.

Nous manquerions à toutes les traditions si nous ne rap-
portions ici l'histoire des grues d'Ibycus, célèbres dans le
monde entier.

Ibycus, de Rhegium, était un poète lyrique qui jouissait, de
son temps, d'une certaine réputation. Un jour qu'il se rendait
aux Jeux Olympiques, pour y disputer le prix de la poésie,
il s'égara dans une forêt, et devint la victime de deux malfai-
teurs, qui l'assassinèrent lâchement. Avant de mourir, il
tourne ses regards vers le ciel, et, apercevant une troupe de
grues qui passaient, il s'écrie : « Oiseaux voyageurs, soyez
les vengeurs d'Ibycus! »

Le lendemain, les deux brigands assistaient tranquillement aux luttes d'Olympie, où la nouvelle de l'assassinat,
parvenue dans la journée, avait excité une douloureuse émotion. Tout à coup une bande de grues passe au-dessus de
l'arène en poussant de grands cris. « Vois-tu les grues,

d'Ibycus? » dit l'un des meurtriers à son camarade, d'un ton plaisant. Ce propos, entendu de quelques voisins, et commenté par mille bouches, devint la perte des deux scélérats. Immédiatement arrêtés et pressés de questions, ils furent contraints d'avouer leur crime, et mis à mort aussitôt. Ainsi s'accomplit le vœu d'Ibycus.

La *Grue* ou *Demoiselle de Numidie* est remarquable par deux jolis faisceaux de plumes blanches qui lui tombent derrière la tête et par une touffe noire pendante dont la nature a paré sa poitrine. Sa taille est celle de l'espèce précédente, et ses formes sont plus élégantes encore. Elle jouit également à un plus haut degré de la faculté mimique. Ses moindres mouvements respirent la pose et l'affectation, comme si elle voulait fixer l'attention à tout prix : de là le nom de *Demoiselle* qui lui a été donné. On la trouve en Turquie et dans la Russie méridionale, dans le nord de l'Afrique et dans quelques parties de l'Asie voisines de cette dernière région.

Fig. 124. Demoiselle de Numidie.

La *Grue couronnée*, ou *Oiseau royal*, a le sommet de la tête garni d'une gerbe de plumes, qu'elle peut étaler en éventail, de manière à s'en faire un diadème resplendissant. Elle est svelte et gracieuse, et aussi grande que ses deux sœurs. Sa voix est très éclatante. Elle recherche la société de l'homme, et se familiarise aisément. Elle habite les côtes orientales et septentrionales de l'Afrique, ainsi que certaines îles de la Méditerranée. Suivant les anciens, elle était autrefois commune dans les îles Baléares.

L'*Agami* a le bec conique, robuste et plus court que a

tête, les tarses longs et les doigts médiocres, le pouce ne touchant le sol que par son extrémité. Ses ailes sont courtes : aussi vole-t-il difficilement. En revanche, il court très vite. Il n'est guère plus gros qu'une poule; il pousse par intervalles des cris perçants qui paraissent ne pas provenir de lui (ce qui lui ferait attribuer un certain talent de ventriloque) et qui lui ont valu le nom d'*Oiseau-Trompette*. Il niche à terre, dans un trou creusé au pied d'un arbre, et se nourrit d'herbes, de graines et de petits insectes. Il n'est

Fig. 125. Grue couronnée.

pas farouche, et se soumet sans répugnance à la captivité; il s'attache à son maître, dont il sollicite les caresses, comme pourrait le faire un chien. La comparaison est d'autant plus juste qu'il rend à l'homme les mêmes services : on lui confie la garde des troupeaux au dehors; le soir, il les ramène au logis, où son activité trouve encore à s'exercer dans la basse-cour.

A l'état sauvage, l'agami habite les forêts de l'Amérique méridionale. Sa chair est agréable, et on la mange.

Le *Caurale*, qui forme un genre dans la famille qui nous occupe, est un oiseau de la taille de la perdrix, à la queue

Fig. 126. Caurale.

large et étalée. Ses belles couleurs lui ont valu, à la Guyane, les noms de *Petit Paon des rues, Oiseau du Soleil.* Il est très sauvage.

Pressirostres. — Les oiseaux qui composent la famille des *Pressirostres* (bec comprimé) sont caractérisés par un bec médiocre, mais non dépourvu de force, et par un pouce tout à fait rudimentaire, et qui est même supprimé dans certaines espèces. Ils sont généralement vermivores; quelques-uns cependant sont granivores ou herbivores. On a rangé dans cette famille un certain nombre d'oiseaux assez disparates, dont les uns sont franchement Échassiers, tandis que d'autres se rapprochent des Gallinacés par l'ensemble de leurs habitudes. Ce sont le *Cariama* (fig. 127), l'*Huîtrier*, le *Court-vite*, l'*Édicuème*, le *Vanneau*, le *Pluvier*, l'*Outarde*.

Les *Huîtriers* sont remarquables par un bec long, pointu et vigoureux, dont ils se servent, comme d'une pince, pour ouvrir les huîtres, moules et autres coquillages, que la mer laisse en se retirant, à seule fin d'en dévorer le contenu. Rien n'est plus intéressant que de les voir suivre, dans l'air, le mouvement du flot : avançant et reculant successivement avec les vagues. Comme ils ont les doigts réunis, à la base,

par une membrane, ils possèdent la faculté de se reposer sur
l'eau, sans pourtant avoir celle de nager. Ils en profitent
pour se laisser, de temps en temps, [porter par les flots, à
une petite distance du rivage. Ils volent parfaitement et
courent avec la plus grande aisance. On les trouve, par
bandes nombreuses, sur toutes les plages du globe, qu'ils
font résonner de leurs cris aigus.

Fig. 127. Cariama.

A l'époque des amours, les différents couples se séparent.
Les femelles déposent de deux à quatre œufs, ou sur la
grève, dans des trous creusés négligemment, ou dans des
anfractuosités de rochers, ou dans des prairies marécageuses
éloignées du rivage.

Ils se rassemblent en troupes considérables pour émigrer,
si toutefois un tel mot peut servir à désigner les petits
voyages qu'ils entreprennent annuellement. Ce sont bien

plutôt de joyeuses excursions, des espèces de revues de leurs
domaines, quelque chose comme la tournée d'un préfet dans
son département ou d'un souverain dans ses États; ce qu'on
pourrait appeler ici le tour de France.

Fig. 128. Huîtrier d'Europe.

Il existe trois ou quatre espèces d'huîtriers, dont une seule
habite l'Europe. Celle-ci a le plumage noir et blanc, ce qui,
joint à son bavardage, l'a fait surnommer *Pie de mer*. Son
bec et ses pieds sont d'un beau rouge, d'où le nom d'*Hæma-
topus* (pieds couleur de sang) donné par Linné au genre tout
entier, alors que les autres variétés étaient encore inconnues.
On la trouve en toutes saisons sur la plupart de nos [côtes;
comme gibier, elle laisse beaucoup à désirer.

Fig. 129. Court-vite.

Le *Court-vite* a le bec grêle, pointu et légèrement courbé

vers la pointe, les tarses longs, le pouce nul, les ailes
suraiguës; il est de couleur isabelle et mesure trente centimètres environ. Comme le dit son nom, il court avec une
rapidité surprenante. Il habite le nord de l'Afrique et l'Asie;
ce n'est qu'accidentellement qu'il apparaît en Europe. Ses
mœurs ne sont pas connues.

Les *Vanneaux* ont le bec renflé en dessus et occupé, dans
les deux tiers de sa longueur, par les fosses nasales, le
pouce excessivement court, les ailes aiguës. Ils produisent,
en volant, un bruit qui n'est pas sans analogie avec celui du
blé retombant sur le van : de là leur nom.

Ce sont des oiseaux essentiellement voyageurs, qui descendent du Nord, en grandes troupes, au commencement de
l'automne, et y retournent au printemps. Ils habitent les
bords des marais et des étangs, et en général tous les terrains mous qui abondent en vers de terre, larves d'insectes,
limaces, etc. Aussi les voit-on assez souvent s'abattre sur les
plaines récemment labourées, où ils trouvent une ample provision de vers. Ils emploient un procédé assez ingénieux
pour faire sortir de terre leurs victimes. Ils frappent le sol
du pied, et lui communiquent ainsi un ébranlement, que le
ver est tenté d'attribuer au voisinage d'une taupe; il se hâte
de remonter à la surface pour échapper à son ténébreux
ennemi; c'est à ce moment que l'oiseau le happe.

Le vanneau est un modèle de propreté. Lorsqu'il a bien
foulé la terre pendant deux ou trois heures, il court se laver
le bec et les pieds au lac voisin; il répète ces ablutions plusieurs fois dans la journée; le plus rigide mahométan
n'aurait rien à lui envier sous ce rapport.

Les vanneaux vivent en communauté, excepté pendant la
saison d'amour, où chaque couple s'isole, pour se consacrer
entièrement aux soins de l'éducation des petits. La femelle
dépose trois ou quatre œufs dans un nid des plus simples, et
placé à découvert, sur de petites élévations, au milieu des
marais. Ces œufs sont, dit-on, d'un goût exquis, et dans certaines contrées, notamment en Hollande, on en fait un grand
commerce.

La chair du vanneau est excellente, mais dans certains mois

de l'année seulement. C'est aux environs de la Toussaint qu'elle acquiert toutes ses qualités ; c'est à ce moment qu'il convient de la mettre à la broche. Au printemps, c'est un piètre gibïer, et l'on s'explique que l'Église en ait permis l'usage pendant le carême, car c'est alors assurément un aliment on ne peut plus *maigre*. Il est un vieux dicton qui consacre, en les exagérant, les vertus culinaires du vanneau et du pluvier, son voisin :

> Qui n'a mangé ni pluvier ni vanneau
> Ne sait ce que gibier vaut.

Le vanneau peut être rangé parmi les auxiliaires les plus

Fig. 130. Vanneau huppé.

utiles de l'homme : il détruit une quantité prodigieuse de vers, de chenilles et d'insectes nuisibles. Le lecteur va peut-être s'imaginer, d'après cela, qu'il a trouvé aide et protection auprès de l'homme. Point ; on le tue aussi souvent que possible, et l'on sait mettre des limites à sa multiplication, en lui dérobant ses œufs. On semble ne pas s'apercevoir que cet oiseau si gai, si vif, si gracieux, brûle d'envie de conclure un pacte d'amitié avec l'homme, comme les pigeons, poules, canards et autres. Quand donc l'homme se décidera-t-il à comprendre ses véritables intérêts ?

L'Europe possède les deux espèces de ce genre : le *Vanneau huppé* et le *Vanneau suisse* ou *Squatarole*.

Le *Vanneau huppé* (fig. 130) est de la taille du pigeon ; il a le ventre blanc et le dos noir à reflets métalliques. Il est pourvu d'une aigrette dont il se pare coquettement le crâne. Il est assez abondant en France, mais affectionne plus particulièrement la Hollande. Le *Vanneau suisse* se distingue du précédent par un plumage moins sombre et par l'absence de huppe.

Les *Pluviers* ont le même bec que les vanneaux, et n'en diffèrent que par l'absence du pouce. Ils ont, du reste, ensemble plus d'un lien de parenté. Comme les vanneaux, ils vivent par troupes nombreuses, dans les lieux humides ; comme eux, ils se nourrissent de vers qu'ils prennent de la même façon ; comme eux, ils éprouvent le besoin d'ablutions fréquentes ; enfin ils les coudoient à tout instant du jour, et se réunissent à eux pour voyager. Mais ils ne poussent pas la ressemblance avec les vanneaux jusqu'à se comporter, à leur exemple, en bons pères de famille, vivant bourgeoisement et se contentant d'une seule épouse une fois choisie. Ils entendent la vie d'une autre façon ; ils ont d'autres aspirations, d'autres désirs ; la fidélité en amour n'est pas leur fait, et ils pratiquent la polygamie sur la plus grande échelle.

On pourrait croire qu'un oiseau de mœurs aussi frivoles se laisse difficilement émouvoir par les malheurs de ses semblables, et qu'il s'entoure, le cas échéant, de cette triple cuirasse d'airain dont parle le poète ; il n'en est rien. Abattez un pluvier volant de compagnie : vous verrez toute la troupe revenir sur lui, pour lui prêter assistance, et si vous n'êtes pas trop novice, il vous sera facile de mettre cette circonstance à profit et d'anéantir toute la bande.

Les pluviers, qui émigrent du nord de l'Europe jusqu'en Afrique et *vice versa*, sont deux fois de passage en France, au printemps et à l'automne : c'est leur apparition à ces époques de pluies qui leur a valu leur nom. On en distingue cinq espèces principales : le *Grand Pluvier de terre*, le *Pluvier guignard*, le *Pluvier à collier*, le *Pluvier à demi-collier*, le *Pluvier doré*.

Le *grand Pluvier de terre* est de la taille du corbeau; il est très rare, fort agile et fort méfiant : aussi ne peut-on le tirer que le soir, au moment où il vient se laver sur le bord des étangs et des rivières. Sa chair est peu estimée.

Le *Pluvier guignard* est un peu plus gros que le merle. Il arrive chez nous en mars et en septembre, et parcourt, par bandes nombreuses, les grandes plaines du beau pays de France. C'est cet oiseau surtout qui persiste à s'offrir au fusil du chasseur lorsqu'un frère est tombé sous le plomb meurtrier. Il a aussi la simplicité de croire les gens ivres animés des meilleurs sentiments à son égard : de sorte qu'il suffit de donner les signes extérieurs de l'excitation bachique

Fig. 131. Pluvier à collier.

pour le plonger dans une trompeuse sécurité et s'en approcher à quelques pas.

C'est le *Pluvier guignard* qui a fondé la réputation du pâté de Chartres, et le malheureux volatile a pu se convaincre, par sa propre expérience, combien parfois est lourd à porter le fardeau de la renommée. Il s'est vu, en effet, tellement goûté, qu'il a été bientôt traqué, cerné de toutes parts, par des pâtissiers avides. Il a dû alors chercher son salut dans la fuite, et abandonner un pays où décidément on l'aimait trop. C'est sans regrets, comme sans envie, qu'il a vu alouettes et cailles le remplacer dans la faveur populaire pour la confection des pâtés.

Le *Pluvier à collier* (fig. 131) est moitié moins grand que le guignard. Il est reconnaissable autant à son collier noir qu'à ses yeux dorés et extraordinairement brillants. On lui attribuait anciennement la propriété de guérir la jaunisse. Il suffisait pour cela que le malade le regardât fixement dans les yeux, avec une foi profonde dans la réussite de l'expérience : moyennant quoi l'oiseau le débarrassait obligeamment de son mal, qu'il accaparait à son profit. Cette opinion superstitieuse de la médecine du moyen âge est allée rejoindre toutes les autres.

Le *Pluvier à demi-collier*, ainsi nommé à cause de son collier coupé en deux parties, est un peu plus petit que le précédent ; on le trouve en Europe et en Asie.

Le *Pluvier doré* (fig. 132) est de la taille de la tourterelle ; le fond de son plumage est de couleur jaune semée de taches

Fig. 132. Pluvier doré.

brunes. Il entre pour une large part dans l'approvisionnement de nos marchés, ce qui s'explique par la facilité avec laquelle il se laisse tirer et prendre au filet.

On peut rapprocher des pluviers un petit oiseau, le *Pluvian*, qui n'en diffère que d'une manière tout à fait insignifiante. Nous tenons à le nommer, à cause de ses habitudes fort curieuses, que nous avons déjà fait connaître en parlant des reptiles. Il habite l'Égypte et le Sénégal, et a conclu avec les crocodiles du Nil un traité d'alliance qui s'impose aux méditations des philosophes. Le *Pluvian* rend au crocodile le service de lui nettoyer les dents. Cette assistance prêtée par le petit oiseau au terrible reptile des bords du Nil n'est-elle

pas fort touchante, et ne semble-t-elle pas avoir inspiré à la
Fontaine sa fable du Lion et du Rat?

Les *Outardes* sont voisines des Gallinacés, par leur bec
court, leurs formes trapues et par l'ensemble de leurs habitudes; mais leurs tarses allongés et leurs jambes en partie
nues leur assignent une place parmi les Échassiers. Elles ont
les doigts courts, le pouce nul, et courent avec une extrême
rapidité en s'aidant de leurs ailes. En revanche, leur vol est
lourd et embarrassé. Elles habitent les plaines arides et découvertes et nichent à terre. Elles se nourrissent de vers,
d'insectes, d'herbes, voire même de grains, et voyagent par

Fig. 133. Outarde canepetière.

grandes troupes sur des espaces assez restreints. Les mâles,
moins nombreux que les femelles, tranchent du sultan et
s'adonnent à la polygamie. Ces oiseaux sont timides et craintifs, et leur chair constitue un excellent gibier.

Il existe trois espèces d'outardes : la *Grande Outarde*, l'*Outarde canepetière* (fig. 133) et l'*Outarde houbara*.

La *Grande Outarde* est le plus gros des oiseaux d'Europe;
son poids atteint jusqu'à seize kilogrammes. Elle est jaune
sur le dos, avec des raies noires, et d'un blanc grisâtre par-
devant. Chez le mâle, la tête est parée, à droite et à gauche,
de plumes frisées, qui simulent des moustaches, ce qui lui

a fait donner le nom d'*Outarde barbue*. Elle vole très difficilement, et ne s'y résout que dans les cas de nécessité absolue.
C'est parmi les blés et les herbes qu'elle dépose ses œufs, au
nombre de deux ou trois; son nid n'est autre chose qu'un
petit trou creusé en terre, à peine garni à l'intérieur.

La *Grande Outarde*, très commune autrefois en Champagne,
y est devenue aujourd'hui d'une rareté extraordinaire. C'est
pourtant la seule province de notre pays où on la rencontre
encore : on peut donc dire qu'elle a presque complètement
disparu du sol français; elle habite en troupes innombrables
les steppes de la Tartarie et de la Russie méridionale.

Famille des Brévipennes. — Les oiseaux de cette famille se
distinguent des autres Échassiers par des caractères tellement
tranchés, qu'un certain nombre de naturalistes ont cru devoir en former un ordre à part, sous le nom de *Coureurs.*
Tout en maintenant la division établie par Cuvier, afin de ne
pas compliquer la classification, nous devons néanmoins reconnaître que la distinction introduite par d'autres savants a
bien sa raison d'être. Par certains traits anatomiques, ainsi
que par leurs mœurs, les Brévipennes s'éloignent, en effet,
de la généralité des oiseaux. Ils ont des ailes, il est vrai, mais
elles sont si peu développées qu'elles sont tout à fait impropres au vol, et ne peuvent servir qu'à accélérer la marche.
En revanche, leurs jambes longues, robustes et capables
d'un grand effort musculaire, leur permettent de courir avec
une rapidité extraordinaire.

La conséquence à tirer de ces faits, c'est que les Brévipennes sont essentiellement terestres et restent constamment attachés au sol. Ce changement de milieu a nécessité
une modification au sternum, qui, au lieu d'offrir une arête
saillante, comme chez tous les autres volatiles, n'est qu'un
plastron uni. Ajoutons que la plupart des Brévipennes sont de
très grande taille et qu'ils font preuve, en certains cas, d'une
vigueur remarquable.

Cette famille comprend les genres *Autruche, Nandou, Casoar* et *Aptérix.*

Les *Autruches* ont la tête chauve, calleuse, pourvue d'un

bec court, déprimé et arrondi à la pointe; les jambes demi-
nues, très musculeuses et charnues; les tarses longs et gros,
terminés par deux doigts dirigés en avant, dont l'un, plus
court que l'autre, est privé d'ongle; les ailes très courtes formées de plumes molles et flexibles; la queue en forme de
panache.

Ce genre ne comprend qu'une seule espèce, très répandue
dans l'intérieur de l'Afrique et jusqu'au cap de Bonne-Espérance; on la trouve peu en Asie, si ce n'est en Arabie. C'est
l'oiseau le plus grand de la classe des Échassiers : il mesure ordinairement deux mètres de hauteur, et peut atteindre
trois mètres vingt-cinq centimètres; son poids varie entre
40 et 50 kilogrammes.

L'autruche était connue dès la plus haute antiquité. Il en
est question dans la Bible; car Moïse interdit sa chair aux
Hébreux, comme une nourriture immonde.

Les Romains, bien loin de partager les vues du législateur
juif, estimaient fort un pareil aliment. A Rome, du temps des
empereurs, il y en avait toujours des quantités considérables,
et l'on vit le fastueux Héliogabale pousser la magnificence
jusqu'à faire servir, dans un festin, un plat de six cents cervelles d'autruches, qui coûtait quelques centaines de mille
francs de notre monnaie. Autrefois les peuplades du nord de
l'Afrique mangeaient aussi l'autruche. Aujourd'hui les Arabes
se contentent d'employer sa graisse en frictions dans certaines maladies, notamment dans les affections rhumatis-
males, et ils en retirent, disent-ils, de fort bons résultats.

Les indigènes de l'Afrique appellent l'autruche le *Chameau
du désert*, de même que les Latins la nommaient *Struthio-
camelus* (Autruche-Chameau). Il y a, en effet, entre ces deux
animaux une analogie éloignée, qui se révèle dans la longueur du cou et des jambes, dans la forme des doigts et
dans les callosités qui, chez l'autruche comme chez le chameau, se remarquent sur le bas-ventre. Ajoutons que l'autruche se couche à la manière du chameau, en pliant d'abord
le genou, puis s'appuyant sur la partie calleuse du sternum,
et laissant enfin tomber l'arrière-train.

On ferait un volume avec toutes les fables qui ont été
débitées sur l'autruche. Suivant les Arabes, elle est issue

d'un oiseau et d'un chameau. Elle est aquatique, dit un écrivain arabe. Elle ne boit jamais, soutient un autre. Sa principale nourriture se compose de pierres, de morceaux de fer, disait-on encore. Buffon lui-même ne niait pas qu'elle avalât du fer rouge, pourvu que ce fût en petite quantité. Lorsqu'elle est poursuivie, dit Pline, et après lui le naturaliste de la Renaissance, Pierre Belon, elle se croit sauvée si elle peut cacher sa tête derrière un arbre; le reste du corps lui importe peu. Cette croyance absurde est tellement enracinée dans l'esprit des masses, qu'il faudra encore bien des années pour la détruire.

Ce qu'il y a de certain, c'est que l'autruche est d'une voracité extrême. Si les sens de la vue et de l'ouïe sont très développés chez elle, car elle voit, dit-on, jusqu'à la distance de deux lieues et le moindre son frappe son oreille, les sens du goût et de l'odorat sont très imparfaits. C'est ce qui explique la facilité avec laquelle elle se jette sur tout ce qu'elle aperçoit. Dans l'état sauvage, elle avale de gros cailloux, pour augmenter la puissance digestive de son estomac; en captivité, elle engloutit bois, métaux, morceaux de verre, plâtre, chaux, etc. Les morceaux de fer, trouvés dans le corps d'une autruche disséquée par Cuvier, « n'étaient pas seulement usés, dit le grand naturaliste, comme ils auraient pu l'être par la trituration avec d'autres corps durs, mais ils avaient été évidemment rongés par quelque suc, et ils présentaient toutes les marques d'une vraie corrosion. »

La principale nourriture de l'autruche consiste en herbages, auxquels elle adjoint des insectes, des mollusques, des reptiles, de petits mammifères, et jusqu'à de jeunes poulets lorsqu'elle est réduite en domesticité. Elle supporte la faim et surtout la soif pendant plusieurs jours, faculté on ne peut plus avantageuse dans des déserts arides et brûlants; mais il est inexact de dire qu'elle ne boive jamais, car elle fait quelquefois quatre ou cinq jours de marche à la recherche de l'eau, lorsqu'elle en a été longtemps privée, et elle s'abreuve alors avec un plaisir évident.

La force musculaire de l'autruche est vraiment surprenante. A l'état domestique, elle porte parfaitement un homme sur son dos; on l'habitue très aisément à se laisser monter,

Fig. 134. Autruche.

comme un cheval, et à tirer des fardeaux. Le tyran Firmius, qui régnait en Égypte au troisième siècle, se faisait traîner par un attelage d'autruches. Les nègres s'en servent fréquemment comme monture.

Lorsqu'elle sent le poids de son cavalier, l'autruche prend le petit trot; peu à peu elle s'échauffe, et bientôt, étendant les ailes, elle se met à courir avec une si grande rapidité qu'elle semble ne pas toucher terre. Par la seule force de son pied, elle résiste à tous les animaux qui parcourent le désert. La vigueur de cette arme est telle, qu'un coup bien appliqué dans la poitrine suffit pour déterminer la mort d'un homme. M. Édouard Verreaux a vu mourir un nègre de cette façon.

L'homme seul triomphe de l'autruche; encore n'est-ce que par la ruse. Jamais l'Arabe, au coursier rapide, ne parviendrait à l'atteindre, s'il ne suppléait par l'intelligence à l'insuffisance de ses moyens physiques. « On ne voit pas plus, dit le voyageur Livingstone, les jambes de l'autruche qui court à toute vitesse, qu'on ne voit les rayons d'une roue de voiture entraînée par un galop rapide. » Suivant le même auteur, l'autruche peut faire 43 kilomètres à l'heure, vitesse bien supérieure à celle du meilleur cheval.

Bien instruits de ce fait, les chasseurs africains procèdent à la chasse des autruches de la manière suivante. Ils les suivent à distance, sans trop les presser, pendant un jour ou deux, tout en les empêchant de prendre leur nourriture. Quand ils les ont ainsi fatiguées et affamées, ils les poursuivent à toute vitesse, en mettant à profit ce fait, que leur a révélé l'observation, à savoir que l'autruche ne s'enfuit jamais en ligne droite, mais qu'elle décrit une courbe, plus ou moins étendue. Les cavaliers suivent donc la corde de cet arc, et par ce stratagème plusieurs fois répété, ils se rapprochent insensiblement de leur victime jusqu'à une très faible distance. Imprimant alors un dernier élan à leurs montures, ils fondent impétueusement sur l'autruche harassée, et l'assomment à coups de bâton, ou avec un poids de fer attaché au bout d'une corde (fig. 135). On évite, autant que possible, l'effusion du sang, qui déprécie les plumes de l'oiseau.

Certaines peuplades arrivent au même but par un artifice assez singulier. Le chasseur se couvre d'une peau d'autruche, en ayant soin de passer le bras dans le cou de l'animal, afin de rendre ses mouvements plus naturels. A la faveur de ce déguisement, il s'approche des autruches sans défiance et les tue.

Les Arabes chassent encore l'autruche avec des chiens, qui la poursuivent jusqu'à épuisement complet.

Au moment de la ponte, ils pratiquent aussi la chasse à l'affût. Ils vont à la recherche des nids d'autruches, et lorsqu'ils les ont découverts, ils creusent, à portée de fusil, un trou dans lequel un homme peut se cacher. Celui-ci, armé d'un fusil, tue successivement le mâle et la femelle sur leurs œufs. D'autres fois, on va les attendre près de l'eau, et on les tire lorsqu'elles viennent se désaltérer.

Les autruches sont éminemment sociables : on les rencontre quelquefois dans le désert, par troupes de deux ou trois cents, mêlées à des bandes de zèbres, couaggas, etc. Elles s'accouplent vers la fin de l'automne.

Le nid de l'autruche a plus d'un mètre de diamètre. C'est un simple trou, pratiqué dans le sable, et entouré d'un rempart construit avec la terre extraite du sol; extérieurement est creusé un canal pour l'écoulement des eaux.

La ponte de chaque femelle varie de quinze à trente œufs, suivant les circonstances. Ces œufs pèsent de un kilogramme à un kilogramme et demi, et équivalent chacun à environ vingt-cinq œufs de poule. Ils ont bon goût, et sont souvent d'un grand secours pour les voyageurs : un seul peut largement suffire au déjeuner de deux personnes.

L'incubation dure ordinairement six semaines et est partagée par le mâle et les femelles. Celles-ci pondent toutes, en effet, dans le même nid, et vivent en bonne intelligence, sous la haute domination du mâle. Levaillant en a vu quatre se relayer pour couver trente-huit œufs déposés dans la même excavation. Elles ne couvent que pendant la nuit, la chaleur brûlante du jour étant suffisante pour maintenir les œufs à une température convenable. Durant les nuits froides, elles se mettent deux à la fois sur le nid, qu'elles ont d'ailleurs à défendre contre les incursions des chats-tigres et des chacals. Levaillant a observé qu'un certain nombre d'œufs

ne sont pas couvés et sont mis de côté pour servir de nourriture aux jeunes aussitôt après leur éclosion.

On a reproché depuis longtemps à l'autruche de n'avoir pas
l'amour de sa progéniture, et l'on a cru faire acte de justice
en la traitant de marâtre. C'est ainsi que les Hébreux en
avaient fait le symbole de l'insensibilité, parce qu'elle abandonne ses œufs sur le sable, sans s'inquiéter, dit Job, des périls auxquels ils sont exposés. Jérémie lui-même se lamente

Fig. 135. Chasse à l'Autruche.

à son sujet, et dit qu'elle n'a pas l'instinct de la famille. Ces
accusations sont sans fondement : l'autruche n'abandonne
pas ses œufs, nous venons de le voir; elle n'abandonne pas
davantage ses petits, bien qu'ils soient couverts, en naissant,
d'un épais duvet, bien qu'ils puissent courir et subvenir eux-
mêmes à leurs besoins. Elle les garde près d'elle jusqu'à l'âge
adulte et les défend contre toute attaque. M. Cumming surprit
un jour une dizaine d'autruches qui n'étaient pas plus grosses
que des pintades.

« La mère, dit-il, chercha à nous tromper à l'instar du canard sauvage ; elle partit, étendant les ailes, puis se laissa tomber à terre comme si elle eût été blessée, tandis que le mâle s'éloignait sournoisement avec les petits dans une direction opposée. »

Livingstone a plusieurs fois rencontré de jeunes couvées conduites par un mâle, qui s'efforçait de paraître boiteux, afin de détourner sur lui l'attention des chasseurs.

Mâles et femelles se prêtent aussi un appui mutuel, comme le prouve le trait suivant, raconté dans un rapport adressé à la Société d'acclimatation :

« Si-Djelloul-Ben-Hamza et son frère Si-Mohammed-Ben-Hamza, chassant un jour l'autruche, rencontrèrent les traces de toute une famille conduite par un mâle et deux femelles. Arrivé le premier en vue des autruches, Si-Mohammed tira un coup de feu et blessa une des femelles. Le mâle se précipita alors sur lui et frappa à coups de pied le poitrail du cheval, qui, effrayé, renversa son cavalier et prit la fuite. L'autruche tourna alors ses coups contre Si-Mohammed, et ne l'abandonna que privé de connaissance, et en voyant venir Si-Djelloul au secours de son frère. »

Tous ces faits prouvent surabondamment que l'autruche n'est pas aussi égoïste qu'on l'a dit, en même temps qu'ils réduisent à néant l'accusation de stupidité qu'on a cru pouvoir lancer contre cet oiseau.

Malgré leur grande force, et peut-être même à cause de leur grande force, les autruches sont les êtres les plus pacifiques du monde, et, en raison de leur naturel inoffensif, se plient facilement à la domesticité. Prises jeunes, elles s'apprivoisent en fort peu de temps. Le général Daumas prétend qu'elles jouent avec les enfants, folâtrent avec les cavaliers, les chiens, etc. Dans le pays de Sennaar, on les élève comme nous élevons la volaille. On les laisse errer librement, et il est sans exemple que l'une d'elles ait cherché à s'enfuir. Elles accompagnent le bétail aux pâturages et reviennent à la maison à l'heure des repas. La douceur et les caresses suffisent pour s'attacher cet oiseau ; il faut bien se garder de le brusquer ou de le frapper. Il n'a qu'un défaut, qui dérive de sa voracité : il est très voleur, et dévore tout ce qu'il trouve. Aussi les Arabes font-ils grande attention lorsqu'ils

comptent de l'argent, l'autruche faisant très lestement disparaître les pièces de monnaie mal surveillées.

De tout temps les dépouilles de l'autruche ont été l'objet
d'un grand commerce. Ce n'est pas seulement pour leur
chair, leur graisse ou leurs œufs, c'est surtout pour leurs
plumes qu'on chasse et qu'on élève ces oiseaux. Chacun d'eux
fournit deux cent cinquante grammes de plumes blanches et

Fig. 136. Nandou.

un kilogramme et demi de plumes noires. Ces plumes fines, ondoyantes et flexibles, qui se trouvent à la queue et aux ailes, ont
servi, à toutes les époques, de parure, soit aux hommes, soit
aux femmes. Les soldats romains en paraient leurs casques,
les janissaires en ornaient leurs turbans, lorsqu'ils s'étaient
signalés par quelque action d'éclat. Aujourd'hui on en fait
une très grande consommation pour la toilette des dames, pour

les éventails et divers autres objets. Les plumes des mâles
sont plus estimées que celles des femelles, et l'on préfère
celles qui ont été arrachées à un animal vivant.

Plusieurs peuplades de la Libye employaient autrefois la
peau de l'autruche en guise de cuirasse; actuellement certaines tribus arabes la font servir au même usage. L'industrie utilise même la coquille des œufs d'autruche, qui est
très dure; on en fait de belles coupes qui ressemblent à des
vases d'ivoire. Les Africains font une grande destruction de
ces animaux; cependant leur race ne paraît pas diminuer.
C'est un oiseau fort utile, et l'on ne peut qu'encourager les
essais qui ont été faits en Algérie et dans d'autres contrées
pour l'élève de troupeaux d'autruches.

Les *Nandous* (fig. 136) ont la plus grande analogie avec les
autruches, qu'ils représentent dans le Nouveau Monde; ils
sont seulement de moitié plus petits que ces dernières, et
leur pied porte trois doigts antérieurs. Leur couleur est d'un
gris uniforme.

Les nandous habitent les pampas de l'Amérique méridionale. Les vallées les plus fraîches du Brésil, du Chili, du Pérou et de la terre de Magellan sont leurs demeures de prédilection. On les voit errer dans les plaines découvertes, par
troupes d'une trentaine d'individus, au milieu des troupeaux
de bœufs, de chevaux et de moutons, qui fréquentent les
mêmes parages. Comme ces animaux, ils broutent l'herbe et
recherchent les graines. Ils courent aussi rapidement que
l'autruche, et savent échapper, par une prompte fuite, aux
poursuites de leurs ennemis. Lorsqu'une rivière se présente
devant eux, ils ne craignent pas de s'y jeter, car ils sont
excellents nageurs; ils prennent même beaucoup de plaisir à
se baigner, et entrent fréquemment dans l'eau.

Les nandous pondent et couvent de la même façon que
les autruches. Ils sont de mœurs très douces et s'apprivoisent avec la plus grande facilité. Ils deviennent très familiers, visitent les appartements, se promènent dans les
rues et jusque dans la campagne, mais retournent toujours
au logis.

La chair des nandous adultes est peu agréable; celle des

jeunes est, au contraire, tendre, sapide, et constitue un assez bon aliment. Leur peau, convenablement assouplie, sert à confectionner des bourses, et leurs plumes à faire des panaches et des balais. Il y a tout lieu de penser que ces oiseaux pourraient s'acclimater dans nos contrées.

Les *Casoars* forment un genre d'oiseaux voisins de l'autruche; ils n'en diffèrent que par quelques particularités.

Fig. 137. Casoar à casque.

Leurs formes sont moins élégantes, et ils sont encore plus mal conformés que l'autruche pour le vol. Leurs ailes, beaucoup plus courtes, sont totalement inutiles, même pour la course. Leurs plumes longues, noirâtres et presque dépourvues de barbes sont assez semblables à des crins; leurs pieds sont à trois doigts. On en distingue deux espèces : le casoar à casque et le casoar de la Nouvelle-Hollande.

Le *Casoar à casque* (fig. 137) porte sur la tête une espèce de casque, produit par un renflement des os du crâne, revêtu d'une substance cornée. C'est un oiseau massif, qui tient le milieu, pour la taille, entre l'autruche et le nandou, et qui habite les îles de l'archipel Indien, les Moluques, Java, Sumatra. C'est surtout dans les forêts profondes de l'île de Ceylan qu'il est abondant. Le premier individu de cette espèce qui ait été vu en Europe fut apporté de Java par les Hollandais en 1597. C'est un animal stupide et glouton qui se nourrit d'herbes, de fruits et quelquefois de petits animaux. Il est farouche, vigoureux, brutal, et l'on ne provoque pas sans danger sa colère. Ses ailes, quoique fort courtes, peuvent servir à la défense, car elles sont pourvues chacune de cinq baguettes piquantes, dont celle du milieu a un pied de longueur. Son cri habituel consiste en un faible grognement, qui fait place, dans la colère, à un bourdonnement ronflant, analogue au bruit d'une voiture ou du tonnerre entendu de loin.

La ménagerie du Muséum d'histoire naturelle de Paris a possédé un *casoar à casque*, qui consommait tout ce qu'on lui donnait, pain, fruits, légumes, et qui buvait quatre à cinq litres d'eau par jour.

Le *Casoar à casque* court très rapidement et d'une manière toute particulière, car il lance des ruades à chaque pas. Il vit par couples; à l'époque des pontes, le mâle manifeste une violence qui le rend très redoutable. La femelle dépose trois ou quatre œufs dans le sable et les couve seule pendant un mois environ. Les petits sont couverts d'un léger duvet en naissant, et sont dépourvus du casque, qu'ils ne revêtent que plus tard.

Le naturel sauvage de ces oiseaux les rend peu propres à la domesticité; on doit peu le regretter, car leur chair est de mauvais goût, et sous aucun autre rapport ils ne peuvent nous être de quelque utilité.

Le *Casoar d'Australie* (fig. 138) se distingue du précédent par une taille plus élevée, ainsi que par l'absence de casque, de caroncules et de baguettes piquantes aux ailes. Il était autrefois très commun dans les forêts d'eucalyptus de la Nouvelle-Galles du Sud, mais les défrichements des colons l'ont repoussé au delà des Montagnes Bleues. Très robuste, il résiste fort bien aux lévriers que l'homme lance à sa poursuite. Il s'apprivoise beaucoup plus facilement que le casoar à casque,

Fig. 138. Casoar d'Australie.

et témoigne de l'attachement à son maître. C'est une excellente acquisition pour l'homme. Sa chair, agréable au goût, est estimée en Australie. Les quelques individus de cette espèce qui ont été amenés en Europe y ont parfaitement vécu, et s'y sont reproduits sans difficulté. Il serait donc désirable qu'on poursuivît l'acclimatation de cet oiseau sur une grande échelle.

L'*Aptéryx*, dont le nom, tiré du grec, veut dire *sans ailes*, est un singulier oiseau, qui a peu d'analogie avec les précédents. Il n'est pas plus gros qu'une poule, et réunit au long bec de la bécasse les pattes des Gallinacés. La brièveté de ses

Fig. 139. Aptéryx ou *Kiwi*.

ailes, tout à fait impropres au vol, est le seul caractère qui ait pu le faire ranger dans ce dernier ordre. On le place, avec plus de raison, parmi les Échassiers.

Le plumage de l'aptéryx est brun; sa queue nulle, et ses moignons d'ailes sont munis d'un ongle fort et arqué. Il habite la Nouvelle-Zélande, et se tient toute la journée parmi les marécages, où il se nourrit de vermisseaux. D'humeur farouche, il ne sort de sa retraite que le soir. Il court très vite, malgré ses petites jambes, et se défend habilement contre ses agresseurs, soit avec ses pattes, armées d'ongles longs et acérés, soit avec les pointes qui terminent ses ailes.

Il construit grossièrement son nid entre les racines des arbustes marécageux, et y dépose un seul œuf, de la grosseur d'un œuf de canard. Les naturels de la Nouvelle-Zélande l'appellent *Kiwi*. Ils lui faisaient autrefois une chasse très active, autant pour sa chair que pour ses plumes, dont ils se servaient pour fabriquer leurs nattes. Ils ont aujourd'hui renoncé à cette industrie, dont les profits ne compensaient pas les fatigues qu'elle entraînait. Cet oiseau est du reste devenu fort rare, et il est maintenant excessivement difficile de se le procurer. La Société zoologique de Londres en a possédé trois spécimens en 1852 et dans les années suivantes.

On peut rattacher à la famille des Brévipennes quelques oiseaux actuellement disparus de la surface du globe, mais qui ont été évidemment contemporains de l'homme. Les débris qu'on a retrouvés au sein d'alluvions modernes ne permettent aucun doute à cet égard.

En première ligne se place le *Dronte*, ou *Dodo* (fig. 140), indigène des îles de France et de Bourbon, où il était autrefois très répandu, suivant les témoignages des compagnons de Vasco de Gama, qui visitèrent ces îles en 1497. Il existait encore dans ces deux îles à la fin du dix-septième siècle. Plusieurs voyageurs nous en ont laissé des descriptions, qui, avec quelques débris et une peinture à l'huile appartenant au Muséum britannique, constituent les seuls renseignements que l'on possède sur cet animal de monstrueuse mémoire.

Le dronte, gras et lourd, ne pesait pas moins de vingt-cinq kilogrammes. Ce gros corps, porté par de petites jambes et pourvu d'ailes dérisoires, était aussi incapable de courir que de voler, et se trouvait dès lors condamné à une destruction rapide. Enfin, et brochant sur le tout, il avait une physionomie stupide, peu propre à lui concilier les sympathies de l'observateur. Terminé à l'arrière par trois ou quatre plumes frisées simulant une queue, il présentait à l'avant un bec énorme, fortement recourbé, occupant la presque totalité de la tête.

Cet oiseau n'avait même pas le mérite d'être utile après sa mort, car sa chair était répugnante et de mauvais goût. Il n'y a donc pas lieu de le regretter.

On a découvert récemment, à l'état fossile, dans l'île de Madagascar, des œufs et des ossements d'oiseau appartenant à une espèce aujourd'hui éteinte, et dont les proportions étaient tout à fait colossales. Un de ces œufs équivaut à plus de six œufs d'autruche, et sa capacité est de près de neuf litres. Isidore Geoffroy Saint-Hilaire évaluait à trois ou quatre mètres la taille de cet oiseau, et le désigna sous le nom d'*Épiornis*.

En 1867, M. Joly, professeur à la Faculté des sciences de Toulouse, a publié de très intéressantes observations sur la structure et les habitudes probables de cet oiseau gigantesque.

Fig. 140. Dronte.

On ne saurait affirmer que cette espèce ait complètement disparu aujourd'hui : les Malgaches assurent qu'il en reste dans leur île quelques représentants, très rares il est vrai. On trouve chez ce peuple une tradition fort ancienne relative à un oiseau colossal qui terrasse un bœuf et en fait sa nourriture. Cette tradition toutefois manquerait d'exactitude, car l'examen des pièces osseuses retrouvées démontre que l'épiornis ne possédait ni serres ni ailes, et devait se nourrir, par conséquent, de substances végétales.

Enfin, on a également mis à jour, à la Nouvelle-Zélande, des ossements provenant d'une espèce voisine de l'autruche, mais supérieure en taille, et qui devait atteindre quatre mètres. L'oiseau auquel appartenaient ces ossements a été désigné sous le nom de *Dinornis* (grand oiseau). C'est le plus grand de tous les oiseaux qui aient jamais existé. Sa dispari-tion est récente, car les ossements qu'on a découverts renfer-maient encore une très grande proportion de gélatine.

L'*Épiornis*, le *Dinornis*, auxquels il faut joindre l'*Aphanap-térix* et quelques autres, sont des espèces éteintes. Ce n'est donc pas le lieu de les décrire ici. Nous avons consacré un chapitre de *la Terre avant le déluge* (7e édition, pages 414-426) à l'examen des restes fossiles de ces oiseaux. Le lecteur voudra donc bien se reporter à ce chapitre pour ce qui con-cerne les oiseaux gigantesques de la Nouvelle-Zélande au-jourd'hui disparus de la création.

ORDRE DES GALLINACÉS

On réunit sous le nom de *Gallinacés* un certain nombre d'oiseaux présentant la plus grande analogie avec la poule (*gallina*).

Les gallinacés sont des oiseaux essentiellement terrestres, qui se plaisent sur le sol, y cherchent leur nourriture, et y nichent même le plus souvent. Ils aiment à gratter la terre et à se rouler dans la poussière. La marche est leur mode de progression habituel : ce que l'on devine à la seule inspection de leurs jambes robustes, de leurs ongles courts et peu recourbés. Quelques-uns, comme la perdrix, sont de très agiles coureurs. En revanche, leurs ailes, courtes et obtuses, ne leur permettent qu'un vol pénible et lourd. Aussi ne trouve-t-on dans cet ordre d'oiseaux que deux ou trois espèces voyageuses.

Les gallinacés ont le bec court, voûté, en général assez fort. Ils s'en servent pour briser les enveloppes des graines qui font leur principale nourriture, et auxquelles ils adjoignent des vermisseaux, des insectes et des herbes. Leur gésier épais et musculeux, revêtu intérieurement d'une tunique très résistante, est parfaitement approprié à une telle nature d'aliments. Sa force de trituration est encore augmentée par l'habitude qu'ont les gallinacés d'avaler de petits cailloux pour faciliter l'écrasement des graines.

Dans certaines espèces (coq, faisan, dindon, etc.), les mâles sont armés, au-dessus du pouce, d'un ou plusieurs ergots coniques, sortes d'éperons très robustes, dont ils se servent pour attaquer ou se défendre. Chez un plus grand nombre, la tête est ornée de crêtes et de caroncules, diversement colorées. Ces appendices existent aussi chez les femelles, mais ils y sont beaucoup moins accentués.

C'est parmi les gallinacés qu'on rencontre les oiseaux aux plus brillants plumages. Le paon, l'argus, le lophophore, le faisan portent avec éclat la bannière de l'ordre, et rivalisent avec les plus splendides passereaux. Cette richesse de couleurs est l'apanage exclusif du mâle, car les femelles ont toujours des teintes grises ou ternes.

Mais si les gallinacés peuvent charmer les yeux, ils sont loin de satisfaire l'oreille. Leurs cris aigus déchirent désagréablement le tympan.

La plupart de ces oiseaux, surtout les mâles, sont sauvages, méchants, querelleurs et peu intelligents. Ils sont polygames. Les femelles pondent un grand nombre d'œufs, qu'elles couvent seules, sans l'assistance du mâle, lequel ne s'occupe pas davantage de l'éducation des petits. Ils vont ordinairement par bandes, composées d'un mâle, des femelles et des jeunes ; mais on voit rarement plusieurs familles se réunir pour vivre en commun.

Les gallinacés sont de tous les oiseaux ceux qui fournissent à l'homme les meilleures ressources. Certaines espèces, réduites en domesticité, peuplent ses basses-cours, et lui apportent, outre leur chair, qui est excellente, des œufs d'un goût exquis. D'autres constituent un gibier aussi abondant que délicat.

Presque tous les gallinacés sont originaires des régions chaudes de l'Asie et de l'Amérique ; quelques-uns, comme la poule, le faisan, le dindon, sont aujourd'hui acclimatés dans toutes les parties du monde.

L'ordre des gallinacés comporte deux grands sous-ordres, savoir : les *Gallinacés proprement dits*, auxquels s'appliquent spécialement les différents caractères que nous venons d'énumérer, et les *Pigeons*, séparés des premiers par certains détails d'organisation et de mœurs que nous ferons connaître.

GALLINACÉS PROPREMENT DITS.

Ce sous-ordre comprend six familles : les *Tétraonidés*, les *Perdicidés*, les *Tinamidés*, les *Chionidés*, les *Mégapodidés* et les *Phasianidés*.

Famille des Tétraonidés. — Les oiseaux composant cette famille se caractérisent comme il suit : tarses totalement

Fig. 141. Tétras de plaine, ou grand Coq de bruyère.

emplumés; bande nue et verruqueuse, de couleur rouge, tenant lieu de sourcils; corps massif; ailes courtes. Cette famille comprend trois genres : les *Coqs de bruyère* (*Tétras*), les *Gelinottes*, les *Lagopèdes*.

Les *Coqs de bruyère*, ou *Tétras*, habitent les forêts de pins et de bouleaux des hautes montagnes. Certaines espèces se tiennent de préférence dans les plaines couvertes de bruyères. Ils se nourrissent un peu de tout : fruits, baies, bourgeons de

sapin et de bouleau, insectes, vermisseaux leur sont également bons. Ce sont des oiseaux au port fier et belliqueux,
aux formes robustes, au plumage noir, taché de blanc, avec
des reflets bleuâtres. Ils sont polygames et vivent par familles. Ils se réfugient volontiers sur les arbres, soit pour
dormir, soit pour se soustraire à leurs ennemis lorsqu'ils
sont poursuivis.

C'est de là qu'aux premiers effluves du printemps les mâles
jettent à tous les échos leurs notes discordantes, pour appeler
les femelles. Chaque matin et chaque soir, pendant un mois
ou deux, ils font entendre pendant une heure une horrible
cacophonie, qui retentit jusqu'à une lieue aux alentours.

Fig. 142. Tétras à queue fourchue, ou petit Coq de bruyère.

Les femelles se retirent dans d'épais taillis pour faire leur
ponte et vaquer aux soins de l'incubation et de l'éducation
des petits, qui leur incombent entièrement. Elles déposent
de huit à seize œufs sur un lit d'herbes et de feuilles, quelquefois sur la terre nue. Les petits courent en sortant de
l'œuf et restent plusieurs mois avec leur mère, qui les entoure, en toutes occasions, de la plus tendre sollicitude.

La chair des coqs de bruyère est très estimée, autant à
cause de sa succulence que de sa rareté, car ces oiseaux ne
se laissent approcher qu'à l'époque des amours. On en connaît plusieurs espèces, dont deux habitent l'Europe : ce sont
le grand Coq de bruyère ou *Tétras de plaine* (fig. 141), dont la

taille est celle du dindon, et le *petit Coq de bruyère*, ou *Tétras a queue fourchue* (fig. 142), de la grosseur du faisan, reconnaissable à sa queue divisée en deux parties contournées. Mentionnons encore les *Tétras Cupidon*, qui habitent le nord de l'Amérique.

La *Gelinotte*, ou *Poule des coudriers* (fig. 143), a les mêmes mœurs et habite les mêmes régions que les tétras. Comme eux, elle est défiante et craintive, et se cache à la moindre apparence de danger au sein des massifs d'arbres verts. Elle vole lourdement, mais court très vite. Sa chair, délicate et savoureuse, est cotée dans les marchés à un très haut prix.

Fig. 143. Tétras gelinotte.

Beaucoup moins rare en France que le coq de bruyère, on la rencontre assez communément dans les Vosges et les Ardennes. Elle a la taille de la perdrix. Son plumage, où dominent le roux et le blanc, est varié de gris et de brun; le mâle porte une large plaque noire sous la gorge.

Les *Lagopèdes* (fig. 144) ont quelque chose du lièvre dans la patte : de là leur nom, qui signifie *pied de lièvre* (λαγώς, lièvre, *pes, pedis*, pied). Ces oiseaux ne se contentent pas, en effet, d'avoir les tarses emplumés; il leur faut de la fourrure sur les doigts, nous pourrions dire aussi sous les doigts et jusqu'à la naissance des ongles, absolument comme le lièvre.

Les régions glaciales des deux continents et les cimes des hautes montagnes sont leurs domaines; la neige est leur élément. Ils s'y roulent avec volupté; ils y pratiquent, avec leurs pieds, des trous, dans lesquels ils passent la nuit et s'abritent contre les ouragans.

La couleur des lagopèdes est parfaitement assortie à celle des solitudes qu'ils habitent. Leur plumage est d'une éclatante blancheur, sauf un trait noir sur la face et quelques pennes de même couleur : c'est là leur costume d'hiver. En

Fig. 144. Lagopède.

été, lorsque la neige a disparu sous les feux brûlants du soleil, ils revêtent un habit grisâtre parsemé de taches brunes et rousses.

Comme les coqs de bruyère et les gelinottes, ils sont sociables et supportent mal la servitude. Réduits en captivité, ils s'étiolent et succombent bientôt au *mal du pays*.

La chair de ces oiseaux est excellente et très recherchée. Ils abondent sur nos marchés; l'Écosse, la Norvège et la Laponie en expédient chaque année des quantités considérables; en

France et en Angleterre. Les deux espèces principales sont le *Lagopède Ptarmigan* ou *Perdrix des neiges*, commun dans les Alpes, les Pyrénées, le nord de l'Europe et de l'Amérique; le *Lagopède rouge* ou *Graus*, qui ne se trouve que dans l'Écosse.

Famille des Perdicidés — Les traits distinctifs des oiseaux qui composent cette famille sont : le bec court, la tête petite, le corps arrondi et massif, la queue courte, les tarses nus, munis d'éperons plus ou moins développés, le pouce médiocre. Les ailes sont obtuses ou aiguës, suivant les genres. Cette famille comprend les genres *Ganta*, *Syrrhapte*, *Caille*, *Perdrix*, *Colin*, *Francolin*, *Turnix*.

Fig. 145. Ganta.

Les *Gantas* sont essentiellement voyageurs et pourvus, à cet effet, d'ailes longues et aiguës; mais leurs excursions sont peu considérables. Par leur vol élevé, rapide et soutenu, ils se rapprochent des pigeons. Ils habitent les plaines arides de l'Europe méridionale, de l'Asie et de l'Afrique.

Le *Ganta unibande* apparaît annuellement en Espagne et dans le midi de la France; il est indigène des steppes de la Russie méridionale et du nord de l'Afrique; il se reproduit dans les Pyrénées.

Les *Syrrhaptes* ou *Hétéroclites* sont caractérisés par l'absence complète du pouce. Une étroite parenté les unit aux gantas; comme eux ils ont l'aile pointue et l'amour des voyages, mais leur vol est moins soutenu, car ils prennent terre très fréquemment. Ils habitent les steppes de la Tartarie et s'aventurent rarement dans nos contrées.

Les *Cailles* ont le bec menu, le pouce court, ou inséré haut, les tarses pourvus d'un rudiment d'éperon, sous forme de tubercule corné, le corps épais, les ailes médiocres et aiguës, la queue presque nulle. On en connaît plusieurs espèces, dont une seule habite l'Europe.

La *Caille vulgaire* (fig. 146) est célèbre par ses migrations. Chaque année, elle part, en troupes innombrables, des régions les plus reculées de l'Afrique, traverse la Méditerranée, et vers les premiers jours de mai se répand dans toute l'Europe. Elle reprend au mois de septembre le même chemin, et refait en sens contraire ce voyage immense. L'instinct qui la pousse à se déplacer ainsi est tellement puissant, qu'il se manifeste même chez les cailles nées en captivité. Aux époques des passages, on voit les cailles prisonnières s'agiter, aller et venir dans leur cage, et se précipiter contre les barreaux avec une telle force qu'elles retombent tout étourdies et se brisent quelquefois la tête. Si l'on considère, de plus, que les cailles ont le vol très lourd, et qu'elles n'accomplissent ces traversées qu'au prix des plus grandes fatigues, on restera convaincu que, dans la cause de leurs voyages, outre la nécessité de se soustraire aux rigueurs de l'hiver ou de pourvoir à leur alimentation, il y a une sorte de besoin naturel aussi impérieux que celui de la faim, et auquel ces oiseaux obéissent d'une manière irrésistible.

La fécondité des cailles est extraordinaire : ce qui est heureux pour les chasseurs qui vouent leur espèce à l'extermination, en raison de leur vol embarrassé, et de leur incroyable accumulation sur certains points aux époques des passages. L'évêque de l'île de Capri, située dans le golfe de Naples, se faisait autrefois un revenu annuel de quarante mille francs avec la dîme qu'il percevait sur le commerce des cailles abattues dans l'île, et que l'on allait vendre au marché de Naples. Aussi avait-il reçu le nom d'*évêque aux cailles*.

Fig. 146. Cailles et Cailleteaux.

Sur les rives du Bosphore, en Morée et dans quelques îles de l'Archipel, les cailles arrivent en masses tellement compactes, qu'il n'y a, suivant une locution populaire, qu'à se baisser pour en prendre. Elles tombent d'épuisement sur le rivage, et l'on assiste alors à une véritable pluie de ces oiseaux. Les habitants, qui les attendent depuis plusieurs jours, les ramassent, les salent, les empilent dans des barils, et les expédient en divers pays.

Les cailles voyagent le soir et pendant la nuit. Elles s'élèvent assez haut, mais ne volent jamais contre le vent. Elles se font, au contraire, pousser par la brise, pour traverser la Méditerranée. C'est ainsi que les vents du sud nous les amènent, et que ceux du nord les reportent en Afrique. Si quelque tempête survient le long de la route, elles n'ont pas la force d'y résister, et tombent par milliers dans les flots.

Les cailles se tiennent dans les plaines couvertes de moissons et dans les pâturages fertiles. Elles se roulent avec délices dans la poussière, et ne perchent jamais. Leur nourriture se compose de graines et d'insectes. Elles sont peu sociables : les sexes ne se rapprochent que dans la saison des amours, et se séparent aussitôt que les soins de la mère ne sont plus nécessaires aux *cailleteaux*. Ce terme est rapidement atteint, car les petits se développent très vite.

Les femelles font deux pontes par an, l'une en Europe, l'autre en Afrique, qui se composent chacune de dix à quatorze œufs.

La caille court avec vitesse, et elle emploie fréquemment ce mode de locomotion pour échapper aux poursuites du chasseur. Ce n'est qu'en cas de péril imminent qu'elle a recours au vol. Elle part alors en ligne droite et en rasant la terre. Elle possède à fond l'art d'entremêler les voies et de dépister les chiens. Cachée dans les touffes de luzerne, elle se rit des chasseurs novices, mais la persévérance en a toujours raison.

Elle est moins grosse que la perdrix. Tuée en bon temps, c'est-à-dire lorsqu'elle est reposée des fatigues du voyage, elle apparaît bardée d'une couche de graisse qui n'a d'égale chez aucun autre oiseau. Sa chair, suave et délicate, exhale un fumet exquis et fait les délices des gourmets. Elle se classe immédiatement, comme gibier, après la bécasse et la bécassine.

On chassait autrefois la caille de plusieurs façons. On la

prenait soit au filet, soit au piège, en se servant d'appeaux vivants ou artificiels, soit enfin au fusil, avec un chien d'arrêt (fig. 147). Cette dernière manière est la seule tolérée aujourd'hui en France. Grâce à cette restriction, on détruit maintenant la caille sur une moins grande échelle que par le passé, et cette espèce ne sera pas un mythe pour les générations futures.

Les *Perdrix* ont le bec fortement recourbé, les formes trapues, les ailes obtuses, la queue courte et pendante. Les tarses sont, chez les mâles, pourvus ou dénués de tubercules, suivant les espèces.

Les perdrix vivent constamment sur le sol, ne perchant que lorsqu'elles y sont absolument forcées. Elles ont l'instinct *pulvérateur*, comme les cailles, et courent avec une légèreté et une vitesse remarquables. Leur vol est aussi très rapide, mais bas et peu soutenu. Aussi usent-elles plus fréquemment de leurs jambes que de leurs ailes, pour se transporter d'un point à un autre.

Éminemment sociables, elles vivent, durant la plus grande partie de l'année, par troupes, ou *compagnies*, composées de parents et de jeunes de la dernière couvée. Elles sont sédentaires et se cantonnent, c'est-à-dire qu'elles adoptent une certaine étendue de pays, où s'écoule leur existence, et dont elles ne s'écartent qu'accidentellement. Elles choisissent aussi dans cette zone un endroit particulier où elles viennent constamment chercher un abri lorsqu'elles sont poursuivies : ces lieux de refuge sont ce que le chasseur appelle des *remises*.

Les perdrix sont monogames; leur union, contractée au printemps, ne cesse qu'au printemps suivant.

Dans certaines espèces, comme la perdrix rouge, où les femelles sont moins nombreuses que les mâles, un plus ou moins grand nombre de mâles restent en disponibilité. De là des luttes entre les mariés et les célibataires; car ces derniers ne se résignent pas facilement à leur isolement, et s'efforcent d'entrer en ménage aux dépens du voisin. Cependant ces combats prennent fin, la stabilité se fait dans les couples, et les déshérités, qui ne peuvent se décider à vivre en ermites,

Fig. 147. Chasse aux Cailles.

se rapprochent et forment entre eux des compagnies uniquement composées de mâles.

Rien n'est comparable à l'attachement du mâle pour sa femelle.

Au moment de la ponte, la femelle creuse d'abord un trou en terre; elle le garnit d'herbes et de feuilles, et y dépose ses œufs au nombre de douze ou quinze, quelquefois même de vingt et plus. Puis vient le moment de l'incubation, qui ne dure pas moins de vingt jours. Pendant ce temps, le mâle veille sur sa compagne et la prévient au moindre danger. Bientôt les *Perdreaux* brisent leur coquille. L'amour de l'époux, devenu père, se transforme alors, et se reporte en partie sur ses enfants. Il accompagne leurs premiers pas, leur apprend à saisir les vermisseaux, recherche pour eux les œufs de fourmis, et se montre aussi ingénieux que la mère pour les soustraire aux attaques de leurs ennemis. A l'apparition du chasseur ou de son chien, un cri d'alarme est poussé, qui avertit les perdreaux et les invite à se cacher. Puis le mâle s'envole ostensiblement, traînant l'aile, afin d'attirer le chasseur sur ses traces. En même temps la femelle part dans une autre direction; elle s'abat à une grande distance, revient en courant auprès de sa famille, la rassemble et l'emmène en un lieu sûr, où le mâle les rejoindra plus tard. C'est par ces ruses ingénieuses que la jeune couvée est défendue des attaques des chasseurs.

Quelques semaines après leur éclosion les perdreaux sont en état de voler et de pourvoir eux-mêmes à leurs besoins. Nous avons dit plus haut qu'ils ne quittent pas pour cela leurs parents : ils continuent à vivre avec eux, dans la plus étroite intimité, jusqu'en février ou mars, époque à laquelle ils s'en séparent pour s'apparier. Ce moment marque aussi le terme de l'union des père et mère, qui convolent vers d'autres amours.

Les perdrix sont d'un naturel timide et craintif, qui se manifeste en maintes circonstances : elles voient des ennemis partout. Cette défiance ne paraîtra pas exagérée si l'on songe que, sans parler de l'homme, le renard et les oiseaux de proie leur font une guerre à outrance. Ces derniers, c'est-à-dire les oiseaux rapaces, leur inspirent une frayeur extraor-

dinaire. A leur vue elles s'arrètent comme frappées de stupeur, se pelotonnent et se dissimulent de leur mieux, et se con-
damnent à une immobilité absolue; ce n'est que lorsque le
tyran des airs s'est éloigné qu'elles sortent de leur torpeur.

Quand l'oiseau de proie fond sur l'une d'elles, la pauvrette
cherche à lui échapper en se précipitant vers le buisson le
plus proche. Si elle y parvient, nulle puissance humaine
n'est capable de lui faire abandonner sa retraite : on peut
alors s'en emparer sans qu'elle oppose la moindre résistance.
On en a vu se laisser enfumer dans des broussailles, plutôt
que de s'exposer encore une fois à la serre du milan ou du
vautour.

La connaissance de ces faits a suggéré un moyen très
simple et très efficace pour détruire de grandes quantités de
perdrix, et qui est surtout usité en Angleterre. Ce procédé
consiste à les effrayer à l'aide d'un oiseau de proie artificiel,
attaché à la ficelle d'un cerf-volant, et qui semble ainsi planer
à une certaine hauteur au-dessus du sol. Pendant que les
perdrix, clouées à terre par l'épouvante, s'efforcent d'échapper aux regards du faux rapace, les chasseurs s'approchent,
les font lever et les tirent presque à bout portant.

Malgré leur naturel sauvage, les perdrix sont susceptibles
d'éducation; avec beaucoup de soins et de douceur on peut
les rendre très familières. Girardin rapporte qu'une perdrix
grise, élevée par un chartreux, était si bien apprivoisée,
qu'elle suivait son père nourricier comme un chien.

Willoughby affirme qu'un habitant du comté de Sussex
avait réussi à apprivoiser une couvée de perdrix, qu'il menait
devant lui comme un troupeau d'oies.

Tournefort raconte qu'on élevait autrefois dans l'île de
Chio des compagnies de perdrix rouges qui se laissaient conduire absolument de la même façon. Enfin, Sonini parle de
deux bartavelles qu'un habitant d'Aboukir avait su rendre
très familières. Tous ces faits démontrent suffisamment
qu'avec de la patience il serait possible d'élever la perdrix à
la dignité d'oiseau de basse-cour.

Les perdrix sont fort estimées des gourmets; elles font
aussi la joie des chasseurs, parce qu'elles offrent une proie
facile à leur fureur cynégétique. On pourrait dire de la per-

Fig 148. Perdrix grises et Perdreaux.

drix qu'elle est le gibier officiel de la France tant elle y
est abondante, surtout la perdrix grise. C'est en tirant
la perdrix que se forme le chasseur novice. C'est de la
même manière que le chien acquiert les qualités qui en
feront plus tard l'auxiliaire intelligent du disciple de saint
Hubert.

Passons à l'examen rapide des différentes espèces de perdrix. La *Perdrix grise* (fig. 148) est l'espèce la plus commune
du genre ; elle est très répandue dans toute l'Europe centrale.
Le nord de la France, la Belgique, la Hollande sont ses demeures de prédilection. C'est là qu'elle trouve les terres cultivées, les grandes plaines couvertes de moissons, les prairies
artificielles où elle aime à vivre et à nicher. Elle n'est pas
sans causer quelques dégâts à l'agriculture ; car, après les
semailles, elle recherche non-seulement les grains restés sur
le sol, mais encore ceux qui sont enfouis. De plus, elle dévore
les jeunes pousses des céréales, et s'attaque aux épis lorsqu'ils sont parvenus à maturité. Sa multiplication sur une
vaste échelle pourrait donc présenter de sérieux inconvé-
nients, qui ne seraient pas suffisamment compensés par les
services qu'elle rend, d'autre part, en détruisant des vers, des
insectes et des colimaçons.

La perdrix grise fournit une variété de moindre taille, la
Perdrix de passage, remarquable par son humeur vagabonde,
qui contraste singulièrement avec les habitudes casanières du
genre. On la voit, en effet, apparaître par grandes troupes
sous les latitudes et aux époques les plus diverses. Mais elle
n'accomplit pas, à proprement parler, de migrations : la
constance, la régularité manquent à ses voyages, entrepris
sous l'empire d'une cause inconnue. Elle ne suit pas toujours les mêmes routes, et ses passages sont intermittents.
Cette perdrix, qui est très farouche, se rencontre fréquemment
en Orient (Turquie, Syrie et Égypte), et on l'a souvent observée en France. On l'appelle quelquefois *Perdrix de Damas*.

Contrairement à la *Perdrix grise*, la *Perdrix rouge* et celles
qui vont suivre ont les tarses pourvus de tubercules.

La *Perdrix rouge* doit son nom à la couleur prédominante
de son costume, ainsi qu'à la nuance rose du bec, des tarses
et des pieds. Les landes incultes, couvertes de maigres

bruyères, et des coteaux accidentés où fleurit de la vigne, sont ses lieux d'habitation ordinaires. Elle se trouve dans le midi de la France, mais elle y est beaucoup moins répandue que ne l'est la perdrix grise dans les départements du nord. Elle habite aussi l'Espagne et l'Italie ; elle est fort commune en Asie et en Afrique.

La *Bartavelle* ou *Perdrix grecque* (fig. 152, page 233) se plaît dans les lieux élevés et rocailleux. La montagne est sa véritable patrie, et dans la belle saison elle s'aventure jusqu'aux confins de la région des neiges. Elle est très friande de raisins et d'escargots. On la trouve assez rarement en France : le Jura, les Basses et les Hautes-Alpes, les Monts d'Auvergne, les Pyrénées sont les seules contrées où elle apparaisse. Elle est plus répandue en Grèce, en Turquie et en Asie Mineure.

La *Perdrix de roche,* ou *Gambra,* qui diffère peu de la perdrix rouge, est presque inconnue en France. Son habitat comprend l'Espagne, la Corse, la Sicile et la Calabre.

Les *Colins* (fig. 149) ont le bec gros et bombé, les tarses

Fig. 149. Colin de la Californie.

lisses et la queue plus longue que les perdrix. Ces caractères seraient peu propres à les différencier des perdrix proprement dites, si l'étude de leurs mœurs ne révélait certains détails qui ont conduit à en former un genre distinct.

Fig. 150, Chasse à la Perdrix rouge

Lorsqu'on fait lever des colins, ils ne volent pas tous ensemble vers le même endroit : ils se dispersent dans toutes les directions et se réfugient soit dans les broussailles, soit sur les arbres. Ils se croient alors en telle sûreté, que, si l'on parvient à les apercevoir, on peut les tuer tous successivement sans qu'un seul cherche à s'échapper. Ils sont beaucoup plus féconds que les perdrix, mais moins méfiants, et tombent facilement dans les pièges qu'on leur tend.

Suivant Audubon, les colins prennent pour dormir des dispositions fort curieuses. Tous les individus d'une même compagnie se placent d'abord en cercle et à une certaine distance les uns des autres ; puis ils marchent tous à reculons, en convergeant vers un centre commun, jusqu'à ce qu'ils se trouvent dos à dos : c'est dans cette position qu'il passent la nuit. Grâce à cette précaution, toute la troupe peut s'envoler sans encombre, en cas de danger. En effet, chaque individu a l'espace libre devant lui, et aucun ne court le risque d'être gêné dans sa fuite par ses compagnons.

Les colins se distinguent encore des perdrix par leurs habitudes voyageuses. Ils se rapprochent, sous ce rapport, des cailles, quoique leurs pérégrinations se fassent moins régulièrement et embrassent une étendue de terrain beaucoup plus restreinte.

Originaires de l'Amérique, les colins y sont répandus à profusion. Ils abondent tellement aux États-Unis, que pendant un seul hiver et dans un arrondissement de cinq à six lieues on a pu en détruire jusqu'à douze mille sans que l'espèce en parût diminuée au printemps suivant.

Importé en Angleterre et entouré de soins intelligents, le *Colin de Virginie*, ou *Perdrix boréale*, s'y est prodigieusement multiplié et y est devenu, pour ainsi dire, indigène. Les mêmes tentatives faites en France ont beaucoup moins réussi, faute de persévérance. Le colin, qui a la chair délicate, serait pour notre table une excellente recrue.

Les *Francolins* se distinguent des perdrix par un bec plus robuste et plus long, par une queue plus développée, et par l'existence, chez les mâles, d'un ou deux éperons très aigus. Ils en diffèrent encore par leurs mœurs. C'est ainsi qu'ils se

tiennent dans les terrains boisés et marécageux, où ils se
nourrissent de baies, de graines, de vers, d'insectes et de
jeunes plantes bulbeuses. En outre, ils sont presque continuellement perchés sur les arbres et ne descendent point
à terre pour passer la nuit. Sauf ces particularités, ils vivent absolument comme les perdrix. Leur chair est estimée;
le *Francolin d'Europe* est même un gibier supérieur à la
perdrix.

Malheureusement, cette espèce tend à disparaître, et son
naturel farouche ne semble pas devoir s'accommoder de la
domesticité. On la trouve sur les côtes méridionales de la
mer Noire, en Sicile et dans l'île de Chypre. Les autres espèces habitent l'Afrique et les Indes.

Les *Turnix* ont les plus grands rapports avec les cailles;

Fig. 151. Turnix tachydrome.

ils ne s'en distinguent guère physiquement que par l'absence
du pouce. Ils habitent les terrains sablonneux et les plaines
couvertes de hautes herbes. Ils courent très vite, volent
rarement, et, lorsqu'ils s'y décident, ne s'élèvent que d'un
ou deux mètres, pour redescendre presque immédiatement;
après quoi ils restent obstinément sur le sol et se laissent
saisir plutôt que de prendre un nouvel essor. Leur chair est
excellente.

L'espèce d'Europe ou *Turnix tachydrome* (*coureur rapide,*

Fig. 152. Chasse à la Bartavelle, ou *Perdrix grecque.*

fig. 151) habite la Sicile, le sud de l'Espagne et le nord de l'Afrique. Les îles de la Sonde nourrissent une espèce de turnix dont les instincts belliqueux fournissent un aliment à la barbare curiosité des habitants. Ces intéressants insulaires lancent deux turnix l'un contre l'autre, parient pour tel ou tel champion, et engagent même dans ces luttes des sommes considérables, absolument comme les Anglais dans les combats de coqs.

Famille des Tinamidés. — Tous les oiseaux de cette famille appartiennent à l'Amérique méridionale. Ils sont les représentants des perdrix sur ce continent. Leurs caractères essentiels sont : bec grêle et médiocre, tarses assez longs et pourvus de nodosités, pouce court ou nul, impropre à la marche par sa position élevée; ailes et queue courtes, cette dernière quelquefois nulle.

Ils comprennent quatre genres, très voisins les uns des autres : ce sont les *Tinamous*, les *Nothures*, les *Rhyncotes*, et les *Eudromies*. Nous présentons leur histoire d'une manière collective.

Les Tinamidés sont d'un caractère timide et farouche, et ne s'accoutument pas à la captivité. Ils vivent par petites troupes, excepté à l'époque des amours. Ils volent lourdement et en ligne droite, mais courent très rapidement. Quelques-uns montrent une telle paresse, qu'ils restent presque toute la journée sans bouger et ne se dérangent même pas pour éviter leurs ennemis : de sorte qu'on peut les prendre à la main très facilement. Ils sont pulvérateurs et habitent soit les terres cultivées et les prairies herbues, soit les bois touffus. Sauf quelques rares exceptions, ils perchent à une faible hauteur pour dormir. Ils sont crépusculaires, en ce sens qu'ils cherchent leur nourriture le matin et le soir, et même au clair de la lune. Leur régime est à la fois frugivore, granivore, insectivore et vermivore. Ils nichent à terre et font deux pontes par an, de sept ou huit œufs chacune. Leur chair est bonne et assez recherchée.

Famille des Chionidés. — Les oiseaux appartenant à cette famille sont caractérisés par un bec court, voûté, robuste; des

ailes longues et aiguës, une queue médiocre, un pouce rudimentaire. La taille des Chionidés varie entre celle de la perdrix et celle du pigeon. On compte dans cette famille les
genres *Chionis*, *Tinochore* et *Attagis*.

Les *Chionis* sont remarquables par leurs habitudes maritimes; ils se tiennent sur les plages et se nourrissent d'algues
et de débris d'animaux. On les trouve sur toutes les terres
australes. Les *Tinochores* et les *Attagis* sont des oiseaux de
mœurs inconnues, qui habitent le Chili et le Paraguay.

Familles des Mégapodidés. — Les traits distinctifs des Mégapodidés sont les suivants : bec droit et grêle; tarses longs et
forts; pieds tétradactyles, munis d'ongles allongés et robustes. Cette famille comprend trois genres : *Mégapode*,
Alecthélie et *Talégalle*.

Les *Mégapodes* ne sont pas très bien connus. On sait seulement qu'ils habitent les lieux marécageux, volent peu et courent comme les perdrix. Ces oiseaux vivent dans les îles
de l'Océanie.

Dans son livre intitulé *l'Univers*, François Pouchet donne
les curieux renseignements qui suivent sur le nid du *Mégapode d'Australie* :

La nidification du *Mégapode tumulaire* est vraiment une œuvre her-
culéenne, dit M. François Pouchet, et l'on n'y croirait pas si elle n'était
attestée par les plus authentiques témoignages.

« C'est sur le sol que repose l'immense construction que fait le mégapode. Il commence par y amasser une épaisse couche de feuilles, de
branches et d'herbes. Ensuite il y entasse de la terre et des pierres, et
les jette tout autour, de manière à former un énorme tumulus cratéri-
forme, concave au milieu, endroit où les matières primitivement amas-
sées restent à découvert. L'un de ces nids, dont l'illustre ornithologiste
Gould a donné les dimensions exactes, avait 14 pieds de hauteur et of-
frait une circonférence de 150 pieds. Proportionnellement à la taille de
l'oiseau, une telle montagne a vraiment des dimensions qui tiennent du
prodige; et l'on se demande comment, à l'aide de son bec et de ses
pattes pour toute pioche et tout moyen de transport, il a pu rassembler
tant et tant de matériaux. »

« Le célèbre tumulus d'Achille et celui de Patrocle ont assurément
demandé moins de labeur.

« Si l'on cherchait à établir une comparaison entre le travail du mégapode et celui que pourrait produire un homme, on arriverait réellement à des résultats tout à fait inattendus. La taille comparative de

Fig. 153. Talégalle d'Australie et son nid d'herbages.

l'animal étant difficile à déterminer à cause de la variété des attitudes, si l'on prend le poids, on reconnaît que le mégapode, pesant environ un kilogramme, élève parfois un tumulus à plus de 3 mètres ; or, comme un homme pèse en moyenne une soixantaine de kilogrammes, pour édifier une construction en rapport avec le nid de l'oiseau, il devrait accumuler une montagne de terre qui aurait presque le double de la hauteur et de la masse de la grande pyramide d'Égypte !

« Cependant cette œuvre immense est probablement le résultat du travail d'un certain nombre de couples. Non seulement son ampleur l'indique, mais l'abondance d'œufs qu'on trouve enfouis au milieu des herbes et des feuilles qui y sont entassées. On en compte parfois jusqu'à cent, et même plus, dans chaque tumulus ; et, comme ils sont extrêmement gros et d'un goût agréable, la découverte de ces gîtes est toujours une bonne fortune pour les Australiens ; aussi s'en emparent-ils aussitôt qu'ils en rencontrent. Mais comme ils se trouvent enfouis à plus d'un mètre, la conquête en est toujours difficile et demande un long travail. Quand la ponte est terminée, les mégapodes abandonnent leur chef-d'œuvre et la progéniture qu'il recèle, la Providence leur ayant révélé qu'ils lui sont désormais inutiles.

« Doué d'un merveilleux instinct de chimiste, cet oiseau n'a rassemblé une telle quantité de substances végétales que pour confier l'incubation de ses œufs à leur fermentation. C'est en effet sur la chaleur que cette fermentation développe qu'il a compté pour le remplacer : ainsi la mère substitue à ses soins un véritable procédé scientifique.

« Réaumur proposait d'abandonner à la chaleur du fumier l'incubation des œufs de nos poules ; mais celui-ci les empoisonnait par ses vapeurs méphitiques. Le mégapode, plus judicieux que le célèbre académicien, emploie la fermentation des herbes et des feuilles, ce qui n'a pas le même inconvénient.

« Tout est extraordinaire dans l'histoire de cet animal. Au lieu de naître nu ou couvert de duvet, et de sortir de l'œuf incapable de pourvoir à sa subsistance, quand le jeune mégapode brise sa coquille, il est déjà pourvu de plumes propres au vol. A peine libre, il aspire l'air et la lumière, écarte les feuilles qui l'entourent et l'étouffent, monte sur la crête de son tumulus, sèche au soleil ses ailes encore humides et les essaye par quelques battements. Enfin, devenu rapidement confiant en ses forces et en sa fortune, après avoir jeté un regard inquiet et curieux sur la campagne environnante, le faible oiseau prend son essor dans l'atmosphère et abandonne à jamais son berceau ; il sait se nourrir en naissant ! »

Les *Alecthélies* ont la plus grande ressemblance avec les Mégapodes et habitent les mêmes parages. Leurs mœurs n'ont pas encore été étudiées.

Les *Talégalles* (fig. 153) habitent l'Australie et la Nouvelle-Guinée. Ils vivent dans les broussailles, à proximité de la mer. Leur mode de nidification est bizarre. Comme les *Mégapodes*, ils rassemblent une grande quantité de feuilles vertes, et en

forment un monceau conique de cinq à six pieds de hauteur.
C'est dans un trou pratiqué au bord de ce cône que la femelle dépose deux ou trois œufs, placés perpendiculairement
les uns à côté des autres. La chaleur produite par la fermentation, combinée avec celle du soleil, est ensuite suffisante
pour faire éclore les œufs.

Famille des Phasianidés. — Cette famille se subdivise en
plusieurs genres, ou tribus, savoir : les *Faisans*, les *Paons*,
les *Pintades*, les *Dindons* et les *Alectors*.

Fig. 154. Faisan commun.

La tribu des *Faisans* comprend non seulement les *Faisans
proprement dits*, mais encore les *Coqs*, les *Argus*, les *Houppi-
fères*, les *Tragopans*, les *Roulouls*. Leurs caractères sont les
suivants : tête nue, bec robuste; ailes courtes et vol lourd;
queue très développée; plumage extrêmement brillant, quelquefois splendide.

Tous ces oiseaux sont originaires de l'Asie. Les uns, comme

Fig. 155. Faisan doré.

les coqs, sont naturalisés sur toute la surface du globe depuis un temps immémorial; les autres, comme les faisans, sans être aussi répandus, n'en sont pas moins aujourd'hui fort communs dans un grand nombre de pays.

Les *Faisans* sont remarquables par la longueur démesurée de leur queue, dont les pennes médianes atteignent parfois jusqu'à 1ᵐ,50. Ce sont des oiseaux à la taille élancée, aux formes élégantes, au plumage éclatant, au moins chez les mâles, car les *faisanes* revêtent un costume beaucoup plus modeste. Ils ont les joues, ainsi que le tour des yeux, nus et verruqueux. Le sexe fort porte l'éperon.

On connaît quatre espèces de faisans, dont les mœurs ne diffèrent pas sensiblement : nous nous bornerons donc à présenter l'histoire du *Faisan commun* (fig. 154), qui est le plus répandu en Europe.

L'introduction du Faisan en Europe date de loin, s'il est vrai qu'elle remonte à l'expédition des Argonautes, c'est-à-dire 1300 ans avant Jésus-Christ. Les compagnons de Jason rencontrèrent cet oiseau sur les rives du Phase, en Colchide (d'où le nom de *faisan*). Frappés de sa beauté, ils le rapportèrent en Grèce, d'où il se répandit successivement sur tout le continent. Comme ils le croyaient propre au fleuve Caucasien, les Grecs l'appelèrent *oiseau du Phase;* mais on reconnut plus tard qu'il habite aussi toute la région méridionale de l'Asie (Chine, Cochinchine, Bengale, etc.).

On trouve aujourd'hui cet oiseau en France, en Angleterre, en Hollande, en Allemagne et jusqu'en Suède.

Les faisans se tiennent dans les plaines boisées et marécageuses. Leur nourriture, très variée, se compose des graines, de baies, de vers, d'insectes et d'escargots. D'un naturel farouche, ils s'envolent à la moindre apparence de danger. Ils vivent solitairement jusqu'au moment de la ponte. Alors les mâles se mettent en devoir de se composer un harem, car ils sont polygames. Ils se livrent, pour la possession des femelles, des combats tellement acharnés, que les plus faibles restent parfois sur le carreau.

Les faisans pondent à terre, au sein d'épais fourrés, douze à vingt-quatre œufs, dont l'incubation dure vingt-cinq jours.

La mère n'entoure pas ses petits de cette sollicitude qui est si remarquable chez d'autres oiseaux; elle semble même ne pas les connaître, car elle soigne indifféremment tous les *faisandeaux* qui l'entourent. On ne peut guère s'attendre d'ailleurs à une tendresse maternelle bien vive de la part d'une femelle qui ne craint pas de briser ses œufs pour s'éviter l'ennui de couver.

Les faisans ne brillent pas par l'intelligence; aussi, malgré leur défiance, tombent-ils très facilement dans tous les pièges qu'on leur tend. Pour les tuer, les braconniers rôdent le soir autour des grands arbres qui leur servent de perchoirs pendant la nuit. Lorsqu'ils sont *branchés*, ils se laissent fusiller sans chercher à s'enfuir.

En général, les faisans ne se reproduisent pas tout à fait librement sur le sol européen. On les élève dans de vastes enclos nommés *faisanderies*, où ils trouvent les conditions nécessaires à leur existence. Comme les femelles sont mauvaises couveuses, on a soin de faire couver leurs œufs par des poules.

Pendant les deux premiers mois de leur existence, les *faisandeaux* doivent être entourés des plus grands soins, car ils sont exposés à de nombreuses maladies. On les nourrit d'œufs de fourmis.

On ne rencontre le faisan à l'état sauvage que dans la Touraine, l'Alsace et le Berri. Sa chair est très savoureuse : les gourmets prétendent qu'elle ne doit être mangée que lorsqu'elle a atteint un degré avancé de putréfaction ; on dit alors qu'elle est *faisandée*, qualification qui a été étendue par analogie à une foule d'autres gibiers.

Une particularité très curieuse propre à certains oiseaux appartenant à la famille dont nous parlons, et qui est surtout remarquable chez le faisan, c'est que les vieilles femelles, quand elles sont devenues infécondes, prennent la voix et le plumage des mâles. On s'est assuré que les jeunes faisanes subissent les mêmes vicissitudes toutes les fois qu'elles sont privées accidentellement des organes reproducteurs.

Le *Faisan doré* (fig. 155) et le *Faisan argenté* (fig. 156) sont deux splendides oiseaux, originaires de la Chine et du Japon, qui commencent à se naturaliser en Europe. Le premier, revêtu de pourpre et d'or, porte sur la tête une belle huppe jaune; le second, au costume blanc et noir, n'est pas

Fig. 156. Faisan argenté.

inférieur en beauté au précédent. Linné l'a nommé *Nyctémère*
(la nuit et le jour).

Citons encore le *Faisan à collier*, peu différent du *Faisan
commun*, qui se propage rapidement en Europe depuis quelques
années ; — le *Faisan vénéré*, indigène en Chine, où il est pourtant assez rare et très recherché par la beauté de son plumage et la longueur extraordinaire de sa queue, qui mesure
chez certains individus jusqu'à 1ᵐ,50 : l'exportation de cet oiseau est, dit-on, sévèrement interdite ; — le *Faisan de Lady
Ammherst*, ainsi nommé parce que cette dame anglaise en ap-
porta deux spécimens vivants en Europe, présente aussi les
tons les plus riches.... J'en passe et des meilleurs, comme il
est dit dans *Hernani*, à la Comédie-Française.

A côté du *Faisan* se place l'*Argus* (fig. 158, page 253), oiseau
au magnifique plumage, qui habite les forêts de Java et de
Sumatra. Il ne diffère du faisan que par les tarses, plus longs
et dépourvus d'éperons, et par le développement extraordinaire des pennes secondaires des ailes; la queue est large,
arrondie, et les deux pennes médianes sont extrêmement longues et toutes droites. Lorsqu'il piaffe autour de sa femelle,
étale ses ailes et fait la roue, cet oiseau présente à l'œil ébloui
du spectateur deux splendides éventails d'une teinte bronzée,
sur lesquels sont répandues à profusion les taches ocellées
à reflets de satin qui lui ont valu son nom d'*Argus*. Dans les
circonstances ordinaires, les ailes sont repliées sur les flancs
et n'attirent point le regard. Ce luxuriant plumage n'appartient qu'au mâle.

L'Argus est très farouche; ses mœurs sont peu connues.

Les caractères généraux du *genre Coq* sont les suivants : bec
médiocre, courbé et robuste; tête surmontée d'une crête
charnue, rouge et dentelée; mandibule inférieure garnie de
deux barbillons pendants, également rouges et charnus;
tarses assez longs, armés d'un éperon acéré; ailes courtes,
concaves et obtuses; queue tectiforme, arquée et retombant
en panache, à pennes médianes très développées; plumage
brillant, à reflets métalliques.

Ce signalement s'applique exclusivement aux mâles. Les

poules, plus humbles en leur toilette, méprisent ces avantages extérieurs. Leur costume est terne et sans apparat; leur queue, droite et légèrement relevée, se maintient dans des proportions raisonnables. Leur crête est réduite à sa plus simple expression et elle disparaît même complètement chez certaines espèces. Enfin leurs jambes sont dépourvues d'arme meurtrière. Elles sont aussi de moindre taille et vocifèrent moins vigoureusement que les coqs.

La domestication du coq remonte aux temps antéhistoriques : on ne peut donc faire que des conjectures sur la patrie primitive et l'espèce d'où sont sorties les nombreuses variétés actuellement répandues dans toutes les contrées du monde. Cette espèce paraît être l'une de celles qui vivent encore à l'état sauvage, dans l'Inde et les îles de l'archipel Indien. Peut-être même celles-ci constituent-elles autant de types qui ont donné naissance à nos principales races domestiques, et qui se sont partagées plus tard en un certain nombre de variétés.

Quelle que soit l'opinion que l'on adopte, on doit reconnaître que, parmi les espèces indigènes en Asie, c'est le *Coq bankiva* qui se rapproche le plus de notre coq de village. Cet oiseau habite Java, Sumatra et les Philippines. Viennent ensuite le *Coq Sonnerat*, le *Coq Lafayette*, le *Coq Ayam-Alas*, le *Coq sans queue*. Le *Coq géant* ou *Jago* est la plus grande espèce du genre. On le considère, non sans raison, comme la souche de nos races les plus volumineuses (*Coq russe, Coq de Padoue, Coq de Caux*). Il vit à l'état sauvage à Java et à Sumatra, mais les Mahrattes l'ont réduit en domesticité. Le *Coq nègre* offre un cas très remarquable de mélanisme : la crête, les barbillons, l'épiderme, le périoste et les plumes de cette espèce sont noirs; mais la chair est blanche. Le *Coq nègre*, très répandu en Belgique et en Allemagne, vit encore aujourd'hui en liberté dans les Indes. Toutes ces espèces habitent d'épaisses forêts, et leurs mœurs sont complètement inconnues. En conséquence, arrivons sans plus tarder à l'histoire du coq domestique.

Le coq est épais et massif, mais sans lourdeur. Sa démarche, fière et assurée, n'est pas dépourvue de quelque noblesse. Sans être habile coureur, il se meut avec une certaine vitesse; mais dès qu'il s'agit de voler, son incapacité se révèle : c'est à peine s'il peut s'élever à quelques mètres, comme si la na-

Fig. 157. Chasse du Faisan.

ture l'avait destiné à vivre toujours à côté de l'homme, attaché au sol qui les nourrit l'un et l'autre.

Le coq est le parfait modèle du sultan : il traîne tout un sérail à sa suite. Son amour est un curieux mélange d'attentions délicates et de brutalités révoltantes. Voyez-le se promenant au milieu de ses compagnes : il n'est pas de petits soins auxquels il ne se croie obligé pour leur être agréable. Il les dirige, les protège, veille sur elles, avec une tendresse inquiète ; s'il trouve quelque morceau succulent, il veut les en faire profiter. Quand arrive l'heure des repas, il adoucit sa voix pour les engager à venir becqueter le grain répandu sur la terre. Mais quelquefois il est cruel et brutal, tant pour les poules que pour les poussins.

D'un caractère ardent, le coq ne peut souffrir un rival à ses côtés. Aussi la guerre est-elle inévitable lorsque deux coqs habitent la même basse-cour. L'œil étincelant, la tête baissée, les plumes du cou hérissées, les deux adversaires s'observent quelque temps en silence. Enfin, l'orage qui gronde en eux éclate avec violence. Ils se précipitent l'un contre l'autre et s'accablent mutuellement de coups de bec et d'éperon : la terre est rougie de leur sang. Ces luttes, qui durent quelquefois une heure, ne cessent que pour recommencer le lendemain ; elles ne prennent fin que lorsqu'un des champions succombe ou que, reconnaissant la suprématie du vainqueur, il lui abandonne la place.

Le coq emploie quelquefois son courage et sa force à des luttes plus nobles. Il ne craint pas, en certaines occasions, d'exposer sa vie pour la défense de la basse-cour.

L'homme, qui sait utiliser jusqu'aux mauvais instincts des animaux, n'a pas manqué d'exploiter, en vue de ses plaisirs, le naturel batailleur du coq. Dans l'antiquité, les Grecs se plaisaient singulièrement aux combats de coqs ; les coqs de Rhodes étaient particulièrement renommés pour leurs qualités guerrières. On raconte que Thémistocle, marchant contre les Perses qui avaient envahi la Grèce, et voyant ses troupes découragées avant la bataille, leur fit remarquer l'acharnement qu'apportaient les coqs dans leurs combats. Puis il ajouta :

« Ces animaux ne déploient tant de courage que pour le seul plaisir de vaincre ; et vous, soldats, vous allez combattre pour vos dieux, pour le tombeau de vos pères, pour vos enfants, pour votre liberté! »

Ces paroles ranimèrent l'ardeur défaillante des phalanges grecques, et les Perses furent vaincus. En mémoire de cet évènement, les Athéniens consacrèrent dans l'année un jour spécial aux combats de coqs.

Les Romains empruntèrent ce passe-temps à la Grèce. Aujourd'hui les combats de coqs sont encore en honneur dans une partie de l'Orient, de l'Asie, dans toutes les îles de la Sonde, chez les Chinois. A Java et à Sumatra, ce divertissement est poussé jusqu'à la folie. Les habitants de ce pays ne voyagent presque jamais sans porter un coq sous le bras. Il n'est pas rare de voir des parieurs engager, non seulement leur fortune, mais encore leur femme ou leur fille, sur la force et l'adresse d'un coq réputé invincible.

Personne n'ignore que les combats de coqs sont un des grands plaisirs des Anglais.

Henri VIII avait institué des règlements pour ce spectacle populaire. A son exemple, la plupart des rois d'Angleterre protégèrent ces amusements. Charles II et Jacques II le prirent sous leur protection spéciale. A cette époque, les combats de coqs étaient une véritable science, qui avait son code et ses lois. De volumineux règlements déterminaient les circonstances du combat et fixaient les intérêts des parieurs. Aujourd'hui, ce plaisir est devenu, en Angleterre, le privilège à peu près exclusif des gens du peuple. C'est la grande joie de John Bull.

Les combats de coqs sont annoncés à son de trompe, par les crieurs publics, qui font connaître avec précision le jour, l'heure et jusqu'au nom des champions emplumés. La foule accourt, les paris s'établissent, et s'élèvent souvent à des sommes considérables. L'assistance contemple avec une joie barbare les péripéties du combat acharné que se livrent les deux adversaires, se jetant avec fureur l'un contre l'autre, armés chacun d'un éperon d'acier tranchant et aigu, attaché à la patte (fig. 160, page 257). La lutte ne se termine que par la mort de l'un des combattants, et le vainqueur est promené en triomphe dans la foule. Mais son triomphe est de peu de durée. On les ramène au combat; l'éperon d'un nouvel adver-

Fig. 158. Argus.

saire ne tarde pas à l'atteindre, et il tombe à son tour, expirant, dans l'arène. Le vainqueur sur lequel reposaient tout à l'heure tant d'intérêts, qui excitait tant d'admirations et d'éloges enthousiastes, n'est plus maintenant qu'un vil gibier, destiné au repas de quelque goujat du canton.

Sous des dehors modestes et pacifiques, les poules cachent un caractère assez turbulent. On les entend sans cesse caqueter et se quereller entre elles. On peut même leur reprocher une certaine dose de cruauté. Si quelqu'une de leurs compagnes est malade ou blessée, elles se réunissent pour l'achever ; elles mettent un terme tout à la fois à la souffrance et à la vie. Lorsqu'une étrangère survient dans le poulailler, on lui fait le plus mauvais accueil, on l'accable de coups, et on ne cesse les hostilités qu'au bout de plusieurs jours, ou dans le cas de protection déclarée de la part du coq, seigneur et maître en ces lieux.

Les poules se nourrissent de tout. C'est ce qui les rend si précieuses pour l'habitant de la campagne, car elles donnent des profits sans occasionner d'autre dépense que celle de quelques poignées de grains le matin et le soir. Graines, herbes, vers, insectes, chair morte ou vivante, débris de toutes sortes leur conviennent parfaitement.

En France, les poules commencent à pondre vers le mois de février, et cessent vers les premiers jours d'automne, à l'époque de la mue ; on peut même les faire pondre en hiver, en leur donnant une nourriture échauffante. Leur ponte comporte quotidiennement un œuf ; quelquefois, mais rarement, deux. L'accouplement n'exerce aucune influence sur la ponte, c'est-à-dire que les poules pondent parfaitement sans coq ; mais alors leurs œufs sont *clairs* ou inféconds, et ne peuvent être utilisés que comme aliments.

Tout le monde connaît le cri de la poule, lorsqu'elle vient de pondre. Quand elle a pondu une vingtaine d'œufs, elle manifeste le besoin de couver. Si on veut lui donner cette satisfaction, on lui laisse quinze ou vingt œufs, qu'on place dans un panier garni de paille. Elle s'accroupit alors sur son trésor, en poussant un gloussement particulier, étend ses ailes, et couve avec tant de persévérance, qu'elle en oublie, pour ainsi dire, le boire et le manger, si bien qu'on est obligé de lui porter sa nourriture. Pendant vingt et un jours, les

œufs sont ainsi maintenus à une température uniforme
d'environ 40° centigrades. Au bout de ce temps, les poulets
brisent leur coquille, et font quelques pas en chancelant.

La poule remplit ses devoirs de mère avec un dévouement
et une tendresse incomparables. Elle suit ses poussins pas à
pas, les rappelle lorsqu'ils s'écartent trop, cherche leur nourriture et ne songe à elle-même qu'autant qu'ils sont rassasiés.
Elle les réchauffe, les protège et les défend contre toute en-

Fig. 159. Coq, Poules et Poussins (espèces communes de France).

treprise agressive. Un oiseau de proie se montre-t-il, elle se
précipite à sa rencontre, crie, saute, s'agite, et prend une attitude si menaçante qu'elle réussit quelquefois à mettre en
fuite le ravisseur.

Les poulets se développent assez promptement. Au bout
d'un mois ils prennent la crête. A six mois les coqs ont déjà
acquis la vigueur nécessaire pour la reproduction. Les poules
commencent à pondre vers la même époque.

L'âge de trois mois est celui qu'on choisit pour transformer

Fig. 160. Un combat de Coqs en Angleterre.

les poulets en *chapons* et *poulardes*. On nomme ainsi des individus qui, préalablement privés des organes sexuels, et engraissés ensuite d'une manière spéciale, acquièrent une saveur et une délicatesse de chair toutes particulières.

Les poulardes et les chapons, en perdant la faculté génératrice, perdent aussi les caractères inhérents à leur sexe. La poule tourne au coq, et l'humeur de ce dernier s'adoucit à tel point qu'il consent à élever des poussins, et à remplacer leur mère, absente pour cause de ponte.

On arrive à ce résultat en lui arrachant les plumes du ventre, et en le lui frottant ensuite avec des orties. Les poulets, en se glissant sous lui, adoucissent les douleurs que lui causent les piqûres; aussi reçoit-il avec plaisir ses jeunes consolateurs; bientôt il s'attache à eux, et leur tient lieu de mère. C'est dans les départements de la Sarthe et de l'Ain qu'on élève les poulardes les plus renommées.

On remplace quelquefois les poules couveuses par *l'incubation artificielle*.

Dès les temps les plus anciens, on eut recours à ce moyen, en Égypte, pour augmenter la production des poulets. Le procédé qui servait, et qui sert encore dans l'Égypte moderne, à obtenir ce résultat, consiste à placer les œufs dans des fours maintenus pendant 21 jours à une température uniforme de 40°. On produit annuellement, par ce moyen, cent millions de poulets en Égypte. Il faut croire que l'opération, quelque simple qu'elle paraisse, n'est pas sans difficulté, ou que le climat de l'Afrique joue ici un certain rôle, car les essais tentés en France n'ont jamais été couronnés de succès.

Dans les îles de la Sonde, l'incubation artificielle s'accomplit d'une autre façon. On trouve des hommes qui, moyennant un faible salaire, se résignent à rester pendant trois semaines, étendus et immobiles, sur des œufs placés dans des cendres.

L'antiquité nous a légué le récit d'une curieuse incubation faite à Rome par l'impératrice Livie. Cette princesse étant grosse et désirant avoir un fils, imagina de couver un œuf dans son sein, afin de tirer un pronostic du sexe du poulet. L'opération fut menée à bien, et l'œuf ayant produit un coq, Livie en conclut que ses vœux seraient exaucés : ce qui se réalisa, car elle mit au monde Tibère, un assez vilain oiseau, comme chacun sait.

Les genres *Houppifère*, *Tragopan*, *Rouloul* appartiennent à l'Inde ou aux îles de la Sonde et sont tous remarquables par l'éclat de leurs couleurs.

Le *Houppifère*, dont le nom veut dire *porteur de huppe*, a beaucoup de ressemblance avec le coq. Le *Tragopan*, que Buffon appelle *faisan cornu*, tient du coq et du faisan; il est reconnaissable à deux petites cornes grêles qui garnissent la tête du mâle. Enfin le *Rouloul*, ou *Cryptonyx*, a le chef orné d'une huppe fuyante d'un beau rouge. Tous ces oiseaux vivent à l'état sauvage et n'ont pas encore reconnu l'empire de l'homme; on est peu renseigné sur leurs mœurs, mais elles s'éloignent peu probablement de celles des coqs et des faisans.

Les *Pintades* ont la tête petite, le bec et le cou courts, la queue également courte et pendante, les tarses très bas et dépourvus d'ergots, le corps arrondi, les ailes courtes et concaves. La tête porte une crête calleuse d'un bleu rougeâtre, remplacée parfois par une huppe. Des barbillons charnus pendent sous le bec.

La *Pintade ordinaire* (fig. 161) a le plumage ardoisé, couvert de taches blanches; elle est originaire d'Afrique, et son introduction en Europe date de fort loin. Elle était très connue des Grecs et des Romains. Les premiers en avaient fait l'emblème de l'attachement fraternel. Suivant eux, les sœurs de Méléagre ressentirent une telle douleur de la mort de leur frère, que Diane les changea en pintades pour terminer leurs maux. La déesse voulut, en outre, que leur plumage portât la trace de leurs larmes : c'est pourquoi leur plumage est semé de taches blanches.

Les Romains, qui estimaient beaucoup la chair de ces oiseaux, les élevaient avec le plus grand soin, pour les faire figurer dans leurs festins. Mais, à la suite de l'invasion des Barbares, elles disparurent de l'Europe, et pendant tout le moyen âge on n'en entendit plus parler. Les Portugais, qui les retrouvèrent en Afrique en se rendant aux Indes, les réimportèrent en Europe, où elles se sont depuis multipliées dans nos basses-cours.

Cependant le caractère turbulent et querelleur des pintades, leurs cris bruyants et désagréables sont des obstacles
sérieux à leur propagation. Elles ont sans cesse maille à
partir avec les poules et les dindons, et quoique moins fortes
que ceux-ci, elles ne craignent pas de les combattre. On les
voit se précipiter sur les poussins des autres oiseaux, et leur
fendre le crâne d'un coup de bec. Elles montrent plus d'attachement pour les leurs; mais il en est qui s'occupent si peu
de leur jeune famille, qu'on est obligé de la faire élever par
des poules ou des dindons. Ce sont, en général, de mauvaises couveuses; mais leur fécondité est très grande, et lors-

Fig. 161. Pintade.

qu'elles sont bien nourries, elles peuvent fournir jusqu'à
cent œufs par an. Ces œufs sont excellents; certains amateurs
les trouvent même supérieurs à ceux de la poule. Leur chair,
pourtant fort bonne, n'est pas très recherchée.

Les pintades, dont on connaît maintenant plusieurs espèces,
vivent, à l'état sauvage, dans certaines parties de l'Afrique;
elles sont très nombreuses en Arabie. On les trouve par petites bandes, composées d'un mâle et de plusieurs femelles,
dans les lieux voisins des marécages. Transportées en Amérique, après la découverte de ce continent, elles s'y sont
parfaitement acclimatées, et s'y reproduisent aujourd'hui
en pleine liberté, au sein des forêts et des savanes.

Les *Dindons* sont des oiseaux de grande taille, qui se distinguent facilement des autres gallinacés par les caractères suivants. Ils ont la tête et le cou nus, décorés d'appendices charnus ; celui de la tête, qui retombe en avant sur le bec, est susceptible de se gonfler et de se redresser sous l'influence de la colère ou de l'amour. A la base du cou pend un pinceau de poils, longs et raides, semblables à des crins. Les tarses sont robustes et pourvus d'un éperon peu développé ; enfin la queue est arrondie, de longueur moyenne, et peut s'épanouir en éventail : on dit alors que l'oiseau *fait la roue.*

Le *Dindon commun* est originaire de l'Amérique septentrionale, où il vit encore à l'état sauvage. On le rencontre fréquemment dans les forêts qui bordent les grands fleuves de ce pays, tels que le Mississipi, le Missouri et l'Ohio. C'est là qu'il faut l'étudier, pour s'en faire une idée exacte. Le dindon dégénéré par la servitude ne peut nous offrir qu'une notion bien imparfaite de la primitive espèce.

La couleur du *Dindon sauvage* (fig. 162) est le brun, à reflets bleus et verts, d'un éclat métallique. Le mâle mesure ordinairement 1ᵐ,30, et pèse en moyenne de 8 à 9 kilogrammes. Le naturaliste américain Audubon dit en avoir vu un qui pesait 18 kilogrammes. La femelle est beaucoup plus petite, et son poids ne dépasse guère 5 kilogrammes ; son plumage est moins riche que celui du mâle.

On comprend sans peine qu'un oiseau aussi lourd vole difficilement. Le dindon sauvage peut parcourir en l'air une distance assez grande, mais il ne s'y décide que lorsque tout autre moyen de locomotion lui est refusé. En revanche, il court avec une rapidité surprenante : il distance le chien le plus rapide, et ne se laisse forcer qu'après une poursuite de plusieurs heures. Il accomplit à pied de longs voyages, qui n'ont rien de périodique, et dont la cause déterminante paraît être le manque de subsistance, à un moment donné, dans la contrée qu'il habite.

C'est ordinairement vers les premiers jours d'octobre que commencent ses migrations. Les dindons se réunissent alors par troupes de dix à cent individus, et s'acheminent vers les régions qu'ils ont choisies pour leur demeure nouvelle. Les mâles forment des groupes séparés des femelles, qui marchent

de leur côté entourées de leur jeune famille. Cette habitude
est inspirée aux femelles par la nécessité de soustraire leurs
petits à la brutalité des vieux mâles, qui les tuent lorsqu'ils
les rencontrent.

Il arrive quelquefois que les bandes émigrantes sont arrê-

Fig. 162. Dindon sauvage.

tées par un cours d'eau. Les dindons montrent alors une
grande agitation ; ils font la roue, poussent de fréquents *glou-
glous*, en se livrant à des démonstrations extravagantes. Au
bout d'un ou deux jours seulement, après avoir inspecté les
alentours, ils montent sur la cime des plus hauts arbres, et
prennent leur essor pour traverser l'obstacle. Il y en a tou-

jours quelques-uns, parmi les jeunes, qui tombent à l'eau; mais ils savent parfaitement s'en tirer à la nage. Lorsqu'ils ont atteint le bord opposé, ils courent çà et là, comme atteints de délire, et il est très facile de les tuer.

C'est vers le milieu du mois de février que ces oiseaux s'apparient. Les femelles pondent vers le milieu d'avril.

A cette époque, elles s'enfuient en un lieu ignoré du mâle, car celui-ci briserait leurs œufs. Chacune creuse un trou en terre, le garnit de feuilles sèches, et y dépose de dix à quinze œufs, qu'elle couve avec une persévérance digne d'éloges. Sous ce rapport, elle est supérieure à tous les gallinacés, même à la poule domestique. Lorsqu'elle quitte ses œufs pour aller chercher sa nourriture, elle a toujours soin de les recouvrir de feuilles, afin de les soustraire au regard du renard, du lynx et de la corneille, qui en sont très friands.

L'incubation dure trente jours environ. Lorsque approche l'époque de l'éclosion, aucune puissance ne peut forcer la mère à abandonner son nid, aucun péril n'est capable de lui faire négliger ses douces fonctions.

Les dindonneaux courent en naissant, grandissent sous les ailes maternelles, et ne s'en séparent qu'au bout de plusieurs mois.

Les dindons sauvages ont des ennemis très redoutables. L'homme d'abord, puis le lynx et les grands-ducs leur font une guerre acharnée. Aussi leur méfiance est-elle grande; ils s'enfuient, quand ils sont à terre, à la moindre apparence de danger. Il en est tout autrement s'ils sont accroupis sur les branches des arbres : on peut alors s'en approcher et les tuer. Lorsque la lune brille dans un ciel clair, les chasseurs américains vont se poster sous les arbres où les dindons perchent en commun. Dans cette situation, ils reçoivent plusieurs décharges sans faire le moindre mouvement et se laissent abattre les uns après les autres. On a peine à s'expliquer une pareille apathie, surtout lorsqu'on connaît leur empressement à décamper devant le hibou. C'est au peu d'intelligence qu'ils montrent en cette circonstance, ainsi qu'à leur port disgracieux et à leurs attitudes embarrassées, qu'il faut sans doute attribuer la réputation de stupidité faite aux dindons.

Cet oiseau donne pourtant quelquefois des preuves d'intelligence, comme le prouve le fait suivant, rapporté par Audubon.

Il avait élevé, dès sa plus tendre jeunesse, un dindon sauvage, qui était devenu d'une familiarité extrême; mais chez cet oiseau l'amour de l'indépendance était resté assez vif pour qu'il ne pût s'accoutumer à la vie cloîtrée des dindons domestiques. Aussi jouissait-il de la plus grande liberté; il allait, venait, passait presque tout son temps dans les bois, et ne rentrait au logis que le soir. Un jour, il ne revint pas, et depuis ce moment il ne parut plus. A quelque temps de là, Audubon, étant en chasse, aperçut un superbe dindon sauvage, sur lequel il lança son chien. Mais, à sa grande surprise, l'oiseau ne prit pas la fuite, et le chien, au lieu de le saisir lorsqu'il l'eut rejoint, s'arrêta, et tourna la tête vers son maître. Plus grande encore fut la stupéfaction du chasseur, lorsque, s'étant rapproché, il reconnut son ancien pensionnaire. Ainsi ce dindon avait reconnu le chien de son maître et il avait compris qu'il ne lui ferait aucun mal, sans cela il eût détalé tout de suite.

Les dindons se nourrissent d'herbes, de céréales, de fruits et de baies de toute espèce. Ils aiment beaucoup les glands; et leur goût pour le blé et le maïs est tel, qu'ils entrent fréquemment dans les champs cultivés pour s'en repaître, et y causent les plus grands ravages. Ils prennent aussi, à l'occasion, des insectes coléoptères, des grenouilles et des lézards. A l'état domestique, on en voit même qui tuent et mangent des rats.

Une particularité curieuse de l'histoire du dindon, c'est son horreur du rouge. La vue d'un objet écarlate le fait entrer dans des fureurs comiques, qu'on s'amuse souvent à provoquer dans les basses-cours.

Nous n'avons pas à vanter les qualités comestibles du dindon domestique : chacun est fixé à cet égard. Nous dirons seulement que, d'après le témoignage de plusieurs voyageurs et naturalistes, qui ont été à même de l'apprécier, la chair du dindon sauvage, tué en hiver ou au printemps, avant la ponte, est bien supérieure à celle de l'oiseau domestique.

Le dindon, étant propre à l'Amérique, ne fut naturellement pas connu des anciens; ce n'est qu'après la découverte du

Nouveau-Monde qu'on le transporta dans notre hémisphère.
On n'est pas d'accord sur la date précise de son importation
en France. Il y fut introduit, suivant les uns, dès la fin du
quinzième siècle; suivant d'autres, au commencement du
seizième seulement. Anderson prétend que les premiers dindons élevés et mangés en France furent servis aux noces de
Charles IX, en 1570.

Le *Dindon ocellé* est un des plus beaux gallinacés; son plumage est magnifique; sa queue est émaillée de larges miroirs
bleus, entourés de cercles d'or et de rubis. Il habite la baie
de Honduras, où on l'a découvert récemment.

La *Tribu des Paons* comprend les genres *Paon, Éperonnier,*
Lophophore.

Ce qui distingue essentiellement les *Paons* des autres gallinacés, c'est la queue immense et splendide dont la nature
les a doués. Cette queue, formée de plumes longues, larges et
touffues, colorées des nuances les plus riches, est susceptible
de se relever, comme celle du dindon. Lorsqu'on contemple
ce magnifique manteau, où la pourpre et l'or se marient aux
tons les plus chatoyants de l'émeraude; lorsqu'on arrête ses
regards sur les yeux innombrables et brillants dont il est parsemé; lorsque, embrassant dans son ensemble la physionomie
de ce bel oiseau, on détaille avec ravissement une taille
élevée et bien prise, des formes élégantes, un port noble, et
par-dessus tout une aigrette mobile et déliée, emblème de
royauté, couronnant le sommet de la tête, on ne peut se défendre d'une vive admiration, et l'on accorde spontanément
la palme de la beauté à l'être privilégié qui réunit tant de
merveilles.

Le paon était connu dès la plus haute antiquité; car il est
cité dans la Bible comme un des produits les plus précieux
rapportés d'Asie par les flottes du roi Salomon. C'est à la
suite de l'expédition d'Alexandre dans l'Inde qu'il fit son apparition en Grèce. Alexandre fut, dit-on, si émerveillé à la
vue de ces oiseaux, qu'il défendit de les tuer, sous les peines
les plus sévères. Ils furent longtemps très rares à Athènes, et
d'un prix fort élevé; le peuple des villes voisines accourait en
foule pour les contempler. Des Grecs ils passèrent chez les

Romains, et ce peuple, plus amoureux des plaisirs de la table que d'un pur spectacle des yeux, ne tarda pas à les faire figurer dans ses festins. Bientôt ils se multiplièrent dans les basses-cours des riches patriciens, et l'on vit des empereurs,

Fig. 163. Paon domestique.

tels que Vitellius et Héliogabale, se faire servir des plats de cervelles de paons. Aussi le prix de ces oiseaux devint-il excessif à Rome. Peu à peu l'usage s'en répandit dans tout l'empire, et c'est ainsi que le paon se naturalisa en Europe.

Pendant plusieurs siècles, sa chair, exquise et délicate, fut en très grande faveur; mais l'importation du faisan, et plus tard celle du dindon, lui portèrent un coup funeste. Ce n'est guère que pour récréer la vue qu'on élève aujourd'hui le paon, et même quand on le fait paraître dans les repas de cérémonie, le maître d'hôtel prend-il soin d'étaler sa brillante queue, comme le plus bel ornement de la table.

Le *Paon domestique*, qui fait aujourd'hui l'orgueil de nos jardins et de nos parcs, est originaire de l'Inde et des îles de l'archipel Indien. C'est là qu'il vit encore, par grandes troupes, dans l'épaisseur des bois. Il est très abondant, au dire du colonel Williamson. Ce voyageur, s'étant arrêté un jour dans le district de Jungleterry, ne compta pas moins de douze à quinze cents de ces oiseaux, à portée de sa vue.

Le paon court avec une telle rapidité, qu'il échappe souvent aux poursuites des chiens; mais il prend difficilement son essor, et vole lourdement, bien qu'il soit capable de parcourir en volant des distances assez considérables. Il se nourrit de grains de toutes sortes, qu'il avale sans les broyer. Le soir, il va se percher à la cime des plus hauts arbres, pour s'y livrer au repos de la nuit.

Ce penchant pour les lieux élevés persiste dans l'état de domesticité. Le paon affectionne les toits des maisons, sur lesquels il s'acharne, par parenthèse, d'une terrible façon, dispersant les tuiles ou dévorant le chaume, selon les cas. L'instinct dévastateur paraît d'ailleurs très développé chez lui. Il commet d'affreux dégâts dans les champs cultivés toutes les fois qu'il en trouve l'occasion. Il peut alléguer, il est vrai, dans cette circonstance, la nécessité de pourvoir à sa nourriture; mais il est sans excuse lorsque, se ruant sur les plates-bandes de l'horticulteur, il y porte le désordre, et semble prendre plaisir à déterrer les semences et à arracher les fleurs.

Le paon pousse, de temps à autre, un cri assourdissant, qui contraste désagréablement avec son étincelant plumage. On voudrait un organe plus harmonieux dans un corps aussi magnifique; mais quel est l'animal qui peut réunir toutes les perfections?

Il est polygame. Dès les premiers jours du printemps, le mâle fait miroiter aux yeux des femelles toutes les splendeurs de son costume; il se pavane, fait la roue, se complaît dans la vue de sa personne, et recueille avec bonheur les cris d'admiration qu'arrache la vue de ses charmes. Sa vanité est sans bornes : l'encens de ses poules ne lui suffit pas, il lui faut encore les éloges de l'homme. Lorsqu'il s'aperçoit qu'on le regarde, il étale avec complaisance toutes les richesses de son prodigieux écrin. Passé maître en l'art de plaire, il sait se ménager d'habiles transitions d'ombre et de lumière, afin de se présenter sous son jour le plus avantageux; et lorsqu'on l'admire selon ses vœux, il se trémousse d'aise, et marque son contentement par des trépignements réitérés.

A la fin d'août ses belles plumes tombent, pour ne repousser qu'au printemps. On a dit à ce propos que le paon, honteux d'avoir perdu ce qui faisait son orgueil, fuit les regards de l'homme. On s'expliquera mieux le fait, si l'on songe que l'époque de la mue est, pour cet oiseau comme pour tous les autres, une période de véritable maladie. Il se retire dans la solitude, pour y trouver le calme et la tranquillité que réclame cet état critique.

La femelle du paon sauvage dépose de vingt à trente œufs dans un trou creusé en terre. Elle est beaucoup moins féconde en domesticité; sa ponte varie alors entre six et dix œufs. Elle prend les plus grandes précautions pour dérober son nid aux investigations du mâle, qui brise ses œufs quand il les trouve. L'incubation dure de vingt-sept à trente jours. Les petits suivent leur mère en naissant. A six mois, ils sont réputés adultes, et ils ont atteint à trois ans leur développement complet.

Les femelles des paons, comme celles des faisans et des coqs, prennent le plumage des mâles, lorsque l'âge les a rendues infécondes, ou qu'une atrophie prématurée des ovaires les a frappées de stérilité.

Le paon vit de vingt-cinq à trente ans; c'est à tort que certains auteurs lui ont attribué une longévité de cent ans.

Les *Éperonniers* doivent leur nom à la surabondance d'éperons dont ils sont armés; les mâles en possèdent toujours deux, quelquefois trois. Ces oiseaux ont, comme le paon, le plumage parsemé d'ocellations éclatantes; mais leur queue

est moins longue et n'est pas susceptible de s'épanouir. On
en connaît trois ou quatre espèces, qui habitent l'Inde, la
Chine, les îles de Sumatra et de Bornéo; leurs mœurs n'ont
pas encore été étudiées.

Les *Lophophores*, dont le nom veut dire *porte-aigrette*, ne
sont guère mieux connus que les Éperonniers. On sait seulement qu'ils aiment les climats froids, ce que démontre suffisamment leur prédilection pour les sommets élevés de l'Hi-
malaya. On n'a pas encore réussi à les acclimater en Europe.

Le *Lophophore resplendissant* est un des plus brillants gal-

Fig. 164. Lophophore resplendissant.

linacés. Son plumage, chamarré des couleurs les plus vives,
lui a valu dans l'Inde un nom très significatif : on l'appelle
l'*oiseau d'or*.

Cuvier a réuni, sous le nom d'*Alectors*, un certain nombre
d'oiseaux d'Amérique qui ont quelque ressemblance avec le
coq (en grec ἀλέκτωρ), et les a répartis en plusieurs genres,
à savoir : les *Hoccos*, les *Pauxis*, les *Pénélopes*, les *Parraquas*, les *Hoazins*.

Les *Hoccos* sont analogues, pour la forme et la taille, aux
dindons, dont ils sont les représentants dans l'Amérique mé-

ridionale. Dépourvus d'éperons, ils portent sur le crâne une large huppe, formée de plumes contournées et érectiles. Ils vivent par troupes nombreuses, au sein des forêts, et cherchent ensemble les graines, les baies et les bourgeons, dont ils se nourrissent. D'un naturel très doux, ils se plient parfaitement à la domesticité; alors ils deviennent très familiers et se montrent sensibles aux caresses de leur maître. Sonnini raconte qu'il en a vu errer librement dans les rues de Cayenne, retrouver sans hésitation leur gîte et sauter sur les tables pour y prendre leurs repas. Leur chair est exquise, et digne, en tous points, de la faveur des gastronomes.

Fig. 165. Hocco.

Ces qualités diverses assigneraient aux hoccos une place honorable dans nos basses-cours. Il est donc fâcheux qu'on n'ait pas cru devoir renouveler les tentatives d'acclimatation de cet oiseau, que fit au commencement de notre siècle l'impératrice Joséphine.

Les *Pauxis* diffèrent peu, physiquement, des hoccos, dont ils ont aussi le caractère et les habitudes; comme eux, ils s'habituent très facilement à la servitude.

Les *Pénélopes* et les *Parraquas* sont deux genres d'oiseaux très voisins l'un de l'autre, et qui ont de l'analogie avec les faisans, mais seulement sous le rapport des formes générales.

Ils possèdent, en effet, le caractère confiant et paisible des hoccos et des pauxis, et supportent aisément la domination de l'homme. Leur chair est délicieuse; ils mériteraient donc d'être acclimatés.

Les *Hoazins* habitent les savanes humides de la Guyane. Leur chair, qui exhale une forte odeur, due sans doute au végétal dont ils se nourrissent exclusivement, est loin d'être agréable.

PIGEONS.

Les *Pigeons* établissent une transition entre les vrais Gallinacés et les Passereaux : ils participent, en effet, des uns et des autres. Tandis qu'ils se rapprochent des premiers par les caractères anatomiques et purement matériels, comme la structure du bec, du sternum et du jabot, ils se rattachent aux seconds par leurs formes élégantes, leurs mœurs paisibles et l'ensemble de leurs habitudes.

Comme les Passereaux, ils sont monogames; le mâle et la femelle procèdent ensemble à l'édification du nid, et partagent les soins de l'incubation et de l'éducation des petits. Ceux-ci naissent aveugles, couverts seulement d'un léger duvet, et complètement incapables de courir comme le font les jeunes gallinacés.

Les pigeons naissent ordinairement au nombre de deux, parmi lesquels, fait très curieux, il y a presque toujours un mâle et une femelle. Ils ne quittent le nid que lorsqu'ils ont acquis assez de vigueur pour voler de leurs propres ailes. Dès les premiers temps de leur existence ils ne reçoivent de leurs parents d'autre nourriture qu'une sorte de bouillie, sécrétée par les parois de l'œsophage. Mais, au bout de quelques jours, le père ou la mère leur dégorgent dans le bec les aliments qu'ils viennent d'ingérer, et c'est ainsi que les *pigeonneaux* croissent et prospèrent. Lorsqu'ils sont suffisamment développés, ils se réunissent aux adultes, et tous ensemble s'en vont, par grandes troupes, à la recherche d'un climat plus doux, ou d'une nourriture plus abondante. Le départ a lieu au printemps.

Ce qui les distingue encore des vrais gallinacés, c'est qu'ils ont le pouce inséré au niveau des autres doigts, et qu'ils peuvent conséquemment percher. Presque tous les pigeons, en effet, passent leur vie sur les arbres. Leur nourriture se compose principalement de graines, de baies et de fruits, quelquefois d'insectes et même de petits colimaçons, comme cela a été constaté dans l'île de France. Leur chair, généralement bonne, acquiert, chez certaines espèces, comme chez le *Goura couronné*, une saveur exquise. Aussi entrent-ils pour une part immense dans l'alimentation publique, soit comme animaux domestiques, soit comme gibier. On les chasse très activement aux époques de leurs passages. Bien que leur vol soit bruyant et présente même quelque apparence de lourdeur, il est facile et très soutenu, à ce point qu'on voit des pigeons accomplir en quelques heures des trajets d'une longueur surprenante.

Nous partagerons les pigeons en trois familles : les *Colombi-gallines*, les *Colombes* ou *Pigeons proprement dits*, et les *Colombars*.

Famille des Colombi-gallines. — On range dans cette famille un certain nombre d'oiseaux qui, avec les formes générales

Fig. 166. Goura couronné.

des pigeons, conservent encore les mœurs des gallinacés : d'où le nom mixte de *Colombi-gallines*. C'est ainsi qu'ils vivent

constamment à terre, y établissent leur nid, et ne se réfugient
sur les arbres que pour passer la nuit ou fuir quelque danger. Ils courent parfaitement, mais volent mal, et sont sédentaires. Enfin certaines espèces ont des nudités céphaliques
et des caroncules charnus ou de longues plumes mobiles
autour du cou, comme le coq. Physiquement ils sont caractérisés par un bec droit et grêle et par des tarses assez élevés.

Cette famille comprend un très grand nombre d'espèces,
répandues dans l'Amérique centrale et méridionale, dans les
îles de l'océan Indien et dans une partie de l'Afrique. Le
cadre de cet ouvrage ne nous permettant pas de les examiner
toutes, nous citerons seulement la plus remarquable, le
Goura couronné, très commun dans la Nouvelle-Guinée et les
Moluques.

Le plumage de cet oiseau est d'un beau bleu ardoisé, et sa
tête est ornée d'une jolie huppe de plumes raides, longues et
effilées. Il est presque aussi gros que le dindon et très recherché pour les qualités de sa chair. Aussi les habitants de
Java l'élèvent-ils dans les basses-cours.

Famille des Colombes. — Les *Colombes* ont le bec mince et
grêle, les ailes longues et les tarses courts. Les espèces principales sont le *Pigeon ramier*, le *Pigeon colombier*, le *Pigeon
biset*, la *Tourterelle* et le *Pigeon voyageur*. Les quatre premières espèces sont propres à l'Europe.

Le *Pigeon ramier* (fig. 167) est la plus grande espèce de
cette famille; son plumage est gris ardoisé, avec des reflets
bleuâtres, verts et roses. Il est répandu dans toute l'Europe,
mais surtout dans ses parties chaudes et tempérées. Il est
très commun en France. Il y arrive vers le commencement
du mois du mars, par bandes nombreuses, et il en repart en
octobre ou en novembre, pour aller passer ses quartiers
d'hiver en Italie, en Espagne. Aux époques de passage, les
chasseurs des Alpes et des Pyrénées leur font une guerre
acharnée, et en détruisent de grandes quantités.

Les ramiers habitent les forêts, et se plaisent sur les cimes
des grands arbres. Ils se nourrissent de glands, de faînes, et
sont très friands de fraises. Quand ces aliments leur manquent, ils se jettent sur les terres cultivées, et cherchent à

déterrer, avec leur bec, les céréales qui commencent à germer : ce qui occasionne de grands dégâts.

Ils établissent leur nid dans les arbres touffus. La femelle, après en avoir choisi l'emplacement, s'occupe de le construire avec les matériaux que le mâle lui apporte. Ces matériaux sont de petites branches mortes, que le pigeon détache des arbres à l'aide de ses pattes ou de son bec : jamais il ne ramasse les branches qui jonchent la terre. Ce nid n'est d'ailleurs qu'un abri grossier, à peine assez grand pour contenir les deux oiseaux, et qui s'écroule quelquefois avant que les jeunes soient capables de voler. Dans ce cas la couvée se maintient comme elle peut, sur les grosses branches qui supportent le logis de la famille.

Les ramiers font ordinairement en mars et en août des pontes qui se composent chacune de deux œufs. La durée de l'incubation est de quinze jours, et les *Ramereaux* peuvent prendre leur essor au bout du même délai. Pendant tout le temps de l'incubation et de l'éducation des petits, le mâle reste auprès de sa femelle et charme ses loisirs par ses roucoulements.

Fig. 167. Pigeon ramier.

A l'état sauvage, les ramiers sont défiants et farouches, mais leur caractère se modifie par la domesticité, ou même par une vie indépendante, s'écoulant dans le voisinage de l'homme. Aussi les petits, pris dès leur naissance, se familiarisent-ils sans peine et ne semblent pas regretter leur liberté. Dans ces conditions ils ne se reproduisent pas, ou du moins nous ne savons pas les faire reproduire en captivité; les anciens connaissaient, dit-on, cet art.

On voit à Paris des ramiers qui ont élu domicile depuis un temps immémorial dans le jardin des Tuileries, au Luxembourg et dans les Champs-Élysées. Ils montrent une grande familiarité et viennent s'abattre presque sous les pieds des promeneurs. Quel est l'habitant de la capitale qui n'ait vu, aux Tuileries, le spectacle charmant d'un vieillard qui attire autour de lui une légion de ramiers et de moineaux, auxquels il distribue des miettes de pain? La confiance qu'ils témoignent à ce tendre ami, en reconnaissance de ses bons procédés, est sans égale. Ils se posent sur les épaules du bonhomme, viennent prendre le pain entre ses doigts et jusque dans sa bouche; ils se laissent saisir et caresser par lui, sans manifester la moindre frayeur. De là résulte, avec évidence, la possibilité d'élever le ramier en domesticité.

Le *Pigeon colombier* a de grands traits de ressemblance avec le ramier, mais il est plus petit, et cette circonstance justifie le nom de *Petit ramier* qu'on lui donne quelquefois. Ses mœurs sont les mêmes que celles de l'espèce précédente, sinon qu'il établit son nid dans le creux des arbres, au lieu de le construire sur les branches. Très répandu dans le midi de l'Europe et en Afrique, il passe régulièrement en France au mois d'octobre.

Le *Pigeon biset* ne se plaît que dans les lieux rocailleux et arides. Il dépose ses deux œufs dans les fentes des rochers et des habitations en ruine. On le rencontre peu en Europe dans l'état de complète liberté, si ce n'est sur quelques côtes d'Angleterre, de Norvège, et dans certaines îles de la Méditerranée. Il fait volontiers le sacrifice de son indépendance pour vivre dans les demeures, appelées *colombiers*, que l'homme sait lui préparer. Aussi s'accorde-t-on généralement à le regarder comme la souche des nombreuses races de nos pigeons domestiques.

Les *Pigeons domestiques*, issus probablement du *Biset*, sont de deux sortes : les *Pigeons de colombier* et les *Pigeons de volière*. Les premiers jouissent d'une liberté presque entière : ils parcourent tout le jour la campagne, pour chercher leur nourriture, et quelquefois même retournent à la vie sauvage. Les seconds sont complètement apprivoisés, et l'on peut sans danger laisser ouverte la porte de leur habitation. Ils s'éloignent peu et reviennent toujours à leur domicile.

Si les pigeons domestiques causent quelque mal à nos récoltes, ils compensent largement ces dégâts par les services qu'ils rendent à l'agriculture. Ils sont également précieux pour l'éleveur et pour le consommateur, car le premier en tire un bénéfice certain, le second y trouve un aliment agréable et économique. Nous donnerons une idée suffisante des ressources qu'ils apportent à l'alimentation publique, en disant que certaines espèces font jusqu'à dix pontes par an : ce qui donne un total de vingt œufs par couple. Ils fournissent de plus un engrais, la *colombine*, très efficace pour certaines terres.

L'élève des pigeons nécessite certaines précautions, qu'il ne faut pas négliger, sous peine d'arriver à de mauvais résultats. On doit s'attacher à ce que la plus grande propreté règne dans le colombier ou la volière; il faut en exclure les individus turbulents qui sèment le désordre et nuisent souvent à la fécondité des femelles. On doit aussi, autant que possible, séparer les races les unes des autres, afin d'éviter la production des variétés stériles.

C'est parmi les espèces domestiques qu'on peut étudier à loisir les mœurs des pigeons et se former une idée exacte de leur naturel et de leurs penchants. On les voit naître et grandir, on assiste à leurs premiers pas, à leurs timides tentatives pour s'élancer dans les airs. Plus tard, on observe les évolutions des sexes, entraînés l'un vers l'autre, et on admire leur fidélité pendant de longues années.

Nous examinerons rapidement les races principales de pigeons domestiques. La première est, comme nous l'avons dit, le *Biset de colombier*, peu différent du *Biset sauvage*, qui alimente presque exclusivement la population des colombiers; on l'appelle quelquefois *Pigon fuyard*.

Le *Mondain* n'est qu'une modification du biset; ses formes sont plus élégantes et son plumage plus joli; c'est l'une des espèces les plus fécondes.

Le Pigeon *grosse-gorge* doit son nom à la faculté qu'il possède d'enfler prodigieusement son jabot, par l'introduction de l'air. Cette propriété lui est souvent fatale : en effet, lorsqu'il nourrit ses petits, il éprouve une telle difficulté à faire remonter dans son bec les graines qu'il a avalées, qu'il contracte une maladie, presque toujours mortelle.

Le *Pigeon romain*, ainsi nommé parce qu'il est très commun en Italie, se reconnaît facilement au cercle rouge qui entoure ses yeux.

Le *Pigeon volant* est de petite taille; son vol est léger, rapide, et sa fécondité très grande.

C'est à cette race qu'appartient le *Pigeon messager* ou *voyageur*, célèbre par son attachement pour les lieux qui l'ont vu naître ou qui recèlent sa progéniture, et par l'intelligence admirable qui le ramène au pays natal, quand il en est éloigné. Transporté à des distances considérables de son domicile, même dans un panier bien clos, puis rendu à la liberté après un temps plus ou moins long, il retourne, sans hésiter un moment, à son point de départ.

Cette faculté précieuse a été utilisée de bonne heure, surtout en Orient. Chez les Romains, on fit quelquefois usage de pigeons messagers. Pline dit que ce moyen fut employé par Brutus et Hirtius, pour se concerter ensemble, pendant que Marc-Antoine assiégeait l'un d'eux dans une ville.

Pierre Belon, le naturaliste de la Renaissance, nous apprend que de son temps les navigateurs d'Égypte et de Chypre emportaient des pigeons sur leurs trirèmes, et les lâchaient lorsqu'ils étaient arrivés au port de destination, afin d'annoncer à leurs familles leur heureuse traversée.

Au siège de Leyde, en 1574, le prince d'Orange employa le même procédé pour correspondre avec la ville assiégée, et il parvint à la dégager. Pour marquer sa reconnaissance envers les pigeons libérateurs, le prince d'Orange voulut qu'ils fussent nourris aux frais de la ville, et qu'après leur mort leurs corps fussent embaumés et conservés.

En 1849, les habitants de Venise assiégée par les Autrichiens donnaient de leurs nouvelles aux amis du dehors, grâce aux pigeons voyageurs.

Le rôle admirable que les pigeons voyageurs ont joué pendant le blocus de Paris par les armées prussiennes en 1870-1871 restera acquis à l'histoire. On n'oubliera jamais que l'espérance et le salut d'un million d'hommes étaient suspendus à l'aile d'un oiseau.

Quelques détails sur la *poste aux pigeons* pendant le siège de Paris ne seront pas de trop ici.

Il existait à Paris, avant la guerre, une Société dite *colom-*

bophile, qui s'occupait de dresser des pigeons, pour les faire servir à des messages aériens, système de correspondance qui, en dépit du télégraphe électrique, est encore conservé dans quelques parties de l'Europe.

Quand on se fut bien convaincu que les ballons partis de Paris n'y reviendraient pas, les membres de la Société colombophile eurent l'idée de confier leurs pigeons aux ballons qui partaient de Paris, par intervalles. « Que les aérostats enlèvent nos pigeons, dirent-ils, nos pigeons se chargeront bien de revenir à Paris. »

M. Rampont, directeur des postes, à qui ce projet fut communiqué, adopta sur l'heure l'idée de faire une expérience de ce moyen précieux.

Le 27 septembre 1870, trois pigeons partaient dans le ballon *la Ville de Florence*. Six heures après, ils étaient revenus à Paris, avec une dépêche signée de l'aéronaute, qui annonçait sa descente près de Mantes.

Par cette expérience convaincante, la poste aux pigeons était créée.

En effet, après quelques études préalables sur la manière de transporter, de soigner, de *lancer* les pigeons, les expériences ayant réussi au delà de toute attente, M. Rampont se décida à ouvrir au public la poste aux pigeons. Les dépêches destinées à Paris s'expédiaient à Tours, d'où elles partaient pour Paris par des pigeons que les ballons avaient emportés hors de la ville assiégée. On payait la dépêche cinquante centimes par mot.

Trois cent soixante-trois pigeons furent emportés de Paris en ballon, et lancés des départements voisins. Cinquante-sept seulement y revinrent : quatre en septembre, dix-huit en octobre, dix-sept en novembre, douze en décembre, trois en janvier et trois en février.

La poste aux pigeons complétait le service des ballons montés.

Mais ce qui rendit éminemment utile cette charmante invention, ce qui en fit une véritable création scientifique, c'est le système des dépêches photographiques que les pigeons rapportaient à Paris.

Un pigeon ne peut être chargé que d'un bien faible poids.

Il emporte dans les airs une feuille de papier de quatre ou cinq centimètres carrés, roulée finement et attachée à l'une des plumes de sa queue; mais un tel message est bien court.

Dès le commencement du siège, on songea aux merveilles de la photographie microscopique, créée par M. Dagron, qui avait fait connaître, à l'époque de l'Exposition universelle de 1867, des photographies réduites par le microscope à des dimensions infiniment petites. Sur une surface large comme une tête d'épingle, M. Dagron avait réussi à faire tenir quatre cents portraits, des monuments, des paysages, etc.

M. Dagron, l'inventeur de la photographie microscopique, fut donc chargé de réduire en un cliché unique, ramené à des proportions microscopiques, les dépêches, que l'on réunissait toutes sur une grande feuille de papier à dessin. Cette feuille de papier recevait jusqu'à vingt mille lettres. Le tout se trouvait réduit, par l'appareil de M. Dagron, à un cliché qui n'était pas plus grand que le quart d'une carte à jouer.

M. Dagron eut bientôt l'idée, au lieu de tirer sur du papier ordinaire l'image photographique ainsi réduite, de la tirer sur une espèce de membrane assez semblable à la gélatine, c'est-à-dire sur une lame de collodion.

Les petites feuilles de collodion contenant les dépêches microscopiques étaient roulées sur elles-mêmes et placées dans un tuyau de plume, que l'on attachait à la queue du pigeon. L'extrême légèreté des feuilles de collodion, leur souplesse et leur imperméabilité les rendaient propres à cet usage. Dans un seul tuyau de plume on pouvait placer vingt de ces feuilles.

Nous n'avons pas besoin de dire que, les dépêches microscopiques étant une fois parvenues à destination, grâce aux messagers aériens, on les amplifiait à l'aide d'une lentille grossissante, c'est-à-dire d'une sorte de lanterne magique, et on en envoyait copie aux destinataires.

J'ai eu sous les yeux une collection de ces petites cartes de collodion contenant des dépêches microscopiques, curieux souvenir du siège de Paris, que M. Dagron avait bien voulu m'adresser. En les plaçant sous un microscope, je lisais des pages entières formant la longueur d'un grand journal. Tout cela tenait sur une carte grande comme l'ongle!

On vient de voir que c'est à Paris que cette ingénieuse et précieuse idée avait été mise en pratique par M. Dagron. Il est juste d'ajouter qu'à Tours on avait, avec un succès complet, commencé à produire des dépêches toutes semblables, qui avaient été expédiées à Paris. Un photographe de Tours, M. Blaise, s'était chargé de cette difficile entreprise. Guidé par un chimiste de Paris d'une rare habileté, Barreswil (qui devait peu de temps après succomber à ses fatigues), M. Blaise avait installé dans ses ateliers la préparation des dépêches microscopiques. Pendant qu'il continuait ses opérations, M. Dagron arriva de Paris, chargé par le gouvernement d'installer à Tours ce même service. Il était parti en ballon et sa traversée aérienne avait été accidentée par mille périls. Heureusement il avait pu sauver ses appareils. Dès son arrivée à Tours, M. Dagron prit la direction de la préparation des dépêches microscopiques par son procédé à la membrane collodionnée, et il remplaça M. Blaise pour le service des dépêches du gouvernement.

M. Blaise se contentait d'exécuter sur papier la dépêche microscopique. Le procédé de M. Dagron, consistant à faire ce tirage en une pellicule de collodion, était beaucoup plus avantageux. Aussi fut-il préféré. Dès l'arrivée de M. Dagron on substitua le tirage sur la pellicule de collodion au tirage sur papier.

M. Dagron, dans une brochure publiée à Tours, sous ce titre : *La poste par pigeons voyageurs*, rend compte en ces termes de l'établissement de la photographie microscopique à Tours :

« Arrivés le 21 novembre à Tours, dit M. Dagron, nous nous présentons immédiatement chez M. Gambetta. M. Fernique, qui avait pu gagner Tours avant nous, y fut mandé aussitôt. Nous fîmes prendre connaissance de notre traité du 10 novembre avec M. Rampont, directeur général des postes, signé par M. Picard, ministre des finances. La délégation, sur les avis de M. Barreswil, l'éminent chimiste, avait eu aussi l'idée de réduire les dépêches protographiquement, par les procédés ordinaires. Dans cette vue, la délégation avait décrété, le 4 novembre, l'organisation d'un service analogue.

« Un habile photographe de Tours, M. Blaise, avait commencé ce travail sur papier. Il reproduisait deux pages d'imprimerie sur chaque côté de la feuille. Mais, en dehors de l'inconvénient du poids, la finesse du texte était limitée par le grain et la pâte du papier. Le service par pigeons commencé à Tours par la délégation laissait encore à désirer, puisque du 26 octobre au 12 novembre Paris n'avait reçu aucun message par pigeon. Après quelques jours perdus, mis en demeure par M. Steenackers, directeur des télégraphes et des postes de la délégation, de fournir un spécimen de ma photomicroscopie sur pellicule, l'exemplaire que je produisis fut trouvé tout à fait satisfaisant, et la photographie sur papier fut abandonnée pour les dépêches. Ma pellicule, outre son extrème légèreté, présentait l'avantage de ne poser en moyenne que deux secondes, tandis que le papier nécessitait plus de deux heures, vu la mauvaise saison; de plus, sa transparence donnait un excellent résultat à l'agrandissement qui se faisait à Paris, au moyen de la lumière électrique.

« Aidé par mes collaborateurs, j'organisai immédiatement le travail de la reproduction des dépêches officielles et privées, qui devait être si utile à la défense nationale et aux familles. A partir de ce moment, je fus seul à l'exécuter, sous le contrôle de M. de Lafollye, inspecteur des télégraphes, chargé par la délégation du service des dépêches par pigeons voyageurs. Le travail originaire fut ensuite modifié, et le résultat, eu égard au peu de matériel que nous avions pu sauver, fut une production plus rapide et plus économique.

« Les journaux ayant fait connaître que les Prussiens s'étaient emparés d'une grande partie de mon matériel, je me fais plaisir de dire ici que M. Delezenne, et M. Dreux, agent de change à Bordeaux, tous deux amateurs distingués de photographie, offrirent avec empressement à l'administration des appareils semblables à ceux que je possédais, et ils furent mis à ma disposition.

« Le stock des dépêches fut promptement écoulé. Je suis heureux de pouvoir affirmer qu'activement secondé par mes collaborateurs, aucun retard ne s'est produit dans mon travail; mais le déplacement de la délégation et aussi le froid intense qui paralysait les pigeons ont créé de sérieuses difficultés.

« Lorsque rien n'entravait le vol de ces intéressants messagers, la rapidité de la correspondance était vraiment merveilleuse. Je puis pour ma part en citer un exemple.

« Manquant de produits chimiques, notamment de coton azotique, que je ne pouvais me procurer à Bordeaux, je les demandai par dépêche-pigeon, le 18 janvier, à MM. Poullenc et Wittmann, à Paris, en les priant de me les expédier par le premier ballon partant. Le 24 janvier, les produits étaient rendus à mes ateliers à Bordeaux. Le pigeon n'avait mis que douze heures pour franchir l'espace de Poitiers à Paris. La télégraphie ordinaire et le chemin de fer n'eussent pas fait mieux.

« Les dépêches officielles ont été exécutées avec une rapidité surprenante. M. de Lafollye nous les remettait lui-même à midi, et le même jour à cinq heures du soir, malgré une saison d'hiver exceptionnellement mauvaise, dix exemplaires étaient terminés et remis à l'administration. Nous en avons fait ainsi treize séries sans être une seule fois en retard. Les dépêches privées étaient exécutées dans les mêmes conditions. Le jour de l'armistice, nous n'avions plus une seule dépêche à faire; elles avaient été toutes reproduites au fur et à mesure de leur remise. Le travail était considérable, car, à l'exception d'un petit nombre de pellicules qui n'ont été envoyées que six fois, parce qu'elles sont promptement arrivées, la plupart l'ont été en moyenne vingt fois, et quelques-unes trente-cinq et trente-huit fois. Nous avons aussi reproduit en photomicroscopie une grande quantité de mandats de poste. Les destinataires ont pu toucher leur argent à Paris comme en temps ordinaire.

« Chaque pellicule était la reproduction de douze ou seize pages in-folio d'imprimerie, contenant en moyenne, suivant le type employé, trois mille dépêches. La légèreté de ces pellicules a permis d'en mettre sur un seul pigeon jusqu'à dix-huit exemplaires, donnant un total de plus de cinquante mille dépêches pesant ensemble *moins d'un demi-gramme*. Toute la série des dépêches officielles et privées que nous avons faites pendant l'investissement de Paris, au nombre d'environ cent quinze mille, pesait en tout *un gramme*. Un seul pigeon eût pu aisément les porter. Si on veut maintenant multiplier le nombre des dépêches par le nombre d'exemplaires fournis, on trouve un résultat de plus de deux millions cinq cent mille dépêches que nous avons faites pendant les deux plus mauvais mois de l'année.

« On roulait les pellicules dans un tuyau de plume que des agents de l'administration attachaient à la queue du pigeon. Leur extrême souplesse et leur complète imperméabilité les rendaient tout à fait convenables pour cet usage.

« En outre, ma préparation sèche a le triple avantage d'être apprêtée en une seule fois, de ne donner aucune bulle, et de ne pas se détacher du verre à la venue de l'image; elle donne toute sécurité dans le travail et n'expose pas aux déboires comme les procédés ordinaires. »

Près de trois cent mille dépêches furent expédiées ainsi à Paris, avant l'armistice du 28 janvier 1871. La réunion de toutes ces dépêches imprimées formerait une bibliothèque de cinq cents volumes.

Cependant les progrès de la poste aux pigeons furent arrêtés par l'inclémence de la saison. Dès le commencement de janvier, les dépêches reçues de Paris devinrent rares. Le froid enlevait leurs merveilleuses qualités aux messagers ailés.

La figure 168 représente un pigeon voyageur appartenant à M. Derouard, à Paris. Pendant le siège de Paris ce pigeon fut emporté hors de la capitale avec le ballon *George Sand;* il était de retour à Paris au bout de trois jours. Cinq autres ballons-poste emportèrent cinq fois ce même coureur, qui revint autant de fois avec les dépêches que la province lui confiait. Il fut blessé, le 23 décembre 1870, par une balle prussienne, aux environs de Paris; mais, recueilli par un paysan français, il fut remis à M. Derouard à la fin de la guerre.

La figure 169 représente un autre pigeon appartenant à M. Van Roosebeke, président de la Société colombophile, qui a fait cinq fois, pendant le siège, le trajet de Paris en province. Il fut tué le 9 novembre par des paysans français,

Fig. 168. Pigeon voyageur du siége de Paris.

qui, après s'être aperçus de leur erreur, envoyèrent le pigeon

Fig. 169. Pigeon voyageur du siège de Paris.

mort au préfet du département de Loir-et-Cher. M. Van Roose-beke le fit empailler.

Sur le dessin qui représente le pigeon de M. Van Roose-
beke au moment où, de retour au colombier, il se précipite
sur un vase d'eau pour se désaltérer (fig 169), on remarque la
dépêche attachée à la queue de l'oiseau. On voit dans la
figure suivante, de grandeur naturelle (fig. 170), le tuyau de
plume d'oie contenant la dépêche, telle qu'on l'attache à la
queue de l'oiseau.

Telle est, en peu de mots, l'histoire d'une invention née
du siège de Paris, et qui restera acquise à la science et à
l'humanité. Que la guerre vienne à replacer une cité dans la
même situation désastreuse où s'est trouvée en 1870-1871 la
capitale de la France, et le moyen si bien mis en pratique
par nos savants, et qui a été sanctionné par un succès de plu-

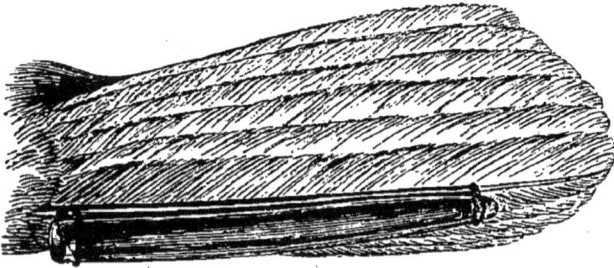

Fig. 170. Queue de Pigeon portant une dépêche roulée
dans un tuyau de plume d'oie.

sieurs mois, viendra leur rendre le même service qu'il rendit
aux habitants de Paris bloqués par les hordes allemandes.

L'enseignement qui est résulté des précieux services rendus
par les pigeons voyageurs pendant le siège de Paris n'a pas
été perdu. Il a été décidé que toutes nos places fortes seraient
pourvues d'un colombier où l'on élèverait des pigeons. En cas
d'investissement, des ballons emporteraient des pigeons, qui
reviendraient à leur colombier, avec les dépêches qu'on leur
aurait confiées. Nous n'avons pas besoin de dire que les autres
nations n'ont pas manqué d'imiter notre exemple, et que la
poste aérienne serait d'un usage général en cas de guerre.

. A Paris, ces dispositions ont été prises à la suite d'études
attentives et d'exercices pratiques qui se continuent sans interruption. On prend un pigeon dans plusieurs colombiers de
Bruxelles, de Bruges, etc., on enferme tous ces coureurs

aériens dans un panier, et on les envoie à Paris par le chemin de fer. Puis on les lâche à Paris. Plusieurs *lâchers de pigeons* ont eu lieu à Paris en 1874, au Palais de l'Industrie. La figure 171 représente cette curieuse scène.

A peine le couvercle d'osier est-il soulevé, que les prisonniers s'envolent avec la rapidité d'une flèche, et prennent la direction de leur colombier. La plupart reviennent au gîte. Quelques-uns s'égarent, d'autres se perdent, mais le fait est rare. Le pigeon arrivé le premier de cette espèce de concours de vitesse obtient le prix, et le propriétaire touche l'enjeu qui a été placé sur la tête des autres pigeons, comme dans une sorte de *poule*.

Le *Pigeon culbutant* doit son nom à sa curieuse manière de voler : il a l'habitude, après qu'il s'est élevé à une certaine hauteur, de faire cinq ou six culbutes la tête en arrière.

Le *Pigeon tournant* décrit des cercles comme les oiseaux de proie ; il est turbulent et doit être proscrit des colombiers.

Le *Pigeon nonnain* se reconnaît à une espèce de capuchon, formé de plumes relevées, qui lui couvre le derrière de la tête et le cou, et qui lui a valu son nom. Il vole lourdement, mais est très familier et très fécond.

Le *Pigeon-paon*, ou *trembleur*, se fait remarquer par sa queue, qui est très large et relevée comme celle du paon, et par le tremblement convulsif dont il est agité, surtout à l'époque des amours. Il réussit mal en volière et n'est guère élevé qu'à titre de curiosité.

Le *Pigeon voyageur* de l'Amérique du Nord est remarquable par la force, la rapidité de son vol, et par les migrations qu'il entreprend à certaines époques. Il se meut avec une vitesse inimaginable.

« Des pigeons, dit le naturaliste américain Audubon, ont été tués dans les environs de New-York, ayant le jabot encore plein de riz, qu'ils ne pouvaient avoir pris, au plus près, que dans les champs de la Géorgie et de la Caroline. Or, comme leur digestion se fait assez rapidement pour décomposer entièrement les aliments dans l'espace de douze heures, il s'ensuit qu'ils devaient, en six heures, avoir parcouru trois à quatre cents milles : ce qui montre que leur vol est d'environ un mille à la minute. A ce compte, l'un de ces oiseaux, s'il lui en prenait fantaisie, pourrait visiter le continent européen en moins de trois jours. »

Ce n'est pas pour chercher un climat plus chaud que ces

pigeons accomplissent leurs voyages, mais pour se procurer
de la nourriture lorsque les glands viennent à manquer dans
les forêts qu'ils habitent. Leurs migrations n'ont donc rien de
régulier.

Fig. 171. Lâcher de pigeons devant le Palais de l'Industrie, à Paris.

Le spectacle des masses innombrables et serrées de pigeons
qui prennent part à ces voyages confond l'esprit. Audubon
voulut, un jour, compter les troupes qui passeraient au-dessus de lui pendant une heure; il en compta cent soixante-

trois en vingt minutes, et il dut bientôt y renoncer, tant les colonnes se succédaient rapidement.

« Plus j'avançais, dit Audubon, plus je rencontrais de pigeons. L'air en était littéralement rempli; la lumière du jour, en plein midi, s'en trouvait obscurcie comme par une éclipse; la fiente tombait semblable aux flocons d'une neige fondante, et le bourdonnement des ailes m'étourdissait et me donnait envie de dormir. »

Ces pigeons sont doués d'une vue extrêmement perçante. Bien qu'ils volent à une hauteur considérable, ils distinguent parfaitement les lieux qui peuvent fournir à leur subsistance. Lorsqu'ils rencontrent une contrée favorable, ils s'abattent sur une étendue de terrain immense, et en peu d'instants ils l'ont complètement ravagé. On peut alors en détruire des quantités effroyables, sans que leur nombre paraisse diminué.

Quelques heures après la descente, ils reprennent leur essor, et regagnent leur domicile nocturne, éloigné quelquefois de vingt ou trente lieues.

C'est là qu'il s'en fait un carnage épouvantable. Longtemps avant le coucher du soleil, les habitants des contrées environnantes les attendent, avec des chevaux, des charrettes, des fusils et des munitions. Quelques-uns même amènent des troupeaux de porcs pour les engraisser de la chair des pigeons qu'ils ne pourront emporter. Audubon, qui assista à l'une de ces tueries, l'a retracée en ces termes :

« Chacun se tenait prêt, dit-il, et le regard dirigé vers le ciel. Soudain un cri général a retenti : « Les voici! » Le bruit qu'ils faisaient, bien qu'éloigné, me rappelait celui d'une forte brise de mer parmi les cordages d'un vaisseau dont les voiles sont ferlées. Quand ils passèrent au-dessus de ma tête, je sentis un courant d'air qui m'étonna. Déjà des milliers étaient abattus par les hommes armés de perches; mais il continuait d'en arriver sans relâche. On alluma les feux, et alors ce fut un spectacle fantastique, merveilleux et plein d'une magique épouvante. Les oiseaux se précipitaient par masses et se posaient où ils pouvaient, les uns sur les autres, en tas gros comme des barriques; puis les branches, cédant sous le poids, craquaient et tombaient, entraînant par terre et écrasant les troupes serrées qui surchargeaient chaque partie des arbres. C'était une lamentable scène de tumulte et de confusion. En vain aurais-je essayé de parler, ou même d'appeler les personnes les plus rapprochées de moi. C'est à grand'peine si on entendait les coups de fusil, et je ne m'apercevais qu'on eût tiré qu'en voyant recharger les armes.

« Les pigeons venaient toujours, et il était plus de minuit que je ne remarquais encore aucune diminution dans le nombre des arrivants. Le vacarme continua toute la nuit. Enfin, aux approches du jour, le bruit s'apaisa un peu, et longtemps avant qu'on pût distinguer les objets, les pigeons commencèrent à repartir dans une direction tout opposée à celle par où ils étaient venus le soir. Au lever du soleil, tous ceux qui étaient capables de s'envoler avaient disparu.

« C'était maintenant le tour des loups, dont les hurlements frappaient mes oreilles : renards, lynx, couguars, ours, ratons, oppossums et fouines, bondissant, courant, rampant, se pressaient à la curée, tandis que des aigles et des faucons de différentes espèces se précipitaient du haut des airs pour prendre leur part d'un aussi riche butin.

Fig. 172. Pigeon voyageur de l'Amérique du Nord.

« Les chasseurs firent à leur tour leur entrée au milieu des morts, des mourants et des blessés. Les pigeons furent entassés par monceaux, chacun en prit tant qu'il voulut, puis on lâcha les cochons pour se rassasier du reste. »

Ces massacres ne compromettent en rien l'existence de l'espèce; en effet, d'après Audubon, le nombre de ces pigeons devient double ou quadruple dans une même année.

Il existe deux espèces de tourterelles : la *Tourterelle des bois* et la *Tourterelle à collier*.

La *Tourterelle des bois* est la plus petite espèce de la famille des colombes; on la trouve dans toute l'Europe, mais au midi bien plus qu'au nord. En France, elle arrive au printemps, et repart à la fin de l'été, pour des climats plus chauds. Elle établit son nid sur les grands arbres, dans les parties les plus sombres et les plus retirées des bois. Elle se nourrit de graines et de baies. Après les moissons, elle se tient dans les champs de blé et autres céréales. La nourriture abondante qu'elle y trouve lui communique un embonpoint qui en fait, à cette époque, un succulent gibier. Quoique naturellement farouche, la tourterelle s'apprivoise facilement lorsqu'elle est prise jeune, et elle montre alors une assez grande familiarité.

La *Tourterelle rieuse*, ou *Tourterelle à collier*, est originaire d'Afrique, où elle vit en liberté. C'est cette espèce qu'on élève en Europe, dans des cages et dans des volières.

Dans certaines villes d'Égypte, particulièrement à Alexandrie et au Caire, ces tourterelles sont si bien apprivoisées, qu'elles se promènent dans les rues et pénètrent même dans les maisons sans s'effrayer de la présence de l'homme. Elles sont très fécondes, car elles couvent tous les mois, excepté pendant la mue. Elles produisent un roucoulement plaintif et monotone, qui ressemble quelque peu au rire: d'où le nom qui leur a été donné.

Les anciens avaient fait de la tourterelle l'emblème de la tendresse. Cette remarque est bien justifiée par les témoignages de sympathie ardente que se donnent le mâle et la femelle, et surtout par l'essence de cet amour, qui est moins brutal et moins grossier que chez les autres oiseaux.

Famille des Colombars. — Cette famille, établie par Levaillant, comprend quelques espèces qui appartiennent toutes aux brûlantes régions de l'Asie et de l'Afrique. Ces oiseaux sont caractérisés par un bec épais, vigoureux, à mandibules recourbées dont ils se servent, comme de tenailles, pour briser les enveloppes des fruits dont ils font leur nourriture. Ils volent moins rapidement que les oiseaux de la famille des colombes et roucoulent d'une manière différente. Ils habitent les bois et nichent dans les troncs des arbres. Leur chair est de bon goût. Les principales espèces se trouvent dans l'Abyssinie, le Sénégal et l'archipel Indien.

ORDRE DES GRIMPEURS

On s'abuserait étrangement si l'on croyait que tous les oiseaux rangés dans cet ordre possèdent la faculté de grimper. Elle n'est, en réalité, le privilège que de quelques-uns, auxquels elle n'appartient même pas exclusivement, car on la retrouve chez certains passereaux. Le caractère essentiel des *Grimpeurs* réside dans cette disposition organique, que le doigt externe, au lieu d'être dirigé en avant, comme chez les autres oiseaux, est placé à l'arrière, à côté du pouce. C'est pour cela qu'on a substitué à la dénomination de grimpeurs celle de *Zygodactyles*, qui a l'avantage d'exprimer parfaitement le caractère distinctif de l'ordre, car ce mot veut dire *doigts disposés par paires*.

Grâce à la conformation de leur pied, les Grimpeurs peuvent étreindre fortement les branches des arbres; aussi sont-ils presque continuellement perchés. Leur vol est médiocre; il n'a ni la puissance de celui des Rapaces, ni la légèreté de celui des Passereaux. Ces oiseaux se nourrissent de fruits ou d'insectes, suivant la force de leur bec. Ils habitent, pour la plupart, les pays chauds, et leurs couleurs sont assez généralement brillantes. Enfin ils sont tous monogames, à l'exception du coucou. Cet ordre est un des moins nombreux de la classe des oiseaux : il ne comprend que quelques familles, parmi lesquelles nous citerons : les *Perroquets*, les *Toucans*, les *Coucous*, les *Pics* et les *Jacamars*.

Famille des Perroquets. — Les *Perroquets* ont le bec gros, robuste et arrondi; la mandibule supérieure, fortement recourbée et aiguë à l'extrémité, déborde l'inférieure, qui présente une échancrure assez profonde. La langue, épaisse, charnue et mobile, est terminée par un faisceau de papilles

nerveuses, ou par un gland cartilagineux. Les tarses sont
très courts et les pieds perfectionnés à ce point, qu'ils deviennent de véritables mains, capables de saisir, porter et retourner en tous sens les objets d'un petit volume : ce qui a valu
aux perroquets le nom de *Préhenseurs*. Leurs doigts sont munis d'ongles forts et crochus qui font de ces oiseaux les grimpeurs par excellence.

Sauf une seule espèce, la *Perruche ingambe*, dont les tarses
sont assez longs et les ongles assez droits pour lui permettre
de courir avec quelque vitesse, les perroquets marchent difficilement; ils se traînent avec tant de peine sur le sol, qu'ils
n'y descendent que rarement, et sous l'empire de circonstances
graves. C'est sur les arbres, d'ailleurs, que se trouvent réunies
toutes les conditions de leur existence. Ils ne sont pas favorisés, non plus, sous le rapport du vol, et l'on comprend qu'il
en soit ainsi : vivant dans des bois épais, ils n'ont à effectuer
que des déplacements insignifiants, pour passer d'un arbre à
l'autre. Cependant certaines espèces, surtout les petites, sont
susceptibles d'un vol assez rapide. Il en est même, d'après
Levaillant, qui émigrent, et parcourent chaque année des
centaines de lieues. Mais c'est là une exception. En général
les perroquets sont sédentaires et se cantonnent volontiers
dans des zones qu'ils ne quittent jamais.

Sociables, ils se rassemblent en bandes plus ou moins nombreuses, qui font retentir de leurs cris assourdissants les
échos des forêts. Quelques espèces éprouvent même un besoin si impérieux de se rapprocher, pour vivre en commun,
qu'elles ont reçu des naturalistes le nom d'*inséparables*.

A l'époque des amours, les couples s'isolent, pour se consacrer à l'œuvre de la reproduction. Le mâle et la femelle
montrent le plus grand attachement l'un pour l'autre. Celle-ci
dépose ses œufs dans les creux des arbres, ou dans les anfractuosités des rochers.

Les petits naissent tout nus, après vingt jours d'incubation;
c'est au bout de trois mois seulement qu'ils revêtent toutes
leurs plumes. Les parents veillent sur eux avec la plus
grande sollicitude, et deviennent menaçants lorsqu'on les
examine de trop près.

Essentiellement frugivores, les perroquets recherchent sur-

tout les fruits du palmier, du bananier, du caféier, du goya-
vier, pour en dévorer les amandes. On les voit alors, perchés
sur un pied, se servir de l'autre pour porter les aliments à
leur bec, et les retourner jusqu'à ce qu'ils puissent être bri-
sés facilement. Après qu'ils ont extrait l'amande, ils la débarrassent de ses enveloppes, et l'avalent par petits morceaux.
Ils s'abattent souvent sur les plantations avoisinant leurs
retraites et y causent de grands ravages.

En domesticité, ils sont à peu près omnivores. Outre des
semences et des graines, ils mangent du pain et même de la
viande, cuite ou crue, et c'est avec un plaisir manifeste
qu'ils reçoivent des os à ronger. Ils sont aussi très friands
de sucre.

Tout le monde sait que les amandes amères et le persil
sont pour eux des poisons très violents.

Ils boivent et se baignent très fréquemment; en été, ils
éprouvent une véritable volupté à se plonger dans l'eau. Les
perroquets captifs s'habituent très bien à l'usage du vin.
Cette boisson produit même sur eux le même effet que sur
l'homme : elle excite leur barvadage et leur gaieté.

Ils grimpent d'une manière toute particulière, qui n'a rien
de la brusquerie apportée dans cette fonction par d'autres
oiseaux du même ordre. Leurs mouvements, lents et méthodi-
ques, s'accomplissent à l'aide du bec et des pieds, qui se
prêtent un appui réciproque.

Comme presque tous les oiseaux des régions tropicales,
les perroquets sont ornés des plus belles couleurs; c'est le
vert qui domine, puis vient le rouge, enfin le bleu et le
jaune. Ils ont assez souvent la queue très développée.

Malgré leur caquetage bruyant et désagréable, les perroquets ont su captiver la faveur de l'homme par leur remarquable talent d'imitation. Ils retiennent et répètent, avec une
grande facilité, les paroles qu'on leur apprend, ou qu'ils ont
entendues par hasard. Ils imitent aussi quelquefois, avec
une vérité saisissante, les cris des animaux, les sons de divers
instruments de musique, etc.

Par les mots qu'il lance d'une manière inattendue, le perroquet contribue à l'amusement et à la distraction de
l'homme, et devient pour lui un véritable compagnon. Il ne

faut donc pas s'étonner que cet oiseau ait été avidement recherché dès son introduction en Europe. C'est Alexandre le Grand qui rapporta en Grèce le perroquet, qu'il avait trouvé dans l'Inde. Ces oiseaux étaient devenus si communs à Rome au temps des empereurs, qu'on les faisait figurer dans les repas somptueux. Ils sont aujourd'hui fort répandus dans toute l'Europe à l'état de domesticité.

Les espèces les plus remarquables sous le rapport des facultés mnémoniques, babillardes et imitatives sont le *Perroquet cendré*, ou *Jaco*, le *Perroquet vert* et les *Perruches*.

Au dix-septième siècle, un cardinal paya cent écus d'or un perroquet, parce qu'il récitait correctement le Symbole des apôtres. M. de la Borde raconte qu'il a vu un perroquet suppléer l'aumônier sur un navire. En effet, il récitait aux matelots la prière et le rosaire. Levaillant a entendu une perruche dire le *Pater*, en se tenant couchée sur le dos, et joignant les doigts des deux pieds, comme nous joignons les mains dans l'action de la prière.

Willoughby cite un perroquet qui, lorsqu'on lui disait : *Riez, Perroquet!* éclatait de rire aussitôt, et s'écriait un instant après : *O le grand sot qui me fait rire!*

Un marchand de cristaux en possédait un qui, lorsqu'un commis brisait ou heurtait quelque vase, disait invariablement, en simulant un ton de colère : *Le maladroit! il n'en fait jamais d'autres!*

« Nous avons vu un perroquet, dit Buffon, qui avait vieilli avec son maître, et partageait avec lui les infirmités du grand âge : accoutumé à ne plus guère entendre que ces mots : *Je suis malade*, lorsqu'on lui demandait : *Qu'as-tu, Perroquet, qu'as-tu? — Je suis malade*, répondait-il d'un ton douloureux et en s'étendant sur le foyer, *je suis malade*.

« Un perroquet de Guinée, dit le même auteur, endoctriné en route par un vieux matelot, avait pris sa voix rauque et sa toux, mais si parfaitement, qu'on pouvait s'y méprendre. Quoiqu'il eût été donné ensuite à une jeune personne, et qu'il n'eût plus entendu que sa voix, il n'oublia pas les leçons de son premier maître, et rien n'était si plaisant que de l'entendre passer d'une voix douce et gracieuse à son vieux enrouement et à sa toux du matin. »

Goldsmith raconte qu'un perroquet appartenant au roi Henri VIII, et toujours renfermé dans une chambre donnant sur la Tamise, avait retenu plusieurs phrases, qu'il entendait répéter par les mariniers et les passagers. Un jour qu'il s'était laissé choir dans la Tamise, il cria d'une voix forte : *Un bateau! à moi, un bateau! vingt livres pour me sauver!* Un batelier se précipita aussitôt dans le fleuve, croyant que quelqu'un se noyait, et il fut surpris de ne trouver qu'un oiseau. L'ayant reconnu pour le perroquet du roi, il le reporta au palais, en réclamant la récompense promise par l'oiseau en détresse. On raconta la chose à Henri VIII, qui rit beaucoup et paya de bonne grâce.

Le prince Léon, fils de l'empereur Basile, ayant été condamné à mort par son père, ne dut la conservation de sa vie qu'à son perroquet, dont les accents lamentables en répétant plusieurs fois : *Hélas! mon maître Léon!* finirent par toucher le cœur de ce père barbare.

« Dans une ville de Normandie, dit M. Lemaout, une bouchère battait impitoyablement tous les jours son enfant, à peine âgé de cinq ans; l'enfant succomba sous les mauvais traitements. La justice des hommes ne s'en émut pas; mais un perroquet gris, qui habitait la maison d'un cordonnier situé en face de celle de la bouchère, se chargea du châtiment de cette mère dénaturée. Il répétait continuellement le cri que poussait le pauvre enfant quand il voyait sa mère courir sur lui, la verge à la main : *A cause de quoi? à cause de quoi?* Cette phrase était articulée par l'oiseau avec un accent si douloureux et si suppliant, que les passants indignés entraient brusquement dans la boutique du cordonnier et lui reprochaient sa barbarie. Le cordonnier se justifiait en montrant son perroquet et en racontant l'histoire de l'enfant. Après quelques mois, la bouchère, poursuivie par la phrase accusatrice et par les murmures de l'opinion publique, se vit obligée de vendre son fonds et d'abandonner la ville. »

Dans son *Voyage en Espagne*, le marquis de Langle s'exprime ainsi :

« J'ai vu à Madrid, chez le consul d'Angleterre, un perroquet qui avait retenu une foule de choses, un nombre incroyable de contes, d'anecdotes qu'il débite, qu'il articule sans hésiter. Il parle espagnol, il écorche le français, il sait quelques vers de Racine, le *Benedicite* et la fable du Corbeau. Il a coûté trente louis. On ose à peine suspendre sa cage aux fenêtres : lorsqu'il y est, qu'elles sont ouvertes et qu'il fait beau, ce perroquet ne cesse de parler; il dit tout ce qu'il fait, apostrophant tous les passants (excepté les femmes); il parle politique. En prononçant le mot Gibraltar, il rit aux éclats; on jurerait que c'est un homme qui rit. »

Un gentilhomme anglais avait acheté, à Bristol, un *perro-*

quet cendré, dont l'intelligence était vraiment extraordinaire.
Il demandait tout ce dont il avait besoin, et donnait ses
ordres. Il chantait plusieurs chansons, et sifflait très bien
quelques airs en battant la mesure; lorsqu'il faisait une
fausse note, il recommençait et ne se trompait plus.

J'ai bien souvent entendu, à Montpellier, en passant dans
la rue Four-des-Flammes, un perroquet qui chantait et arti-
culait de la manière la plus distincte les deux vers de cette
chanson :

> Quand je bois du vin clairet,
> Tout tourne, tout tourne au cabaret.

Les perroquets imitent non seulement les paroles, mais
encore les gestes des personnes avec lesquelles ils sont en
contact. Scaliger en a connu un qui répétait les chansons
des jeunes Savoyards et contrefaisait leurs danses.

Ces oiseaux sont tous plus ou moins susceptibles d'éducation. Les uns, d'un naturel paisible, se familiarisent
promptement; d'autres, plus récalcitrants, supportent difficilement la servitude. En général, et lorsqu'ils sont pris
jeunes, ils s'attachent fortement aux gens qui les soignent.

Les perroquets ont la manie d'exercer leur bec sur tout
ce qu'ils trouvent à leur portée. Si on les enferme pour pré-
venir leurs déprédations, ils poussent des cris insuppor-
tables, et tournent leur fureur contre les barreaux de leur
cage, ou contre eux-mêmes : on les voit alors s'arracher les
plumes et les mettre en pièces. On ne parvient à les calmer
qu'en leur fournissant un hochet, c'est-à-dire en leur donnant quelque morceau de bois, sur lequel ils puissent
s'acharner tout à leur aise.

Ces grimpeurs sont doués d'une longévité remarquable.
Les *Mémoires de l'Académie des sciences de Paris* font mention d'un perroquet qui vécut à Florence plus de cent dix
ans, dans la famille du grand-duc de Toscane. Veillot dit
en avoir vu un près de Bordeaux qui était âgé de quatre-
vingts ans. On ne peut cependant déterminer exactement la
durée moyenne de leur vie.

Les perroquets se reproduisent rarement en Europe; ils
pondent assez souvent, il est vrai, mais leurs œufs sont
clairs ou inféconds. On en a vu pourtant quelques-uns, sous

l'influence de circonstances favorables, perpétuer leur espèce
en France. [En général, tous ceux qu'on voit dans nos régions tempérées sont apportés des contrées où ils vivent
en liberté. La plupart ont été pris au nid. Quant aux adultes,
on emploie, pour s'en emparer, divers procédés qui ont tous
pour but de les étourdir pendant un instant, afin de paralyser leurs mouvements.

La famille des perroquets comprend quatre groupes principaux : les *Aras*, les *Perruches*, les *Perroquets proprement dits*
et les *Kakatoès*.

Les *Aras*, les plus gros de tous les perroquets, sont recon-

Fig 173. Ara.

naissables à leurs joues nues et à leur queue longue et étagée.
Ils habitent l'Amérique méridionale, et sont parés des plus

éclatantes couleurs. Les principales espèces sont l'*Ara rouge*, l'*Ara bleu*, l'*Ara vert* et l'*Ara noir*. Leur nom provient du cri assourdissant qu'ils font entendre. Très familiers, ils s'apprivoisent facilement et n'abusent pas de la liberté qu'on leur accorde, car, s'ils s'éloignent du logis, ils y reviennent toujours. Ils aiment les caresses et les soins des gens qu'ils connaissent, mais n'accueillent pas celles des étrangers. L'*Ara vert* est remarquable par son aversion pour les enfants. Ce sentiment provient sans doute de ce qu'il est très jaloux, et de ce qu'il voit souvent les enfants recevoir les caresses de sa maîtresse.

Les aras n'ont qu'à un faible degré le don de l'imitation; ils parviennent à peine à retenir quelques mots, qu'ils articulent mal.

Les *Perruches*, beaucoup plus petites que les aras, ont également la queue longue et étagée, mais leurs joues sont emplumées. Quelques espèces, qui se rapprochent du groupe précédent, par le tour des yeux plus ou moins dénué de plumes, ont reçu, pour cette raison, le nom de *Perruches-Aras*.

Fig. 174. Perruche à épaulette.

Les perruches sont recherchées pour leur vivacité, leur gentillesse et la facilité avec laquelle elles apprennent à parler. Leur plumage est le plus souvent d'un vert uniforme; quelquefois il est varié de rouge ou de bleu. Elles habitent l'Amérique méridionale, les îles de l'Océanie, les Indes et, en Afrique, le Sénégal.

C'est au groupe des perruches qu'on rattache le *Pézopore*, ou *Perruche ingambe*, de Levaillant, qui habite l'Australie.

Cet oiseau constitue une exception curieuse dans l'ordre des grimpeurs par ses habitudes toutes terrestres. D'après M. J. Verraux, il ne perche jamais; lorsqu'on le poursuit, il se réfugie, non sur les arbres, mais parmi les herbes.

Les *Perroquets proprement dits* se distinguent des autres groupes de la même famille par leur queue courte et carrée. Ils ont les joues emplumées comme les perruches, et varient, pour la taille, entre celles-ci et les aras. Ils sont fort appréciés à cause de leur mémoire et de leur habileté à répéter tout ce qu'ils entendent.

On divise les perroquets en plusieurs sections, fondées sur la taille et la couleur dominante du plumage. La première est celle des espèces dont la teinte générale est grise. Elle ne comprend que le *Perroquet cendré* ou *Jaco*, indigène de la côte occidentale d'Afrique, auquel se rapportent la plupart des anecdotes que nous avons racontées dans les pages qui précèdent. Viennent ensuite les espèces dont le fond du plumage est vert. La plus remarquable de ces espèces est le *Perroquet amazone.*

Fig. 175. Perruche à tête bleue.

Les *Loris* sont des perroquets dont la couleur saillante est le rouge; ils habitent les Moluques et la Nouvelle-Guinée. Les *Psittacules* sont les plus petits oiseaux du groupe; leur plumage affecte des nuances diverses suivant les climats. On les rencontre dans l'Amérique et l'Afrique méridionale et dans les îles de l'Océanie.

Les *Kakatoès* ont la queue médiocrement longue, les joues

emplumées et la tête surmontée d'une huppe blanche, jaune ou rouge, qu'ils peuvent abaisser et relever à volonté. Ce sont les plus gros perroquets de l'ancien continent; ils habitent les Indes et les îles de l'Océanie.

Ils sont très jolis, très gracieux, très dociles et très caressants; mais ils ne peuvent parvenir à parler.

Une espèce très remarquable de ce groupe est le *Microglosse* (petite langue), appelé par Levaillant *Ara à trompe*, à cause de la conformation de sa langue. Cette langue est cylindrique et terminée par un petit gland légèrement creusé à son extrémité. Lorsque l'oiseau a réduit en petits fragments, à l'aide de ses mandibules, les amandes des fruits dont se compose sa nourriture, il saisit ces fragments au moyen du creux qui termine la langue, et en perçoit ainsi la saveur; puis, projetant sa trompe

Fig. 176. Perroquet Jaco.

en avant, il la fait passer sur une saillie du palais qui a pour fonction de dégager et de faire tomber dans le gosier les aliments que contient le petit vide de la langue. Ce curieux mécanisme a été dévoilé par Levaillant.

Famille des Toucans. — Ce qui caractérise les oiseaux qui composent la famille des *Toucans*, c'est leur bec, démesurément grand et volumineux. Ce bec, plus long que la tête, est

courbé, à son extrémité, dentelé sur ses bords et présente une
arête saillante sur le milieu de la mandibule supérieure. Il

Fig. 177. Perroquet vert.

n'est pourtant pas aussi lourd qu'on pourrait le supposer, et
gêne peu les mouvements de l'oiseau, car il est formé d'un

Fig. 178. Kakatoès.

tissu spongieux, dont les nombreuses cellules sont remplies
d'air. Aussi est-il très faible et ne peut-il servir à briser quoi

que ce soit, ni même à écraser un fruit malgré l'idée qu'on se fait tout d'abord de sa force. Il n'est pas davantage capable d'attaquer l'écorce des arbres, comme l'ont avancé certains auteurs.

Fig. 179. Toucan de Beauharnais.

Ce bec étonnant renferme une langue plus étrange encore. Prodigieusement étroite et aussi longue que le bec, elle est garnie, de chaque côté, de barbes serrées en tout semblables à celles d'une plume, et constitue ainsi elle-même une véritable plume, dont le rôle reste complètement mystérieux pour nous. Cet instrument bizarre a tellement frappé les naturalistes du Brésil, où se trouvent beaucoup de toucans, qu'il leur a servi à nommer ces oiseaux, car en brésilien *toucan* veut dire *plume*. Les toucans, qui se nourrissent de fruits et d'insectes, vivent par bandes de six à dix individus, dans les lieux

Fig. 180. Toucan à gorge

humides où fleurit le palmier ; car le fruit de cet arbre est leur aliment favori. Pour manger, ils saisissent le fruit ou l'insecte avec l'extrémité du bec, le font sauter en l'air, le reçoivent dans le gosier, et l'avalent d'une seule pièce. S'il est trop gros, vu l'impossibilité où ils sont de le diviser, ils le rejettent, et en prennent un autre. On les voit rarement à terre ; et bien que leur vol soit lourd et pénible, ils s'élèvent jusqu'à la cime des plus grands arbres, où ils sont sans cesse en mouvement. Leur voix est une sorte de sifflement qu'ils font entendre assez fréquemment. Très défiants, ils se laissent difficilement approcher. Pendant la saison des couvées, ils attaquent les oiseaux plus faibles qu'eux, les chassent de leurs nids et dévorent les œufs ou les petits nouvellement éclos qu'ils renferment.

Ils font leur nid dans les trous des arbres creusés par les pics, et y déposent deux œufs. Ils ont tous un plumage très brillant et habitent le Paraguay, le Brésil et la Guyane.

On divise cette famille en *Toucans proprement dits* et en *Aracaris*. Ceux-ci se distinguent des premiers par leur plus petite taille, par leur bec plus solide et par leur queue plus longue. L'espèce la plus belle de la famille est le *Toucan du Brésil*, décrit par Buffon sous le nom de *Toucan à gorge jaune* (fig. 180). On employait autrefois, pour la parure des dames, les belles plumes orangées qui couvrent la gorge de cet oiseau. Du Brésil et du Pérou, cette mode passa en Europe, et l'on y vendit fort cher des manchons faits de gorges de toucans.

Famille des Coucous. — Les caractères généraux des oiseaux rangés dans cette famille sont : un bec légèrement courbé, de dimensions moyennes, des ailes ordinairement courtes et concaves, une queue étagée. On y comprend les genres *Coucou, Ani, Barbu, Couroucou, Touraco*.

Les *Coucous* ont des formes élégantes, le bec presque aussi long que la tête, largement fendu, comprimé et peu courbé, la queue assez longue et arrondie. Contrairement aux autres oiseaux de la même famille, ils ont les ailes longues et aiguës. Ils varient, pour la taille, entre celle des merles et celle de l'alouette. Leur vol est rapide et léger, mais ils sont incapables de résister aux vents un peu forts; aussi ne peuvent-ils accomplir de longs trajets sans se reposer.

On en connaît un grand nombre d'espèces, appartenant toutes à l'ancien continent. L'Afrique entière, l'Asie méridionale et certaines îles de l'Océanie sont habitées par les coucous. L'Europe n'en possède qu'une espèce, le *Coucou gris*, qui a été étudiée avec soin, et à laquelle se rapporte ce que nous avons à dire de ce groupe d'oiseaux.

Le coucou est essentiellement voyageur. Il passe la belle saison en Europe, et l'hiver en Afrique, ou dans les parties chaudes de l'Asie. Il arrive en France au mois d'avril, et repart à la fin d'août ou dans les premiers jours de septembre. Il voyage pendant la nuit, non par bandes nombreuses, mais seul, ou par groupes de deux ou trois individus au plus. Il se tient dans les parties les plus touffues des bois ; mais souvent aussi il parcourt la campagne, pour chercher sa nourriture, qui se compose d'insectes et principalement de chenilles. Il est d'une voracité effrayante, ce qui tient à l'énorme capacité de son estomac. D'un naturel hargneux et tyrannique, il ne souffre aucun rival de son espèce dans le canton qu'il a choisi ; si quelque intrus élève la prétention de s'y installer, il le poursuit sans trêve ni merci, jusqu'à ce qu'il ait abandonné la place.

Avec des dispositions aussi peu sociables, il doit peu s'accommoder du joug de l'homme. En effet, les adultes se laissent mourir de faim dans la captivité. Les jeunes sont moins rétifs et s'accoutument peu à peu à la servitude ; mais ils sont toujours désagréables à cause de leur humeur querelleuse, qui les empêche de vivre en captivité avec aucun autre oiseau.

Les coucous sont célèbres par leur manière toute particulière d'élever leur progéniture. Les femelles ne font pas de nid, ne couvent pas et n'ont pas soin de leurs petits. Elles déposent leurs œufs dans les nids des autres oiseaux, généralement dans ceux des petits passereaux insectivores, tels que l'alouette, la fauvette, le troglodyte, le rouge-gorge, le rossignol, la grive, le merle, etc., quelquefois aussi dans ceux de la pie, de la tourterelle et du ramier. Elles confient à ces étrangers le soin de faire éclore leurs œufs, puis de nourrir leur progéniture jusqu'à son complet développement. On a proposé diverses explications pour justifier cette anomalie, qui semble faire du coucou femelle une vraie marâtre. C'est à Florent-Prevost qu'on doit de posséder des renseignements certains sur ce point, resté longtemps obscur.

Suivant ce naturaliste, les coucous sont polygames, mais en sens inverse des autres oiseaux. Tandis que parmi ceux-ci les mâles ont plusieurs femelles, ce sont, chez les coucous, les femelles qui ont plusieurs mâles, parce que le sexe fort y est beaucoup plus nombreux que le faible. Ces dames n'ont pas de domicile fixe. A l'époque des amours, elles errent d'un canton à l'autre, résident deux ou trois jours avec le mâle de l'endroit, puis l'abandonnent, pour obéir à leur inconstance. C'est à ce moment que les mâles font entendre si fréquemment le cri que tout le monde connaît, et d'où ces oiseaux ont tiré leur nom. C'est une sorte d'appel ou de provocation pour les femelles, qui répondent, à leur tour, par un gloussement particulier.

Celles-ci pondent huit ou dix œufs, dans l'espace de six ou sept semaines. Elles en déposent ordinairement deux, presque simultanément, sur le sol, à deux ou trois jours d'intervalle. Lorsqu'elle a pondu un œuf, la femelle du coucou le

Fig. 181. Coucou gris.

saisit dans son bec, et va le porter furtivement dans le nid de quelque petit oiseau du canton, mais en profitant de l'absence des propriétaires, qui s'opposeraient certainement à son entreprise. On a vu des rouges-gorges, survenus à l'improviste, forcer l'étrangère à s'enfuir avec son fardeau. Le second œuf est également placé dans un nid du voisinage, mais jamais dans le même que le premier. La mère a sans doute conscience de la mauvaise situation qu'elle ferait aux deux nourrissons si elle agissait autrement; car les pauvres petits passereaux seraient assurément dans l'impossibilité de subvenir aux besoins de deux êtres aussi voraces que les jeunes coucous.

Nous ferons connaître à ce propos un fait que nous n'avons trouvé cité dans aucun ouvrage d'histoire naturelle. Il arrive souvent que la femelle du coucou a l'attention de tirer du nid un des œufs du passereau, de le briser avec son bec, et d'en disperser les coquilles, afin que la mère, en rentrant, retrouve le même nombre d'œufs qu'elle avait laissé au départ. C'est pour cela qu'aux alentours des nids où les coucous ont déposé leur progéniture, on voit fréquemment des morceaux de coquilles d'œufs. Cette action dénote de la part de l'oiseau qui nous occupe un raisonnement parfait, et par conséquent une véritable intelligence, quoi qu'en disent les grands philosophes qui refusent cette faculté aux animaux. Quand elle a ainsi placé ses œufs en nourrice, la femelle du coucou vient plusieurs fois vérifier s'ils sont bien soignés, et elle ne quitte le canton que lorsqu'elle a acquis une certitude à cet égard. Elle n'est donc pas aussi dépourvue de sollicitude à l'endroit de sa progéniture qu'on pourrait le croire tout d'abord. .

On comprend maintenant pourquoi la femelle du coucou ne remplit pas elle-même ses fonctions maternelles. Pondant ses œufs à des intervalles très éloignés, elle se trouverait dans la nécessité de couver plusieurs œufs et d'élever un petit dans le même temps; or ces deux occupations sont incompatibles, car la dernière entraîne des sorties fréquentes, dont s'accommodent fort mal les œufs, auxquels il faut pendant l'incubation une température égale et constante. Ce n'est donc pas par indifférence, mais par une action réfléchie, qu'elle confie à d'autres les soins maternels.

A peine éclos, le jeune coucou emploie ses forces naissantes à se débarrasser des véritables enfants de sa nourrice, afin d'être le seul à profiter de ses soins. Il se glisse sous les frêles créatures, les charge sur son dos, où il les maintient au moyen de ses ailes relevées, et se traînant jusqu'au bord du nid, il les précipite l'un après l'autre dans le vide. Le plus souvent, la mère, si péniblement frappée dans ses affections, conserve sa tendresse à ce perfide enfant d'adoption, et pourvoit à tous ses besoins jusqu'à l'époque du départ. Quelquefois pourtant elle ressent une telle colère de la perte de ses petits, qu'elle n'apporte aucune nourriture au monstre, et le laisse périr d'inanition.

A côté des coucous se placent les *Indicateurs*, petits oiseaux qui habitent l'intérieur de l'Afrique. Ils se nourrissent d'insectes et recherchent surtout les nymphes d'abeilles. Ils emploient, pour se les procurer, un manège fort curieux, qui dénote une parfaite intelligence. Lorsque l'un d'eux a découvert une ruche, il s'efforce d'attirer l'attention de la première personne qu'il rencontre, par des cris fréquemment répétés. Puis il la précède, en volant, et la conduit ainsi quelquefois à de fort grandes distances, jusqu'à l'emplacement de la ruche, qu'il prend soin de lui indiquer par tous les moyens dont il dispose. Pendant qu'on s'empare du miel, il reste aux alentours, observant ce qui se passe, et quand le travail est terminé, il vient recueillir le fruit de ses peines. Il s'émeut fort peu du bourdonnement des abeilles, qui voltigent autour de lui en cherchant à le piquer, car sa peau est à l'épreuve de l'aiguillon. Pourtant ces insectes l'attaquent souvent aux yeux, et parviennent quelquefois à l'aveugler. Le malheureux, incapable de se diriger, périt alors devant les lieux témoins de son triomphe. Les Hottentots estiment beaucoup les *Indicateurs*, à cause des services qu'ils leur rendent, en leur révélant les demeures des abeilles.

Le groupe des coucous est complété par plusieurs genres, très voisins du genre coucou proprement dit, sur lesquels il est inutile de nous étendre. Ce sont les *Malcohas*, les *Courols*, les *Coucals*, les *Couas*, les *Taccos* et les *Guiras*. Tous ces oiseaux sont étrangers. Les trois premiers genres appartiennent à l'ancien continent, et les trois derniers au Nouveau Monde.

Les *Anis* ont le bec gros, court, très comprimé, surmonté d'une crête mince et tranchante. Ils habitent les contrées de l'Amérique équatoriale, et vivent par troupes de trente à quarante au milieu des savanes et des marécages. Ils se nourrissent de petits reptiles et d'insectes; on les voit souvent s'abattre sur les bestiaux, pour dévorer les insectes parasites qui les tourmentent. De là leur est venu le nom scientifique de *Crotophages*, ou mangeurs d'insectes. Ils sont d'un naturel très doux, très confiant, et la vue de l'homme ne les épouvante pas. Pris jeunes, ils deviennent très familiers et aussi habiles que les perroquets dans l'art de parler.

Ils possèdent au plus haut degré l'instinct de la sociabilité,
à ce point qu'ils ne s'isolent même pas, comme tous les
autres oiseaux, à l'époque de la pariade. Ils construisent, soit
dans les arbres, soit dans les buissons, un nid commun, dans
lequel toutes les femelles viennent pondre et couver leurs
œufs. Ce nid est quelquefois partagé, par des cloisons, en un
certain nombre de cases, dont chacune appartient à une
femelle; mais la plupart du temps tous les œufs sont mé-
langés, et les femelles les couvent tous indistinctement.

Cette admirable entente ne cesse pas après la naissance des
petits : ceux-ci sont nourris par toutes les mères, qui considèrent chacun d'eux comme son propre enfant. Ces petites
républiques ne sont-elles pas des modèles de paix et de con-
corde, et l'homme n'y trouverait-il pas de salutaires exemples
de sociabilité?

Les deux principales espèces du genre sont l'*Ani des savanes* et l'*Ani des palétuviers :* le premier, de la grosseur d'un
merle; le second, de la taille du geai.

Les *Barbus* (fig. 182) doivent leur nom aux faisceaux de poils

Fig. 182. Barbu à gorge jaune.

raides qu'ils portent sous le bec. Leurs formes sont massives
et leur vol lourd. Habitant les contrées chaudes des deux con-

tinents, ils se tiennent dans d'épaisses forêts, solitairement ou par petites bandes. Ils se nourrissent de fruits, de baies et d'insectes; certaines espèces attaquent et dévorent même les jeunes oiseaux. Ils nichent dans les troncs d'arbres et y déposent un petit nombre d'œufs.

Levaillant prétend que les barbus vieux et infirmes sont soignés et nourris par ceux qui jouissent de toute leur vigueur. Il dit qu'ayant pris, dans un nid de républicains, cinq barbus, dont l'un était si vieux qu'il était incapable de se tenir sur ses jambes, et les ayant renfermés dans une cage, il vit « les quatre barbus bien portants s'empresser de donner à manger au moribond, relégué dans un des coins de la cage. » Il ajoute que le nid où il avait pris les barbus était rempli de noyaux et de débris d'insectes : ce qui donne à penser que le

Fig. 183. Couroucou resplendissant.

vieil invalide était depuis longtemps nourri par les compa-
tissants oiseaux. Si le fait est vrai, il est digne d'attirer l'attention des moralistes!

Les *Couroucous* ont, comme les barbus, la base du bec
garnie de poils. Leur plumage, doux et soyeux, brille des
couleurs les plus éclatantes, et leur queue est extrêmement
longue. Ils se rapprochent beaucoup des oiseaux de nuit par
leur naturel peu sociable, par leur humeur triste, par leur
vie solitaire, qui se passe dans les parties les plus sauvages
des bois. Comme eux aussi ils ne sortent que le matin et le
soir, pour chercher les insectes et les chenilles, dont ils font
leur principale nourriture. La présence de l'homme ne les
effarouche pas, et cette confiance entraîne souvent leur tré-
pas, car on les chasse très activement pour leur chair, qui
est, dit-on, excellente, ainsi que pour leurs belles plumes.
Leur nom leur vient du cri qu'ils poussent dans la saison
des amours.

Les couroucous habitent les régions intertropicales des
deux continents. L'espèce la plus remarquable est le *Couroucou resplendissant* (fig. 183), indigène au Mexique et au
Brésil. Cet oiseau, dont le plumage est d'un magnifique vert
d'émeraude, glacé d'or, a
la tête surmontée d'une
belle huppe de la même
couleur. Les filles des ca-
ciques du Nouveau Monde
utilisaient autrefois ses
plumes dans leurs paru-
res. Aujourd'hui encore
les créoles les font servir
aux mêmes usages. L'es-
pèce la plus commune est
le *Curucui* (fig. 184).

Fig. 184. Curucui.

Les *Touracos* sont des
oiseaux d'Afrique dont les
formes générales ont une certaine analogie avec celles des
hoccos. Ils vivent dans les forêts, et se plaisent sur les plus

hauts arbres, dont ils parcourent les branches en sautillant, avec une légèreté surprenante; mais leur vol est lourd et peu soutenu.

Famille des Pics. — Les oiseaux qui composent cette famille sont caractérisés par un bec assez long, conique, pointu, et par une langue très extensible. Ils forment deux genres : les *Pics* et les *Torcols*.

Les *Pics* excellent dans l'art de grimper, mais ils ne grim-pent pas à la ma-nière des perro-quets. Ils accom-plissent leurs as-censions en éten-dant leurs doigts, munis d'ongles re-courbés, sur les troncs des arbres, et s'y maintenant accrochés, puis se portant un peu plus loin, par un saut brusque et saccadé, et ainsi de suite. Ces mouvements sont facilités par la disposition de la queue, formée de pennes raides, ré-sistantes, et légè-rement usées à leur extrémité, lesquel-

Fig. 185. Pic noir.

les, s'appuyant contre l'arbre, servent, pour ainsi dire, d'arcs-boutants à l'oiseau. Grâce à cette organisation, les pics peu-vent parcourir les arbres dans tous les sens, aussi bien de haut en bas que de bas en haut, ou horizontalement.

Les pics sont d'un naturel timide et craintif. Ils vivent soli-tairement, au milieu ou sur la lisière des grandes forêts. Les insectes et leurs larves composent leur nourriture. C'est dans les troncs et les fentes des arbres qu'ils les cherchent. Leur langue est merveilleusement appropriée à ce travail d'exploration. Elle est très longue, et peut, par un mécanisme spécial, être projetée assez loin au dehors, pour atteindre des corps éloignés du bec de plus de cinq centimètres. Elle se termine, à son extrémité libre, par une pointe cornée, hérissée de petits crochets; de plus, elle est enduite d'une humeur visqueuse, sécrétée par deux glandes volumineuses dont l'effet est d'engluer, pour ainsi dire, les insectes qui s'y aventurent. Lorsque l'oiseau darde cette langue dans les anfractuosités qu'il rencontre, il la retire plus ou moins chargée d'insectes. S'il en aperçoit un qu'il ne puisse atteindre au moyen de cet organe, il a recours à son robuste bec. Frappant l'arbre à coups redoublés, il entame l'écorce et s'empare de la proie convoitée. Souvent aussi il donne des coups de bec pour sonder l'arbre, et s'assurer s'il n'y existe pas intérieurement quelque cavité qui serve de refuge aux insectes. Si le tronc rend un son creux, il l'examine de toutes parts, pour trouver l'issue du trou ainsi dévoilé. Lorsqu'il l'a découverte, il y introduit sa langue, et si le canal n'est pas assez large pour lui permettre d'explorer la cachette avec succès, il l'agrandit, au moyen de son bec, jusqu'à ce qu'aucun coin ne puisse échapper à ses investigations.

Fig. 186. Pic mar.

Ce n'est pas seulement pour chercher leur nourriture que les pics pratiquent des trous dans les troncs d'arbres ; c'est aussi pour y établir leurs nids. Certaines espèces, il est vrai, s'accommodent des anfractuosités naturelles qu'elles rencontrent; mais d'autres tiennent essentiellement à creuser des nids suivant leurs goûts. C'est alors qu'on les voit inspecter les arbres de bois tendre, tels que les hêtres, les trembles, etc., pour reconnaître ceux qui sont intérieurement viciés. Lorsqu'ils ont fait leur choix, le mâle et la femelle attaquent, à tour de rôle, l'écorce de l'arbre, et ne cessent de perforer que lorsqu'ils ont atteint la partie cariée. Le conduit qu'ils percent est ordinairement si oblique et si profond, que l'obscurité la plus complète y

règne. C'est là sans doute une mesure de sûreté contre les petits mammifères, et surtout contre les rongeurs, ennemis naturels de leur famille. La femelle dépose ses œufs sur un lit de mousse, ou de poussière de bois vermoulu.

Les petits croissent lentement, et reçoivent longtemps, dans le nid, les soins de leurs parents. En général, ils n'ont pas de voix, ou ne poussent que des cris désagréables. A l'époque des amours, ils emploient fréquem-

Fig. 187. Pic coiffé.

ment, pour s'appeler, un langage qui leur est propre : ils frappent de leur bec les troncs des arbres morts, et ces coups, qui s'entendent de très loin, suffisent pour attirer tous les pics du voisinage.

On considère généralement les pics comme des oiseaux nuisibles, parce qu'ils dégradent, dit-on, les arbres des forêts et des vergers; et on leur fait, pour ce motif, une guerre acharnée. On devrait au contraire les protéger, car ils détruisent les insectes, les véritables ennemis des arbres. D'ailleurs ils n'attaquent presque jamais les arbres sains ; ils réservent leurs coups pour ceux qui sont vermoulus.

On connaît un grand nombre d'espèces de pics, qui sont répandues sur les deux continents. L'Europe en possède huit, sur lesquelles sept vivent en France, soit à l'état sédentaire, soit comme oiseaux de passage. Les principales sont le *Pic noir* (fig. 185), le *Pic épeiche*, espèce d'Europe, le *Pic mar* (fig. 186), et le *Pic-Vert* ou *Pivert*.

Une autre espèce, le *Pic coiffé* (fig. 187), habite les vastes forêts qui couvrent les montagnes du nord de l'Europe et de l'Amérique.

Le *Torcol* doit son nom à la curieuse propriété qu'il possède de tordre son cou, de manière à tourner la tête dans tous les sens. Il répète ce mouvement à chaque instant, surtout sous l'influence de la surprise ou de la colère. En même temps ses yeux deviennent fixes, les plumes de sa tête se hérissent et sa queue s'épanouit.

Fig. 188. Torcol.

Il peut, comme les pics, s'accrocher aux arbres, et s'y tenir verticalement pendant un temps assez long ; mais il est incapable de grimper.

La faiblesse de son bec ne lui permet pas non plus de fouiller les arbres. Aussi cherche-t-il sa nourriture à terre, principalement parmi les fourmilières. Il mène une existence solitaire, dont il ne sort qu'au moment de la pariade, pour se rapprocher de sa femelle. Il conserve cependant un caractère confiant, n'évite guère la présence de l'homme, et devient très familier en captivité. Il niche dans les trous naturels des arbres ou dans ceux creusés par les pics. Son plumage est agréable et sa taille égale celle de l'alouette. Il habite tout l'ancien continent et n'est pas sédentaire en France.

Fig. 189. Jacamar vert.

Les *Jacamars* habitent l'Amérique équatoriale. Ils sont ca-

Fig. 190. Jacamar à queue rouge.

ractérisés par un bec long et pointu, des tarses courts et des

ailes courtes ou obtuses. Ils ont trois ou quatre doigts, suivant les espèces.

Leurs mœurs sont peu connues. On sait seulement qu'ils
vivent isolés ou par paires; qu'ils sont lourds, se donnent
peu de mouvement et ne s'écartent que rarement du canton
où ils ont élu domicile. Toutes les espèces ne fréquentent
pas les mêmes lieux : les unes affectionnent les bois épais, les
autres préfèrent les plaines, d'autres enfin se plaisent dans
les lieux humides; mais toutes sont insectivores. Par leurs
mœurs, comme par leurs caractères physiques, les jacamars
paraissent se rapprocher des martins-pêcheurs, dont nous
parlerons dans l'ordre suivant.

Nous représentons le *Jacamar vert* (fig. 189) et le *Jacamar
à queue rouge* (fig. 190), espèce nouvelle propre à la Floride.

ORDRE DES PASSEREAUX

Les *Passereaux* (de *passer*, nom latin du moineau franc) forment la division la moins naturelle de la classe des Oiseaux. On chercherait vainement dans cet ordre le caractère d'homogénéité qui distingue les précédents. Il est bien difficile d'apercevoir les liens qui rattachent, par exemple, les corbeaux aux hirondelles et surtout aux oiseaux-mouches. Ces volatiles si divers appartiennent tous cependant à la famille des Passereaux. On peut dire que cet ordre ne présente que des caractères négatifs : il réunit, en un bizarre assemblage, tout ce qui n'est ni Palmipède, ni Échassier, ni Gallinacé, ni Grimpeur, ni Rapace.

Le seul trait physique, mais sans grande valeur, qui soit commun à tous les Passereaux, c'est d'avoir le doigt externe uni à celui du milieu, sur une longueur plus ou moins étendue.

En général, les grains, les insectes ou les fruits subviennent à leur nourriture. Ils vivent seuls ou par paires, volent avec aisance, marchent en sautillant, dorment et nichent sur les arbres.

C'est parmi les Passereaux qu'on trouve ces aimables chanteurs dont les concerts nous charment si délicieusement sous la feuillée. On en rencontre même quelques-uns qui possèdent, à un certain degré, le don d'imiter le langage humain et les cris des autres animaux. Beaucoup d'entre eux flattent agréablement la vue par leurs brillantes parures; quelques espèces constituent d'excellent gibier, fort apprécié des gourmets. L'homme a réduit en captivité un grand nombre de Passereaux, mais il n'a pu parvenir à en faire des oiseaux domestiques.

Cuvier a divisé les Passereaux en cinq grandes familles : les *Syndactyles*, les *Ténuirostres*, les *Conirostres*, les *Fissirostres* et les *Dentirostres*. La première est fondée sur la structure du pied, les quatre autres sur la forme du bec. Mais ce dernier caractère est assez arbitraire, et il n'est pas toujours facile d'assigner une place à tel ou tel Passereau dans la classification, si l'on se borne à la seule inspection du bec. Nous suivrons toutefois cette distribution, qui est encore généralement adoptée.

Famille des Syndactyles. — Les *Syndactyles* (*à doigts unis*) sont des oiseaux chez lesquels le doigt externe, presque aussi long que le doigt du milieu, lui est soudé jusqu'à l'avant-dernière articulation. Les oiseaux qui composent cette famille ont entre eux peu d'analogie, le caractère physique que nous venons de signaler étant artificiel.

Dans cette famille se trouvent les genres *Calao, Todier, Martin-Pêcheur, Ceyx, Guêpier, Momot.*

Les *Calaos* sont remarquables par l'énorme développement de leur bec, qui est dentelé, et surmonté, chez certaines espèces, de proéminences volumineuses. Ce bec est cependant léger, car il est de nature celluleuse, comme celui des toucans.

Les calaos ont quelque chose du port des corbeaux; ils marchent mal, ne volent pas mieux, et se tiennent presque constamment perchés sur les arbres élevés. Ils habitent, en troupes nombreuses, les forêts des contrées chaudes de l'ancien continent, principalement de l'Afrique, des Indes et de l'archipel Océanien, et nichent dans les creux des arbres. Ils sont omnivores, et quoique les fruits, les graines et les insectes forment le fond de leur nourriture, ils se repaissent aussi de chair vivante ou morte. Dans les Indes, on les élève en domesticité, à cause des services qu'ils rendent en purgeant les habitations des rats et des souris. Leur plumage est de couleur noire ou grise, variée de blanc. Leur chair est délicate, surtout lorsqu'ils se nourrissent de graines aromatiques.

On en connaît un grand nombre d'espèces, très variables de taille. La plus digne de fixer l'attention est le *Calao rhinocéros* (fig. 191). Cet oiseau est ainsi nommé parce qu'il a le bec surmonté d'une sorte de casque énorme, rappelant la corne du rhinocéros. Il habite les Indes orientales.

Dans un *Voyage à l'archipel Malaisien,* M. Russel Vallace

parle en ces termes de la capture d'une famille de Calaos aux
environs de Sumatra :

« Pendant que j'attendais dans un village, dit M. Russel Vallace, qu'on
calfeutrât notre embarcation, j'eus la bonne fortune d'ajouter à mes
trésors trois calaos de la grande espèce (*Buceros bicornis*), le mâle, la
femelle et son petit. Mes chasseurs, que j'avais envoyés à la découverte,
m'apportèrent d'abord le père ; ils venaient de le tuer pendant qu'il donnait à manger à sa femelle, « murée » dans le creux d'un arbre ; j'avais
souvent entendu parler de cette singulière habitude, et je m'empressai

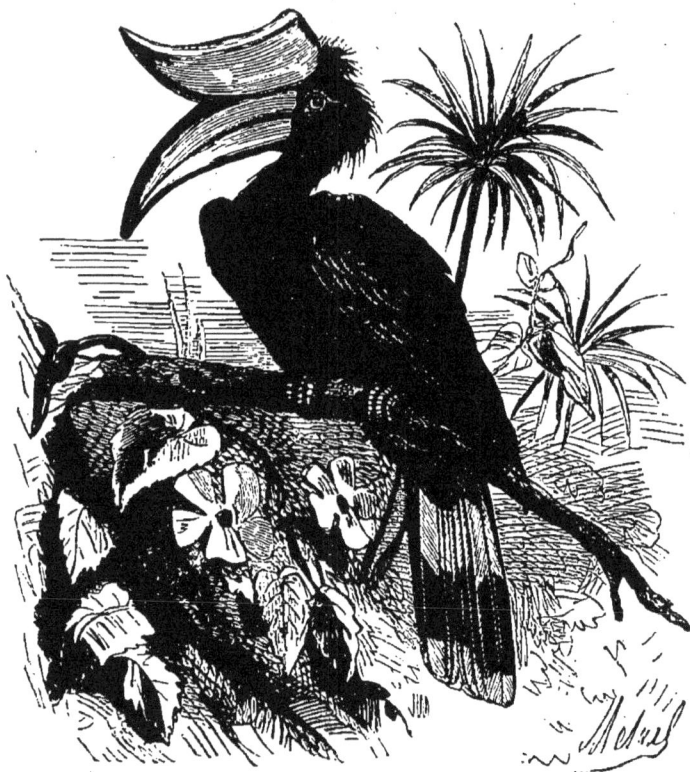

Fig. 191. Calao rhinocéros.

de me rendre sur les lieux, en compagnie de quelques indigènes. Après
avoir traversé un ruisseau et une tourbière, nous arrivâmes à un grand
arbre incliné sur l'eau ; sur sa face inférieure, à une vingtaine de pieds
environ, paraissait un large pâté de boue, percé d'une petite ouverture ;
j'entendais la voix rauque de l'oiseau, je le voyais avancer l'extrémité de
son bec. J'offris une roupie au grimpeur qui voudrait me le remettre
avec son œuf ou son petit, mais personne ne faisait mine de se risquer ;
je m'en retournai assez décontenancé. Une heure après, un cri enroué
vint frapper mes oreilles : on m'apportait ce que j'avais demandé. Le
jeune était bien le plus drôle d'oiseau qu'on pût voir : aussi gros qu'un

pigeon, il n'avait pas encore un atome de duvet. Très dodu, mou, avec
une peau translucide, il ressemblait à une boule de gelée dans laquelle
on aurait planté une tête et des pattes.

« Plusieurs espèces de grands calaos ont les mêmes mœurs que le Buceros bicornis. Le mâle cloître sa compagne et son œuf pendant l'époque

Fig. 192. Calao et son petit.

de l'incubation et pourvoit à leurs besoins jusqu'à ce que le jeune ait
tout son plumage. Encore un de ces faits d'histoire naturelle qu'on peut
dire « plus étrange qu'une fiction [1] »

La figure 192 représente le calao retiré dans le creux de

1. *Le Tour du Monde*, 1872, 2e semestre, p. 232-234.

l'arbre, dont parle M. Russel Vallace, et donnant la pâture à son petit.

Les *Todiers* ont le bec [long, grêle, aplati, les tarses assez élevés et la queue courte. Ils vivent presque toujours à terre, et se nourrissent d'insectes, qu'ils attrapent en volant. Ils établissent leur nid sur le bord des rivières, dans des crevasses ou dans des pierres tendres, qu'ils creusent à l'aide du bec et des pieds. Ils sont de petite taille, d'où leur nom de Todiers (*todus*, petit oiseau). On les rencontre dans les régions équatoriales de l'Amérique.

Les *Martins-pêcheurs* sont des oiseaux assez singuliers.

Fig. 193. Martin-pêcheur.

Leur bec, droit, anguleux et robuste, d'une longueur et d'une grosseur hors de proportion avec leur petite taille; leur tête forte et allongée; leurs formes épaisses et trapues; leurs ailes et leur queue médiocres, leurs tarses courts, placés à l'arrière du corps; leurs riches couleurs, où domine le bleu : tout, chez eux, contribue à attirer les regards. Ils ne sont pas moins intéressants par leurs mœurs que par leurs dehors physiques. Vivant sur le bord des eaux, ils se nourrissent, comme leur nom l'indique, presque exclusivement de poissons, qu'ils savent attendre et saisir avec une patience et une adresse admirables. Perchés sur une branche morte, ou sur une pierre qui surgit du milieu de l'eau, le martin-pêcheur reste des heures entières dans une immobilité absolue. Dès qu'il aperçoit une proie à la surface, il fond sur elle, l'étreint de ses puissantes mandibules, et, après l'avoir brisée, soit par compression, soit par choc contre une pierre ou un tronc d'arbre, il l'avale, la tête la première. Lorsque les poissons lui font défaut, il se rabat sur les insectes aquatiques; mais alors il chasse en volant. Ses mouvements dans l'air sont vifs et peu soutenus; il se déplace par saccades, et s'élève peu au-dessus du sol. La brièveté de ses tarses lui rend la marche fort difficile.

Les martins-pêcheurs sont antisociables; ils vivent constamment dans la solitude, excepté au printemps, où les sexes se rapprochent.

Comme les todiers, ils nichent sur les berges des rivières, dans les anfractuosités naturelles ou les trous creusés par les rats d'eau, et ils encombrent leur demeure des restes de leurs repas.

Le père et la mère couvent alternativement, et nourrissent leurs petits du produit de leur pêche. Ces oiseaux ne chantent point et leur chair est désagréable.

Les martins-pêcheurs sont les *alcyons* des anciens. Quantité de fables ridicules ont couru sur leur compte. On leur attribuait autrefois la propriété d'indiquer le vent après leur mort, de faire sécher le bois sur lequel ils s'arrêtaient. On accordait à leur corps desséché la faculté d'écarter la foudre, de donner en partage la beauté, d'amener la paix et l'abondance. Aujourd'hui encore, dans certaines provinces, on s'imagine que leur dépouille préserve les draps et autres étoffes des attaques des teignes : les dénominations d'*oiseaux-teignes*, de *drapiers*, *garde-boutique*, qu'on leur a donnés, consacrent cette absurde croyance.

Les martins-pêcheurs sont répandus sur toute la surface du globe.

Ils comprennent un grand nombre d'espèces, qui habitent surtout les régions chaudes de l'Afrique et de l'Asie. L'Europe en possède une espèce qui n'est pas plus grosse qu'un moineau et qui est une des plus jolies sous le point de vue des couleurs.

Quoi de plus brillant que de voir le martin-pêcheur tracer

un sillon d'azur et d'émeraude, en partant subitement le long d'un ruisseau!

Il faut distinguer les *Martins-pêcheurs proprement dits*, ou *riverains*, des *Martins-chasseurs*, ou *sylvains*. Ces derniers, en tout semblables aux premiers par les caractères physiques, en diffèrent essentiellement par leurs habitudes. En effet, ils habitent les bois, se nourrissent d'insectes et nichent dans les trous creusés par les pics.

Les *Ceyx* sont des martins-pêcheurs dont le doigt interne est supprimé. Ils ont le même régime et les mêmes mœurs que les précédents.

Les *Guêpiers* ont le bec long, mince, arqué et pointu,

Fig. 194. Guêpier commun.

pourvu d'une arête tranchante; les tarses très courts; les ailes longues et aiguës; la queue développée, égale, étagée ou fourchue. Ce sont des oiseaux sveltes, légers et criards, qui parcourent incessamment les airs d'un vol rapide et soutenu. Ils tirent leur nom de leur genre de nourriture, qui se compose d'hyménoptères, et surtout d'abeilles et de guêpes. Ils saisissent ces insectes, soit au vol, à la manière des hirondelles, soit en s'embusquant à l'entrée de leurs demeures, et happant tous les individus qui entrent ou qui sortent. Ils sont d'ailleurs assez habiles pour éviter leurs piqûres. Vivant par bandes nombreuses, même au temps de la reproduction, ils purgent rapidement un canton des espèces d'hyménoptères qu'ils recherchent; ils passent alors dans un autre, pour subvenir à leur alimentation.

Ils établissent leur nid sur les berges des fleuves et des rivières, à l'extrémité de profondes galeries, qu'ils creusent eux-mêmes et qui atteignent parfois jusqu'à deux mètres de longueur. Certaines espèces sont de très estimables gibiers.

Les guêpiers habitent les régions brûlantes de l'ancien continent, particulièrement le Sénégal, le Cap et le Bengale. On en trouve en Europe une espèce, le *Guêpier commun* (fig. 194), qui émigre régulièrement chaque année. Elle arrive en mai, repart en automne et s'aventure rarement plus haut que le midi de la France.

On désigne sous le nom de *Momots* des oiseaux encore

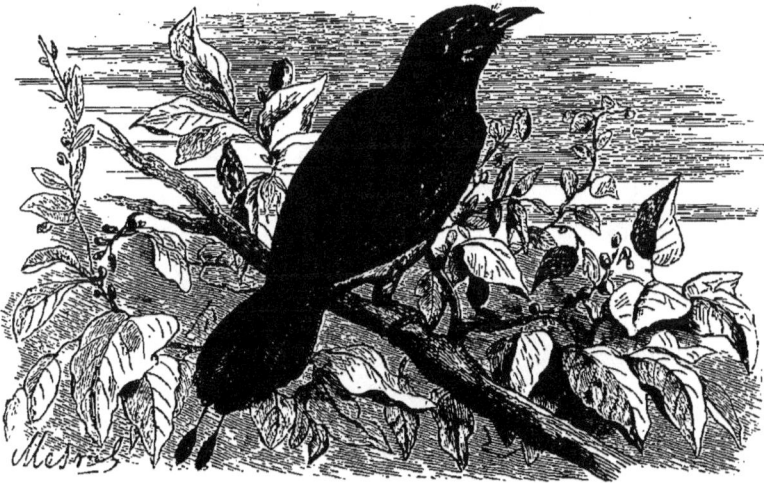

Fig. 195. Momot.

peu connus, qui se distinguent par des formes massives, par un vol lourd et difficile, par un bec long, robuste, crénelé sur les bords, et par une langue étroite et barbelée comme celle des Toucans. Ils sont très sauvages, vivent isolés dans les épaisses forêts de l'Amérique du Sud, et nichent dans des trous creusés par certains mammifères.

Famille des Ténuirostres. — Les *Passereaux ténuirostres* sont caractérisés par un bec long et grêle, droit ou arqué, mais toujours sans échancrure. C'est dire qu'ils sont insectivores. Ils comprennent les genres *Huppe*, *Colibri*, *Grimpereau* et *Sitelle*.

Les *Huppes* ont le bec très long, grêle, triangulaire et un peu arqué.

Fig. 196. Huppe commune.

· On a placé dans ce genre un certain nombre d'oiseaux dont les formes générales présentent la plus grande analogie, mais qui empruntent chacun aux dispositions particulières de leur plumage une physionomie spéciale. C'est ce qui a nécessité sa subdivision en plusieurs sous-genres : les *Huppes propre- ment dites*, les *Épimaques*, les *Promérops* et les *Craves*.

Les *Huppes proprement dites* sont facilement reconnaissables

à la double rangée de longues plumes qui surmontent leur
tête et qu'elles peuvent redresser à volonté. Elles vivent solitairement, dans les terres basses et humides, à la recherche
des vers, des insectes et des petits mollusques terrestres. On
les voit souvent fouiller les excréments des bestiaux, pour y
saisir les insectes qu'ils renferment. Elles marchent avec grâce
et légèreté; aussi passent-elles presque toute leur existence
sur le sol. Elles ne perchent que rarement et ne se soutien-
nent en l'air que par de visibles efforts. Elles ne chantent point,
et poussent assez souvent deux cris qui peuvent se rendre par
zi, zi; houp, houp. Elles nichent dans les fentes des rochers ou

Fig. 197. Épimaque multifil.

des murs et dans les trous
des arbres; c'est là aussi
qu'elles se retirent pour passer la nuit. Leur nid exhale
une odeur infecte, due aux dé-
jections des jeunes. Prises très
jeunes, elles s'apprivoisent
facilement et sont susceptibles
d'un grand attachement pour
la personne qui les soigne.

Les Huppes habitent les
parties chaudes de l'Afrique.
L'une d'elles, la *Huppe commune,* ou *Puput* (fig. 196),
vient chaque année passer la
belle saison en Europe. Pen-
dant le printemps et l'été, elle est assez répandue en France.
A l'époque de son départ, c'est-à-dire au mois de septembre,
elle possède assez d'embonpoint pour être un morceau délicat.

Les *Épimaques* sont de beaux oiseaux, chez lesquels les
plumes des flancs sont développées en fils déliés ou en panaches élégants. Leur plumage, richement coloré, brille des reflets les plus éclatants. On ne connaît rien encore de leurs
mœurs. Ils habitent la Nouvelle-Guinée et l'Australie. L'espèce
la plus remarquable est l'*Épimaque à douze filets* ou *Multifil*
(fig. 197), qui porte six longs filets de chaque côté du corps.

Les *Proméraps* se distinguent des *Huppes proprement dites*
par l'absence de huppe, par leur queue très longue et par leur

langue fourchue et extensible. Ils habitent l'Afrique et n'ont
pas été plus étudiés que les précédents.

Enfin les *Craves* ont quelque chose des allures et des habitudes des corbeaux. C'est ce qui a déterminé plusieurs naturalistes à les placer à côté de ces derniers, malgré leur bec
long et grêle.

Le genre *Colibri* se subdivise en *Oiseaux-mouches*, ou espèce

Fig. 198. Colibri (Topaze et son nid).

à bec droit, et *vrais colibris*, ou espèce à bec arqué. Sauf cette
légère différence, les oiseaux-mouches et les colibris sont
parfaitement semblables : ils ont la même exiguïté, le même
éclat, les mêmes habitudes. Parler des uns, c'est en même
temps décrire les autres : on nous permettra donc de ne pas
séparer leur histoire.

Les colibris et les oiseaux-mouches sont les plus ravissants des êtres ailés. La nature s'est plu à les combler de tous ses dons. En les créant, elle semble avoir fait effort sur elle-même et épuisé pour eux toutes les séductions dont elle dispose : grâce, élégance, célérité, costume splendide, courage indomptable, elle leur a tout dispensé. Qu'on ne lui demande pas davantage, après un pareil tour de force! Elle a mis toute son âme dans ces délicieux bijoux, et en voulant les surpasser elle se montrerait peut-être inférieure à elle-même. Quoi de plus adorable, en effet, que ces petits lutins, étincelant des feux réunis du rubis, de la topaze, du saphir et de l'émeraude, qui voltigent de fleur en fleur, au milieu de la riche végétation des tropiques, et qui semblent, par leur bourdonnement continu, venir en aide à la chaleur du jour, pour plonger dans un repos bienfaiteur et réparateur les habitants de ces régions brûlantes! Leur légèreté est si grande, leur vol si rapide, et leur taille si faible, dans certaines espèces, que l'œil ne peut suivre les battements précipités de leurs ailes effilées. Lorsqu'ils planent, ils semblent complètement immobiles : on les croirait suspendus par d'invisibles fils.

Créés spécialement pour une vie aérienne, ils sont sans cesse en mouvement, occupés à chercher leur nourriture dans les calices des fleurs. Leurs petits yeux, vifs et brillants, en scrutent les recoins les plus cachés; et dès qu'ils y ont découvert quelque insecte, leur bec aigu va le saisir avec tant de délicatesse, que la plante en est à peine effleurée. Ils s'abreuvent aussi du suc et du miel des fleurs, mais ils n'en font pas leur aliment exclusif, comme l'ont affirmé beaucoup d'auteurs. Ce régime, peu substantiel, serait insuffisant pour soutenir la prodigieuse activité qu'ils déploient à tous les moments de leur existence.

Leur langue, dont ils se servent comme d'une trompe, est un microscopique instrument, merveilleusement agencé. Elle se compose de deux demi-tubes, placés l'un contre l'autre, et susceptibles de s'écarter ou de se rapprocher, comme les branches d'une pince; de plus elle est constamment humectée par une salive gluante qui a pour objet de retenir les insectes. On voit qu'elle n'est pas sans analogie avec celle du pic.

Fiers de leur parure, les colibris et les oiseaux-mouches en prennent le plus grand soin. Ils passent fréquemment leur

Fig. 199. Colibri émeraude.

bec dans leurs plumes, pour les lisser et en maintenir l'éclat.
Ils sont d'une vivacité, d'une pétulance indescriptibles, et ils
manifestent souvent des sentiments belliqueux qu'on serait

Fig. 200. Nid de Colibri à plastron noir (*Lampornis mango*).

loin d'attendre d'aussi chétives créatures. Ils attaquent des
oiseaux beaucoup plus gros qu'eux, les harcèlent, les poursuivent sans relâche, les menacent aux yeux, et parviennent
toujours à les mettre en fuite. Ils se combattent même mutuel-

lement. Si deux mâles se rencontrent sur le calice d'une fleur, ils se précipitent quelquefois l'un sur l'autre, et s'élèvent en jetant des cris, jusqu'à perte de vue. Après quoi, le vainqueur revient à la fleur, cause première du conflit et juste prix de sa vaillance.

Le nid du colibri, comme celui de l'oiseau-mouche, est un chef-d'œuvre d'architecture. Il est gros comme la moitié d'un abricot ou d'un œuf de poule. Les matériaux en sont apportés par le mâle et disposés ensuite par la femelle. Tissu de lichens artistement entrelacés et collés ensemble par la salive de l'oiseau, il est garni intérieurement de ouate ou de fibres soyeuses arrachées à diverses plantes.

Ce joli berceau est suspendu, soit à une feuille, soit à une petite branche, soit même à un simple fétu de paille, attenant au toit de la case d'un indigène. C'est là que la mère dépose, deux fois l'an, une paire d'œufs, tout blancs, et comparables à des pois pour la grosseur.

Les petits brisent leur coquille après six jours d'incubation ; une semaine plus tard, ils sont capables de voler. Durant toute la saison des amours, les époux se prodiguent les plus tendres caresses; ils ont aussi beaucoup d'affection pour leur progéniture.

Nous reproduisons ici (fig. 201) une planche de l'*Ornithologie* de Gould. C'est une famille de colibris (*Typhana Duponti*) fixée à une branche de rosier. Le mignon et moelleux nid de coton se balance à l'extrémité d'un flexible rameau, tandis que le mâle et la femelle butinent les insectes aériens, ou s'abreuvent des gouttes de rosée que distillent les pétales des fleurs.

Nous avons représenté plus haut (fig. 200) une autre espèce de colibri: le *Colibri à plastron noir* (*Lampornis mango*).

Tous les peuples ont eu recours à de vives images pour désigner les oiseaux-mouches. Le nom que nous leur avons donné prend sa source dans leur excessive petitesse. Les Anglais, ayant égard à leurs bourdonnements, les appellent *Humming birds* (oiseaux bourdonnants); les créoles des Antilles et de Cayenne, *Murmures*, *Bourdons* et *Frous-frous;* les Espagnols les ont nommés *Picaflores* ou *Becque-fleurs*, et les Brésiliens *Chupaflores* ou *Suce-fleurs;* enfin, pour les Indiens,

Fig. 201. Famille de Colibris (*Typhana Duponti*).

ces êtres aériens sont des *Cheveux de soleil* ou des *Rayons de soleil.*

Les oiseaux-mouches sont fort recherchés, non à cause de leur chair, qui est d'un trop faible volume, mais pour leurs plumes, dont les femmes se composent divers ornements, tels que colliers, pendants d'oreilles, etc. Certaines peuplades d'Indiens converties au christianisme savent s'en servir pour

Fig 202. Oiseau-mouche de Sapho.

fabriquer de très curieuses figures de saints. Les Mexicains et les Péruviens les employaient de même autrefois dans la confection de riches manteaux et de petits tableaux, pleins de fraîcheur et d'éclat. Tous les soldats de notre expédition du Mexique ont rapporté de ces petits tableaux, représentant des oiseaux, des cages, etc., exécutés avec des plumes de colibri.

Il est très difficile de les conserver longtemps en captivité, non pas qu'ils ne soient très familiers et très caressants, mais leur nature vive, frêle et délicate ne s'accommode pas de l'horizon borné d'une cage. Ils meurent au bout de quelques mois, malgré tous les soins qu'on peut leur prodiguer.

On les chasse, dans le pays, soit avec de la cendrée ou une sarbacane, soit avec un filet à papillons, si l'on veut les prendre vivants.

Il faut citer, parmi leurs ennemis les plus redoutables, une monstrueuse araignée, la *mygale aviculaire*, qui tend sa toile autour de leur nid, et dévore les œufs ou les petits, en l'absence des parents, qu'elle immole aussi quelquefois.

Les colibris et les oiseaux-mouches habitent toute l'Amérique méridionale et une partie de l'Amérique septentrionale, jusqu'à l'État de Massachussets; mais c'est au Brésil et à la Guyane qu'ils sont le plus abondants. On en connaît au moins cent cinquante espèces, dont les plus remarquables sont : parmi les colibris, le *Topaze* (fig. 198), le *Colibri émeraude* (fig. 199), le *Grenat*, le *Hausse-col doré*, le *Hausse-col vert*, le *Plastron bleu*, le *Plastron noir* (fig. 200); et parmi les oiseaux-mouches, l'*Oiseau-mouche géant*, qui atteint la taille de l'hirondelle; le *plus petit Oiseau-mouche*, dont la grandeur n'excède pas celle d'une grosse mouche; le *Huppe-col*, le *Rubis-topaze*, l'*Améthyste*, l'*Oiseau-mouche Delalande* ou *Plumet bleu*, l'*Oiseau-mouche de Sapho* (fig. 202), et l'*Oiseau-mouche à raquettes*, ainsi nommé à cause de sa queue d'où partent deux longs brins rectilignes qui s'élargissent à leur extrémité en forme de raquettes.

Les *Grimpereaux* sont caractérisés par un bec arqué, et par une queue usée, finissant en pointe raide, comme celle des pics. Ils comprennent plusieurs sous-genres, dont les principaux sont : les *Grimpereaux proprement dits*, les *Échelettes*, les *Picucules*, les *Fourniers*, les *Sucriers* et les *Soui-Mangas*.

Les *Grimpereaux proprement dits* (fig. 203) sont de petits oiseaux qui grimpent aux arbres, à la manière des pics, pour découvrir sous l'écorce les insectes qui y sont installés. Ils nichent dans les trous des arbres, et profitent sans doute, quoi qu'en disent certains auteurs, de ceux pratiqués par les pics : il est peu probable, en effet, d'après la forme et la faiblesse de leur bec, qu'ils puissent entamer eux-mêmes un bois aussi dur que le chêne, pour lequel ils ont une préférence marquée. Le *Grimpereau familier* est répandu dans presque toutès les contrées de l'Europe; il est assez commun en France.

Les *Échelettes*, appelés aussi *Grimpereaux des murailles*, doivent leur nom à l'habitude qu'ils ont de grimper le long des murs des édifices ou des rochers coupés à pic. Leur désignation scientifique est *Tichodrome (coureur de murailles)*. Ils ne trouvent pas dans leur queue un point d'appui, comme les vrais grimpereaux. Ils se cramponnent simplement avec

Fig. 203. Grimpereau familier.

leurs pieds, et s'aident, pour monter, d'un petit mouvement des ailes. Ils se nourrissent d'insectes et surtout d'araignées, vivent solitairement sur les hautes montagnes et ne descendent dans les plaines qu'aux premiers froids. On les trouve dans toute l'Europe méridionale.

Les *Picucules*, ou *Pics-Grimpereaux*, ont les mêmes formes et les mêmes habitudes que les grimpereaux; seulement ils ont le bec beaucoup plus fort et plus hardiment courbé dans quelques espèces. Les picucules habitent le Brésil et la Guyane.

Les *Fourniers* (fig. 204) vivent seuls, ou par paires, dans

les plaines du Chili, du Brésil et de la Guyane. Ils se nour
rissent de graines, mais mangent aussi des insectes. D'un
naturel confiant, ils ne fuient pas le voisinage de l'homme,
et s'approchent même fréquemment des habitations.

Ce qui les rend dignes d'intérêt, c'est le nid qu'ils construisent, soit sur les arbres, soit sur les poteaux, les pa-
lissades ou les fenêtres des maisons. Cet ouvrage considérable, eu égard à la petite taille de l'oiseau, ne mesure pas
moins de trente centimètres de diamètre. Il est tout entier en
argile et présente la forme d'un four, divisé, à l'intérieur, en

Fig. 204. Fournier et son nid.

deux compartiments, par une cloison partant de l'ouverture;
c'est dans la chambre inférieure que la femelle dépose ses
œufs. Le mâle et la femelle apportent, alternativement, de
petites boules de terre glaise pour l'édification du nid, et travaillent si rapidement, qu'ils ont quelquefois tout terminé en
deux jours. Certaines espèces construisent sur les arbres des
abris plus grands encore, entremêlés de branches épineuses,
et pourvus d'une ou de plusieurs entrées : celui de l'*An-
numbi* a quarante centimètres de diamètre sur soixante de
hauteur.

Les *Sucriers* sont des oiseaux d'Amérique, ainsi nommés

parce qu'ils aiment beaucoup les substances de saveur douce. Aussi sont-ils souvent occupés à sucer le miel des fleurs et à pomper le jus des cannes à sucre, par les crevasses de la tige. Ils ont, comme les colibris, la langue divisée en deux filets, et s'en servent pour saisir les insectes qui font la base de leur nourriture. Leur taille est médiocre et leur plumage éclatant.

C'est parmi les sucriers qu'on range les *Guits-Guits*, ingénieux petits êtres, qui construisent un nid en forme de cornue, et le suspendent à des branches flexibles, l'ouverture en bas, afin de soustraire leur progéniture aux attaques de leurs ennemis.

Les *Soui-Mangas* ont le même goût que les précédents pour le sucre; cette prédilection justifie leur nom, qui signifie *mangeurs de sucre* en langue malgache. Ils habitent l'Afrique méridionale et les Indes, et représentent, dans l'ancien continent, les colibris du nouveau-monde.

Fig. 205. Soui-Manga.

Ils en ont la gaîté, la vivacité, les brillantes couleurs. Comme eux, ils aiment à plonger dans la corolle des fleurs leur langue extensible et bifide. Ils ne revêtent leur brillant costume que pendant la saison des amours.

Les *Sittelles* (fig. 206) ont le bec droit, pyramidal et pointu, couvert à sa base de petites plumes dirigées en avant; les doigts longs, munis d'ongles forts et crochus. Leurs habitudes tiennent beaucoup de celles des grimpereaux.

On trouve les sittelles dans l'Amérique et les îles de l'Océanie.

Fig. 206. Sittelle torche-pot.

Famille des Conirostres. — Les *Passereaux coniros-tres* sont caractérisés par un bec fort, plus ou moins conique et sans échancrure. Ils sont généralement granivores; mais quelques espèces sont insectivores ou carnivores. Ils comprennent les genres *Paradisier, Corbeau, Rollier, Étourneau, Cassique, Pique-bœuf, Coliou, Bec-croisé, Moineau, Bruant, Mésange, Alouette.*

Les *Paradisiers*, vulgairement nommés *Oiseaux de paradis*, ont le bec droit, comprimé, robuste, et les narines recouvertes de plumes veloutées. Ces oiseaux, dont le costume ne le cède en rien, pour l'éclat de la variété des couleurs, à celui des colibris, sont remarquables par des plumes longues et diversement situées, qui font leur plus belle parure. Tantôt ce sont des panaches légers et gracieux, qui retombent le long des flancs; tantôt des plumes fines et déliées, ou *filets*, qui garnissent soit les côtés de la tête, soit la queue de l'oiseau.

Les paradisiers ont un habitat fort restreint : on ne les trouve qu'à la Nouvelle-Guinée, ou Terre des Papous, située au nord de l'Australie. Ils vivent dans d'épaisses forêts, se nourrissent de fruits et d'insectes, et sont surtout friands de muscades. Quelques-uns aiment la solitude, mais la plupart se réunissent en bandes nombreuses, et voyagent de canton en canton, à l'époque des moussons. Leur vol, léger et rapide, est comparable à celui des hirondelles, d'où le nom d'*Hirondelles de Ternate*[1]

---

1. *Ternate* est une des îles de l'Océanie qui font partie de l'archipel des Moluques, au nord-ouest de la Nouvelle-Guinée.

qu'on leur donne quelquefois. C'est surtout à leurs longues plumes latérales qu'ils doivent de se mouvoir avec tant de facilité dans l'air; mais ce sont aussi ces plumes latérales qui paralysent leurs mouvements lorsqu'un vent violent les prend en queue. Elles s'enchevêtrent et s'embrouillent alors à tel point, que les malheureux oiseaux, forcés de se laisser choir sur le sol, deviennent souvent la proie des indigènes, attirés par leurs cris.

Fig. 207. Oiseaux de paradis (Émeraude.)

Dès qu'on les connut en Europe, les paradisiers furent le texte des fables les plus extraordinaires, écloses soit sous leur ciel natal et importées avec eux, soit dans la cervelle des naturalistes de cette époque. On assura qu'ils n'avaient pas de pieds. On affirma ensuite qu'ils se suspendaient aux arbres par leurs filets; — qu'ils dormaient, pondaient et couvaient au sein de l'air; — que la femelle déposait ses œufs dans une cavité, sur le dos du mâle; — qu'ils passaient la saison des amours dans le paradis, et autres fables *ejusdem farinæ*.

Les Papous chassent très activement les paradisiers, pour s'emparer de leurs plumes, qui ont une grande valeur commerciale. Nos dames en font une consommation immense pour orner leurs chapeaux. Les rajahs indiens et malais, les riches Chinois les estiment également beaucoup, et en parent non seulement leurs coiffures, mais encore leurs épées.

D'après les dispositions de leur plumage, on a divisé les paradisiers en plusieurs sections : les *vrais Paradisiers*, les *Maucodes*, les *Sifilets*, les *Lophorines* et les *Difillodes*.

Les espèces les plus remarquables parmi ces différents groupes sont l'*Émeraude* (fig. 207), dont la gorge et le cou sont d'un vert émeraude éclatant, tandis que les flancs sont ombragés de leurs faisceaux jaunâtres; — le *Paradisier rouge* (fig. 208), dont les faisceaux sont d'un beau vermillon et la gorge d'un splendide vert doré; — le *Maucode royal;* — la *Lophorine superbe;* — le *Sifilet à gorge dorée* (fig. 209), ainsi nommé à cause des trois filets, épanouis en palette à leur extrémité, qui lui font une garniture de chaque côté de la tête; — enfin le *Difillode magnifique.*

Les oiseaux qui composent le genre *Corbeau* sont caractérisés par un bec très fort, à bords tranchants, bombé à la base, aplati latéralement et crochu vers la pointe; par des narines recouvertes de plumes raides, dirigées en avant; par des doigts robustes et des ailes longues et aiguës.

Ils se répartissent en quatre sous-genres principaux : les *Corbeaux proprement dits*, les *Pies*, les *Geais* et les *Casse-noix*.

Les *Corbeaux proprement dits* comprennent : les *grands Corbeaux*, ou simplement *Corbeaux*, les *Corneilles*, *Freux*, *Choucas*, *Corbivaux* et *Choquarts*.

Toutes ces espèces ont à peu près le même caractère, les mêmes aptitudes et les mêmes mœurs. A l'exception du *grand Corbeau*, qui vit solitairement avec sa femelle, elles se réunissent toutes par bandes, soit pour chercher leur nourriture, soit pour passer la nuit dans les bois de haute futaie, soit pour pondre et élever leurs petits. Elles ont aussi la même intelligence, la même finesse, la même malice, le même don d'imitation, et la même habitude d'amasser des provisions en

Fig. 208. Oiseaux de paradis (Paradisier rouge)

des lieux secrets. Cette habitude dégénère, dans la domesti-

Fig. 209. Sifflet à gorge dorée.

cité, en une manie spéciale, qui les porte à prendre et à

cacher tout ce qui frappe leurs regards, surtout les objets brillants, tels que l'argenterie, les bijoux, les instruments d'acier, de cuivre, etc. Toutes ces espèces sont susceptibles de domestication.

Les corbeaux, surtout le *grand Corbeau* et la corneille, sont les omnivores par excellence. Chair vivante ou morte, poissons échoués, insectes, œufs, fruits, graines, tout leur convient. Leurs déprédations sont énormes. C'est ainsi que le grand corbeau, non content de lever un tribut sur les taupes, mulots et levrauts de la plaine, s'introduit dans les basses-cours, et s'approprie, sans façon, poulets, canetons et jeunes faisans. Buffon prétend même que, dans certains pays, il se cramponne sur le dos des buffles, et les dévore en détail, après leur avoir crevé les yeux. Quant à la corneille, il est certain, d'après Lewis, qu'elle attaque les agneaux dans les pâturages d'Écosse et d'Irlande. Enfin, tous les corbeaux se plaisent à fouiller les terres nouvellement ensemencées, pour se nourrir des grains que le cultivateur vient d'y déposer. Aussi trouvent-ils dans les habitants des campagnes d'irréconciliables ennemis, toujours prêts à les poursuivre ou à les attirer dans des pièges. Dans certains pays, tels que la Norvège, où leur rapine dépasse toutes les bornes, la loi ordonne leur extermination.

Cependant, si l'on envisage le sujet sans prévention, on restera convaincu que, dans la plupart des contrées, les corbeaux sont plus utiles que nuisibles : il serait donc plus sage de les protéger que de les détruire. Outre qu'ils contribuent à l'assainissement de l'atmosphère, en dévorant les charognes capables de l'infecter par leurs émanations, ils détruisent chaque année une quantité considérable de vers, de larves et d'insectes. Ces services compensent largement les dégâts qu'ils causent à l'agriculture.

La chair du grand corbeau et de la corneille exhale une mauvaise odeur, due à la prédilection de ces oiseaux pour la viande corrompue; aussi n'est-elle guère comestible. Mais les *Freux* et les *Choucas*, qui ont un autre régime, constituent des gibiers très convenables.

Les corbeaux ont un vol vigoureux et soutenu; ils ont aussi l'odorat très fin et la vue perçante. C'est grâce à l'excellence

de ces deux sens qu'ils peuvent, des régions élevées où ils
planent avec aisance, découvrir les victimes que la mort fait
chaque jour dans la nature animée. Ils font entendre des cris,
ou *croassements*, assez désagréables, qui n'ont pas moins
contribué que leur costume funèbre à leur faire une réputation d'oiseaux de mauvais augure. Les anciens leur attri-
buaient le don de divination, et surtout celui de prédire les
catastrophes. C'est pourquoi les aruspices les consultaient, et
tiraient des pronostics de leurs diverses façons de croasser et
de se mouvoir dans l'air.

Pris jeunes, au nid, les corbeaux s'apprivoisent avec une
facilité remarquable. Quoiqu'ils jouissent d'une entière liberté, ils n'abandonnent jamais la maison qui fut leur berceau. Ils s'éloignent, il est vrai, dans la campagne, pour chercher leur nourriture; mais ils reviennent au logis tous les
soirs. Ils ont beaucoup d'attachement pour leur maître, et sont
susceptibles de le reconnaître après plusieurs années de séparation. Leur audace et leur malice sont incroyables. Lorsqu'ils
ont de l'antipathie pour quelqu'un, il n'est pas de tour qu'ils
n'imaginent pour la lui témoigner. Ils ne peuvent souffrir ni
les chiens ni les chats, et les harcèlent sans cesse, à coups de
bec, pour leur arracher le morceau de viande qu'ils se disposent à manger. Enfin, ils pratiquent des cachettes, et vont
y porter tout ce qui tente leur cupidité ou excite leur convoi-
tise. De plus, ils apprennent à répéter des mots et des
phrases, et ils imitent les cris de quelques animaux.

Un grand nombre de faits consignés dans les ouvrages d'histoire naturelle témoignent de la vérité de cette assertion.

Pline parle d'un corbeau qui, installé sur les places publiques de Rome, appelait chacun par son nom, depuis l'empereur jusqu'au plus humble citoyen.

On a ri maintes fois au récit de cette aventure arrivée à un
chasseur maladroit. Comme il avait manqué un corbeau
perché sur un arbre, celui-ci lui cria d'une voix solennelle :
Imbécile!

Le docteur Franklin parle en ces termes d'un corbeau
élevé dans une auberge :

« Il avait, dit-il, la mémoire des personnes et connaissait parfaitement les cochers, avec lesquels d'ailleurs il vivait sur un pied d'intimité. Avec ses amis particuliers, il prenait certaines libertés innocentes, comme celle, par exemple, de monter sur le haut d'une voiture pour aller faire de petites promenades, jusqu'à ce qu'il rencontrât une autre voiture dont il connût également le cocher, et qui le ramenait à la maison[1]. »

Le même corbeau avait la plus grande sympathie pour les chiens en général, et en particulier pour les chiens estropiés, qu'il accablait d'attentions délicates : il allait leur tenir compagnie et leur portait des os à ronger. Cette excessive bienveillance pour un animal qui est rarement dans les bonnes grâces de messieurs les corbeaux, provenait de ce qu'il avait été élevé avec un chien, pour lequel il s'était pris d'une tendre affection, et dont il s'était constitué le garde-malade assidu, alors que le pauvre quadrupède avait eu le malheur de se casser la patte.

Le même auteur raconte l'histoire d'un corbeau qui, capturé en Russie et incarcéré au Jardin des Plantes de Paris, reconnut parfaitement le docteur Monin, arrêté fortuitement devant sa cage, et auquel il avait appartenu dix ans auparavant. Mis en présence de son ancien maître, il lui sauta sur l'épaule et le couvrit de caresses et de baisers. Celui-ci réclama sa propriété, et l'oiseau fit bientôt l'ornement de sa maison de campagne, près de Blois, où il apostrophait les paysans en ces termes peu polis : *Gros cochon.*

Le docteur Franklin a élevé lui-même un corbeau dont la faculté d'imitation était inouïe :

« Il s'appelle Jacob, dit le docteur Franklin. Quelquefois il fait un tel bruit de voix au bas des escaliers, que vous vous imagineriez volontiers deux ou trois enfants en train de se quereller avec violence. D'autres fois il imite le chant du coq, miaule comme un chat, aboie comme un chien ou reproduit le son de la crécelle pour effrayer les oiseaux qui pillent les champs de blé. Puis tout redevient silencieux; mais bientôt un enfant de deux ans crie: Jacob! Jacob! un autre de dix ans répond par le même nom, d'abord sur un ton grave, puis sur des tons plus élevés, plus criards. Autre silence; mais tout à coup un homme semble frapper à la porte : si l'on ouvre, Jacob entre, court çà et là dans la chambre, puis se met à table.

« Jacob est voleur, c'est là son moindre défaut. Cuillers, couteaux, fourchettes, assiettes, viande, pain, sel, pièces de monnaie, surtout les neuves, il emporte tout, il cache tout dans quelque trou noir ou quelque

1. *La Vie des animaux,* par le docteur Jonathas Franklin In-18. (*Oiseaux*)

con. Une blanchisseuse du voisinage avait coutume de pendre son linge près de notre fenêtre et de le fixer sur la corde avec des épingles. L'oiseau travailla avec une rare persévérance à détacher les épingles. La femme lui lança des malédictions en ramassant son linge tombé ; mais lui de fuir dans le jardin en poussant les croassements les plus malicieux. Un jour, je trouvai sous quelque morceau de bois la cachette du voleur : elle était pleine d'aiguilles et d'épingles. »

Les corbeaux sont répandus sur toute la surface du globe.

Le *grand Corbeau* et la *Corneille noire* ou *Corbine* sont sédentaires et n'abandonnent point les localités où ils ont élu domicile ; mais la *Corneille mantelée* ou *cendrée*, le *Freux* et le *Choucas* sont des oiseaux migrateurs, qui ne visitent nos

Fig. 210. Grand Corbeau.

contrées septentrionales qu'aux approches de l'hiver. Les *Choquarts* habitent les hautes montagnes de l'Europe et de l'Afrique, et descendent en plaine pendant l'hiver. Enfin, les *Corbivaux* se trouvent exclusivement en Afrique.

Les *Pies* se distinguent des corbeaux par des ailes plus courtes, par une queue longue et étagée, et par un costume moins lugubre ; sauf ces légères différences, elles leur sont en tout semblables. Comme les corbeaux, elles sont omnivores, sans se nourrir pourtant de proies mortes. Elles ont la même manie, soit à l'état sauvage, soit en domesticité, de faire des provisions et de cacher tous les corps qui brillent. L'instinct du vol est même si développé chez elles, qu'il leur a valu dès longtemps une grande célébrité. Tout le monde connaît le drame populaire de la *Pie voleuse*, qui fit jadis verser des larmes à tous les cœurs sensibles. C'est la véridique histoire d'une servante du village de Palaiseau, qui, accusée d'avoir volé des couverts d'argent, mise en jugement et déclarée coupable, fut pendue bel et bien pour ce fait, et plus tard, mais trop tard, hélas! reconnue innocente. L'auteur du vol, c'était la pie de la maison. Le fait arriva à Paris, chez un fondeur de cloches de la paroisse de Saint-Jean en Grève.

La pie est très méfiante; l'homme a surtout le privilège de la mettre en fuite. Mais elle attaque avec beaucoup de har-

Fig. 211. Pie d'Europe.

diesse le chien, le renard et tous les oiseaux de proie. Survient-il un de ces animaux, elle le poursuit vigoureusement, ameute par ses cris tous les oiseaux de son espèce, et autant par son propre élan que par les efforts combinés de ses semblables, réussit la plupart du temps à l'éloigner. Elle s'agite sans cesse, et court avec légèreté, mais son vol est difficile. Elle crie et caquette continuellement, quelquefois d'une manière assourdissante, ce qui a fait naître le proverbe : *Bavard comme une pie*. Elle construit, sur la cime des plus hauts arbres, ou des buissons élevés, un nid fait de branches épineuses, de bûchettes et de sable, et qui est remarquable par sa forme, sa grandeur et sa solidité (fig. 212). Elle en commence même plusieurs à la fois, les uns d'une manière osten-

Fig. 212. Nid de la Pie d'Europe.

sible, le dernier avec des précautions infinies, pour n'être pas observée. Suivant M. Nordmann, elle n'agit ainsi que pour donner le change aux personnes qui épient ses démarches : car c'est dans ce dernier nid qu'elle dépose ses œufs. Si le fait était vrai, il supposerait une grande ruse chez cet oiseau.

La pie pond sept ou huit œufs, qui sont couvés alternativement par le mâle et la femelle. Ils montrent tous les deux le plus grand attachement pour leur progéniture et lui continuent très longtemps leurs soins.

La pie s'apprivoise avec une extrême facilité, et devient très familière. On en voit solliciter les caresses de leur maître, et l'accompagner en tous lieux, avec une telle insistance, qu'on est obligé de les renfermer pour éviter leurs importunités. Elle apprend à parler, et se plaît surtout à répéter le mot *Margot*. On augmente son habileté de prononciation en lui coupant le *filet*, c'est-à-dire cette bride fibreuse et molle qui relie inférieurement la langue au palais.

On rencontre la pie dans toutes les parties du monde. La *Pie d'Europe* (fig. 211), très commune dans tous les pays de plaines, est un bel oiseau, au plumage noir velouté, avec la poitrine et une partie des ailes d'un blanc pur. On trouve au Brésil et au Paraguay une autre espèce, dont le plumage est tout entier d'un beau bleu de ciel, à l'exception de la tête et de la gorge, qui sont noirs.

Les *Geais* diffèrent des corbeaux par un bec court, légèrement échancré à la pointe, et par la faculté qu'ils possèdent de hérisser les plumes de leur tête lorsqu'ils sont irrités. Ils se nourrissent surtout de fèves, de glands, de noisettes, mais mangent aussi des vers et des insectes, et recherchent, comme les corbeaux et les

Fig. 213. Geai commun.

pies, les œufs et les petits des autres oiseaux. D'un naturel irascible et querelleur, ils s'apprivoisent cependant très aisément, et apprennent à prononcer quelques mots. Ils sont répandus en Europe, en Amérique et aux Indes. Le *Geai d'Eu-*

rope (fig. 213) est une très jolie espèce, qui porte de petites plumes bleues à la naissance des ailes.

Les *Casse-noix* sont munis d'un bec droit, long et fort, qui leur sert à soulever les écorces des arbres, pour y cher-

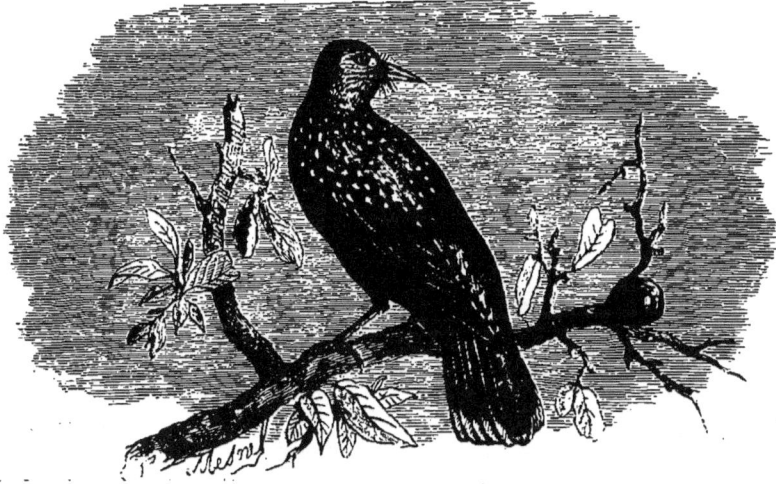

Fig. 214. Casse-noix.

cher des insectes, et à ouvrir les cônes des pins et des sapins, dont ils mangent les amandes. A défaut de ces aliments,

Fig. 215. Rollier d'Europe.

ils se nourrissent de noisettes et de baies diverses : c'est là ce qui leur a valu leur nom. Ils habitent les forêts montagneuses de l'Europe et de l'Asie et nichent dans les troncs des arbres, contre lesquels ils sont susceptibles de se cramponner, mais non de grimper.

Les *Rolliers* ont, par leurs formes générales, beaucoup d'analogie avec les geais ; mais ils en diffèrent par un bec plus robuste et par des narines découvertes ; ils sont aussi beaucoup plus sauvages et se retirent dans des bois épais. Ils ne s'apprivoisent qu'imparfaitement, et quoiqu'ils connaissent les personnes qui les soignent, ils ne deviennent jamais familiers. Ils se nourrissent d'insectes, de vers et de petits reptiles; au besoin, ils mangent des baies, des graines et des racines. Leur plumage est fort brillant. Ils habitent l'Europe, l'Afrique et l'Asie méridionale.

Les *Étourneaux*, vulgairement nommés *Sansonnets*, sont caractérisés par un bec droit et déprimé vers la pointe. Ce sont des oiseaux pleins de grâce et de vivacité, reconnaissables à leur sombre plumage, qui brille de reflets métalliques verts ou bleus. Ils vivent en troupes nombreuses, dans

Fig. 216. Étourneau.

les plaines et les bois, qu'ils parcourent en tourbillonnant. Ils se groupent en figures régulières pour aller gagner leur gîte de nuit : tantôt en triangle, tantôt en quadrilatère, en cercle, en ellipse ou en sphère. Ils se nourrissent de graines, de baies, d'insectes, de vers et de petits mollusques terrestres. Ils choisissent, pour nicher, les endroits les mieux abrités, tels que les creux des arbres, les crevasses des murs, les clochers, les rebords des toits, des maisons, quelquefois même l'intérieur des colombiers. A ce propos, on les a accusés de sucer les œufs des pigeons : c'est là une pure calomnie.

Les étourneaux sont répandus sur toute l'étendue du globe; l'Europe en possède deux espèces. Ils ne sont sédentaires que dans quelques contrées. En général, ils émigrent chaque année. On les recherche, non pour leur chair, qui est désagréable au goût, mais à cause de leur aimable naturel et de la facilité avec laquelle ils apprennent à parler.

Les *Cassiques* ont le bec gros à la base, exactement conique et très pointu, la mandibule supérieure se prolongeant sur le front. Ce sont des oiseaux d'Amérique, qui se rapprochent beaucoup des étourneaux par leurs habitudes. Comme eux, ils vivent en troupes nombreuses pendant presque toute l'année. Ils se nourrissent de graines, de baies et d'insectes, et font souvent de grands ravages dans les champs cultivés et

Fig. 217. Troupiale commandeur.

les vergers. Vifs, légers et très rapides dans leur vol, ils sont remarquables par l'industrie qu'ils apportent dans la construction de leur nid. Ce nid (fig. 218) représente une espèce de bourse, longue d'environ un mètre et large de trente centimètres, dont l'entrée est pratiquée, soit au sommet, soit latéralement.

Le genre Cassique a été subdivisé en plusieurs groupes, dont les plus importants sont les *Cassiques proprement dits*, les *Troupiales* et les *Carouges*. Il faut citer, parmi les troupiales, une espèce de l'Amérique septentrionale, le *Commandeur* (fig. 217), très recherchée à cause de la belle plaque rouge, ou *épaulette*, qu'elle porte à la naissance de l'aile. Ces *épau-*

Fig. 218. Nid de Cassique.

lettes ont été fort à la mode au dernier siècle : les dames en garnissaient leurs robes.

On range encore dans ce genre les *Pits-pits* (ainsi nommés à cause de leur cri), qui sont encore très voisins des précédents et habitent la zone torride du nouveau continent.

Les *Pique-bœufs* doivent leur nom à une singulière habitude, qui ne leur est cependant pas exclusive parmi les oiseaux : ils s'abattent sur les bœufs, les buffles, les gazelles et autres grands mammifères, qui vivent par troupes dans les plaines africaines, et s'ingénient à dévorer les larves des mouches (*œstres*) qui déposent leurs œufs dans la peau de

Fig. 219. Pique-bœuf.

ces ruminants. Cramponnés sur le dos de leurs pourvoyeurs, ils attaquent, à coups de bec, les tumeurs qui recèlent les larves, en extraient fort habilement les futurs insectes et les mangent. Les animaux qu'ils délivrent ainsi de parasites incommodes sont reconnaissants de ce service, et se prêtent avec complaisance à l'opération.

Les pique-bœufs ne bornent pas leur alimentation aux larves des œstres : ils se nourrissent aussi de punaises de bois et d'autres insectes. Ils vont ordinairement par bandes de six ou huit individus, sont très farouches et s'envolent, avec un cri aigu, dès qu'on les approche.

A côté des pique-bœufs se placent les *Colious*, qui habitent également l'Afrique. Ce sont de petits oiseaux, de la taille du bruant, qui ont la tête couverte d'une huppe. Ils vivent par bandes de quinze ou vingt, nichent en commun et se nourrissent de fruits et de bourgeons. D'après Levaillant, ils grimpent aux branches des arbres, la tête en bas, situation assez étrange, et dorment ainsi, serrés les uns contre les autres. Leur chair est fort délicate.

Les *Becs-croisés* sont remarquables par la forme de leur bec, dont les mandibules sont comprimées et recourbées en

Fig. 220. Bec-croisé.

sens contraire, de manière à se croiser. Ils s'en servent pour briser les cônes des arbres résineux, et en général tous les fruits à pepins. Aussi font-ils de grands ravages parmi les pommiers de la Normandie, lorsqu'ils passent en grandes troupes dans cette contrée de la France. Après les avoir entr'ouverts avec leur bec, ils s'accrochent aux cônes résineux à l'aide de leurs ongles robustes et en dévorent les amandes. Ils présentent cette particularité, presque unique dans la classe des oiseaux, qu'ils nichent et pondent en toute saison.

Les becs-croisés habitent les montagnes boisées du nord de

l'Europe et de l'Amérique. La France en voit quelquefois une espèce, qui passe d'ailleurs très irrégulièrement.

Le genre *Moineau* est le mieux caractérisé de la famille des *Passereaux conirostres*, car il renferme un grand nombre d'espèces à bec conique et plus ou moins gros à la base. Nous allons les passer en revue successivement.

Le *Gros-Bec* est le type du genre. Cet oiseau est, en effet, possesseur d'un bec d'une grosseur et d'une force extraordinaires, si on le compare à sa taille, qui ne dépasse pas celle du merle. Il se nourrit de graines, de baies, et quelquefois d'insectes; les amandes les plus dures ne résistent pas au vigoureux outil dont il est armé. Répandu dans toute l'Europe, il se rencontre constamment en France. Il se tient, selon la température, dans les lieux découverts ou dans les bois. Il est méchant, querelleur et partant

Fig. 221. Gros-Bec commun.

peu sociable; aussi ne peut-on le conserver en cage avec d'autres oiseaux, car il les maltraite et les tue.

Le *Gros-Bec Tarin* (fig. 222) est une espèce un peu différente du *Gros-Bec commun*.

L'Amérique possède plusieurs espèces de gros-becs huppés, dont le plumage est d'une belle couleur rouge.

Le *Bouvreuil vulgaire* est un joli oiseau, à la poitrine rouge, qui porte le manteau gris et la calotte noire. Il se nourrit de graines, de baies et de bourgeons. On aime à l'élever en cage, à cause de son heureux caractère, de l'attachement qu'il porte à son maître et de la facilité avec laquelle il apprend à chanter et même à parler. A l'état sauvage, il construit, avec beaucoup d'art, un nid en forme de coupe.

Au bouvreuil se rattache le *Dur-Bec* (fig. 223), qui n'en diffère pas sensiblement, si ce n'est par le bec, qui est un peu plus fort. Il habite les forêts de sapins des régions septentrionales de l'Europe, et se nourrit des amandes des *pommes de pin*.

Viennent ensuite les *Moineaux proprement dits*, parmi lesquels

Fig. 222. Gros-Bec Tarin.

l'espèce la plus intéressante est le *Moineau franc* ou *Moineau domestique* (fig. 224), qui habite toute l'Europe, depuis les contrées les plus méridionales jusqu'à l'extrême Nord.

. Chacun connaît ce petit oiseau, vif, audacieux et rusé, vrai gamin de la gent ailée, qui vit par troupes, dans le voisinage de nos habitations, au sein même de nos grandes villes. Il est familier, mais d'une familiarité circonspecte et narquoise.

Il encombre à tout instant nos rues et nos places publiques; mais

Fig. 223. Bouvreuil dur-bec.

il a toujours soin de se tenir à une distance respectueuse de l'homme. Il sait que l'amitié des grands est dangereuse, et sa prudence lui conseille de se dérober à une intimité qui pourrait avoir pour lui des conséquences fâcheuses. Ce n'est qu'après des épreuves multipliées et une longue suite de bons procédés qu'il conclut avec l'homme, sans arrière-pensée, un traité d'alliance. Alors il appartient tout entier à celui qui a su gagner son affection. Témoin ce moineau franc, cité par Buffon, dont le maître était soldat, et qui, non seulement le suivait partout, mais encore le reconnaissait au milieu de tout le régiment.

Les moineaux sont éminemment sociables. Ils vont, par petites bandes, à la recherche de leur nourriture, et nichent, soit dans les trous des murailles ou sur les rebords des toits, soit dans les arbres, soit même dans des nids d'hirondelles qu'ils s'approprient effrontément. Ils y déposent, deux ou trois fois par an, de quatre à huit œufs, sur un lit de plumes et d'herbes molles. Leur fécondité est donc très grande. Ils sont omnivores, mais préfèrent à tout autre aliment les graines et les larves d'insectes.

Fig. 224. Moineau franc.

On a versé des flots d'encre pour démontrer, tantôt que les moineaux font des ravages considérables dans les champs cultivés, et méritent, par conséquent, d'être exterminés; tantôt qu'ils doivent être conservés, à cause de la grande quantité de chenilles qu'ils dévorent. Aujourd'hui leur procès est gagné : on s'accorde à les ranger dans la catégorie des oiseaux utiles. Cette opinion a d'ailleurs en sa faveur l'autorité des faits. N'a-t-on pas vu le gouvernement du Palatinat, après avoir proscrit les moineaux, être obligé de les réimporter, afin d'arrêter les ravages des insectes, qui avaient pullulé d'une manière effroyable depuis la destruction de ces oiseaux?

Les *Chardonnerets* sont de gentils et paisibles oiseaux, qui tirent leur nom de leur prédilection pour les graines de chardon. En général, ils recherchent les graines des plantes parasites qui s'opposent au développement des céréales et autres végétaux utiles : ils ont donc leur importance dans l'économie de la nature. Ils vivent et voyagent en troupes nombreuses.

Le *Chardonneret élégant* (fig. 225) est l'une des plus jolies espèces d'Europe. Il a le dos brun, la face rouge, et il porte une belle tache jaune sur l'aile. Sa voix est agréable et sa docilité très grande. Élevé en cage, ou en volière, il devient très

Fig. 225. Chardonneret élégant.　　　　　　Fig. 226. Linotte.

familier, témoigne de l'attachement à son maître; il apprend à chanter et même à faire différents exercices. C'est ainsi qu'on voit des chardonnerets tirer de petits seaux contenant leur boire et leur manger, mettre le feu à la lumière d'un canon, faire le mort et toutes sortes de gentillesses analogues.

Les *Linottes* (fig. 226) ont la plus grande analogie avec les chardonnerets. Elles sont, comme eux, extrêmement sociables et restent unies toute l'année, en bandes parfois considérables, excepté à l'époque de la reproduction. Elles font deux ou trois pontes par an. Les mâles ne prennent aucune part à la construction du nid ni au travail de l'incubation ; mais ils veillent avec sollicitude sur leurs femelles et leur apportent à manger.

Les linottes se nourrissent principalement de graines de chanvre, de lin, etc. ; c'est même de là que leur vient leur nom ; à la fin de l'hiver, elles s'attaquent aussi aux bourgeons des arbres. Leur chant est doux, brillant et varié ; et comme en même temps elles sont dociles et susceptibles d'affection, on les recherche pour les élever en captivité. On en connaît plusieurs espèces, répandues dans toute l'Europe et l'Amérique septentrionale.

Les *Pinsons* vivent par troupes, comme les linottes et les

Fig. 227. Pinson.

chardonnerets ; mais ils en diffèrent en ce que leur vol est moins serré, et qu'ils s'éparpillent davantage pour chercher leur nourriture. On les rencontre partout en Europe, soit comme oiseaux de passage, soit à l'état sédentaire. Ils se nourrissent de diverses sortes de graines, et habitent indifféremment les bois, les jardins et les hautes cimes des montagnes.

Dès les premiers jours du printemps, le pinson jette aux échos ses joyeuses chansons. Sa pétulance, son humeur enjouée, ses éternels refrains en ont fait la personnification de la gaîté ; d'où le proverbe : *Gai comme un pinson.*

Les *serins* sont reconnaissables à leur plumage jaune, plus

ou moins varié de vert, qui empêche de les confondre avec
aucun autre oiseau. Originaires des îles Canaries, et impor-
tés en Europe au quinzième siècle, ils charmèrent tellement
par leur naturel facile, par la douceur et l'agilité de leur
voix, que chacun les désira, et qu'ils se propagèrent avec une
rapidité extrême. Aujourd'hui ils sont à ce point rompus à la
captivité qu'ils se reproduisent et élèvent leur progéniture en
cage. Véritables musiciens de chambre, ces petits êtres lancent leur gaie mélodie dans la mansarde du pauvre comme
dans les fastueux appartements du riche.

Il existe un grand nombre de variétés de serins, qui, ac-
couplées à des espèces voisines, telle que le chardonneret, la
linotte, le cini, le tarin, etc., donnent naissance à des chanteurs agréables, mais complètement stériles.

Le *Serin des Canaries* a pour représentant, en Europe, le

Fig. 228. Serin des Canaries.

Cini, qui vit en liberté dans toutes les régions tempérées de
cette partie du monde. Cette espèce est celle dont le chant a
le plus de force.

Les *Veuves* (fig. 229) n'offrent rien de particulier dans leurs
mœurs. Ces petits passereaux, qui habitent l'Afrique et les
Indes, doivent leur nom aux taches sombres qui émaillent
leur plumage. Ils sont remarquables par l'extrême allon-
gement des pennes de la queue chez les mâles.

A côté des veuves se placent les *Sénégalis* et les *Bengalis* (fig. 230), oiseaux chanteurs, qui, comme leur nom l'indique,

Fig. 229. Veuve à collier.

sont originaires du Sénégal et du Bengale. On aime à les posséder en cage, à cause de leurs vives couleurs et de leurs refrains harmonieux.

Fig. 230. Sénégali et Bengali.

Les *Tisserins* ferment la série des oiseaux appartenant au

genre moineau. Ils vivent par troupes dans l'Afrique et les Indes, où ils se nourrissent de céréales et de bourgeons. Ils crient, mais ne chantent point. Ils doivent leur nom à l'art inimitable qu'ils déploient dans la composition et le *tissage* de leur nid. Ce nid, dans lequel entrent comme éléments des brins d'herbes, de joncs, de la paille, varie de forme suivant les espèces; il est ordinairement suspendu aux branches des arbres, et l'entrée s'en fait par le bas. Tantôt il est contourné en spirale, tantôt roulé en boule, tantôt tourné en forme d'alambic; quelquefois c'est un cylindre élargi dans son milieu. Le *Néli-Courvi*, ou *Tisserin du Bengale*, attache chaque année un nouveau nid à celui de l'année précédente, et rien n'est plus pittoresque que ces grappes de nids ainsi suspendues aux rameaux des arbres.

Mais les tisserins les plus curieux sous le rapport de la nidification sont, sans contredit, les *Républicains*. Ces oiseaux s'établissent, au nombre de cinq ou six cents, sur le même arbre, construisent leurs nids sous un abri commun, adossés les uns aux autres, comme les cellules d'une ruche, et vivent ainsi dans la meilleure intelligence.

Les *Bruants* forment dans la famille des *Conirostres* un genre, caractérisé par un bec court, à mandibule supérieure plus étroite que l'inférieure, et par un tubercule saillant, placé dans le palais, qui a pour fonction de broyer les graines dont ces oiseaux font leur principale nourriture. Ils habitent, en général, les champs et les haies sur la lisière des bois; quelques espèces se plaisent dans les lieux aquatiques. Leur nid repose sur la terre ou sur un buisson peu élevé; ils y font plusieurs pontes, composées chacune de quatre ou cinq œufs. Ils sont très étourdis et donnent à l'aveugle dans tous les pièges qu'on leur tend. Leurs couleurs sont peu brillantes, mais leur chant n'est pas sans attrait. A l'automne, lorsqu'ils quittent les régions tempérées pour descendre vers le sud, leur chair, chargée de graisse, possède une saveur des plus délicates; aussi les chasse-t-on beaucoup à cette époque.

On partage les bruants en *Bruants proprement dits*, ou espèces chez lesquelles l'ongle du pouce est court et crochu, et *Bruants éperonniers*, qui ont le même ongle long et droit.

C'est à la première section qu'appartiennent le *Bruant com-*

Fig. 231. Bruant des marais.   Fig. 232. Bruant zizi ou Bruant des haies.

mun ou *Bruant des marais* (fig. 231), type du genre, très ré-

Fig. 233. Ortolan.

pandu et sédentaire en France, le *Bruant zizi,* ou *Bruant des*

haies (fig. 232), et l'*Ortolan* (fig. 233), bien connu des gourmets et des chasseurs de nos contrées méridionales, qu'il
visite périodiquement. Dans la seconde section, on remarque
le *Bruant des neiges*, qui habite les régions boréales de l'Europe et se montre rarement en France.

. Les passereaux conirostres appartenant au genre *Mésange*
ont le bec droit, court et menu, garni de petits poils à la
base; mais leur individualité s'accuse bien plutôt par des
mœurs spéciales que par les traits particuliers de leur physionomie. L'originalité de leur nature et l'ensemble de leurs
habitudes suffiraient, en effet, pour caractériser nettement
ces petits êtres. La pétulance, l'audace, le courage, l'instinct

Fig. 234. Mésange huppée.

de la sociabilité, poussés à leurs extrêmes limites, sont autant de qualités qui leur assurent une place bien définie dans
l'ordre que nous étudions.

Qui découvre la chouette pendant le jour? Qui l'assiège de
ses clameurs? Qui la poursuit de ses coups de bec? Qui
ameute contre le tyran nocturne la foule des petits oiseaux?
C'est la mésange. Batailleuse autant qu'on peut l'être, elle
donne carrière à ses instincts belliqueux toutes les fois que
l'occasion s'en présente, compensant la force qui lui manque
par la hardiesse des coups. La mésange est l'incarnation du
mouvement. Elle va et vient continuellement sur les branches
des arbres, à la recherche de sa nourriture, introduisant son

bec sous l'écorce, ou se suspendant aux rameaux les pattes en l'air, pour saisir les insectes qui sillonnent la surface inférieure des feuilles.

Fig. 235. Nid de la Mésange à longue queue.

Du reste, elle varie son alimentation suivant les saisons et les circonstances. Non seulement elle dévore les insectes les plus divers, sans même en excepter les abeilles ni les guêpes, mais encore des graines, des fruits à enveloppe ligneuse ou charnue. Elle est même carnivore, car elle tue souvent des oiseaux faibles ou malades, pour leur dévorer la cervelle. Certaines espèces se délectent lorsqu'il leur est donné de manger du suif ou de la graisse rance : voilà certes un goût étrange et peu naturel, mais il ne nous appartient pas de le discuter.

La mésange est très sociable et montre un grand attachement pour ses semblables : à ce point qu'une bande de mésanges se laisse décimer et même anéantir complètement plutôt que d'abandonner une camarade blessée. Au printemps, chaque couple s'isole pour les besoins de la reproduction.

La position du nid varie suivant les espèces. Il est des mésanges qui se blottissent dans les fentes des murailles, dans des trous d'arbres et dans les nids abandonnés. D'autres construisent leurs demeures au sein des arbres ou les suspendent à l'extrémité des branches; quelques-unes enfin les cachent au milieu des roseaux. Elles apportent ordinairement beaucoup d'art dans leurs constructions. Le nid de la *Mésange à longue queue* (fig. 235) affecte une forme ovale, et est percé de deux ouvertures, une pour l'entrée, l'autre pour la sortie. Cette disposition facilite les mouvements de l'oiseau autour de son nid : il serait gêné dans ses évolutions par le développement des plumes de sa queue.

Nous représentons (fig. 236) le nid de la *Mésange rémiez*, en raison de la singularité de sa forme. Il est suspendu au haut d'un arbre, sous la forme d'une cornue de laboratoire; seulement, au lieu d'être en verre, cette cornue, faite de duvet et de mousse, est tissée avec un tel art que pas un brin ne dépasse l'autre!

Les mésanges abondent dans toute l'Europe; on en trouve aussi en Asie et dans l'Amérique septentrionale. Les espèces les plus remarquables sont : la *Mésange charbonnière*, la *Mésange à tête bleue*, la *Mésange huppée* (fig. 234, page 370), la *Mésange à longue queue* (fig. 235), la *Mésange à moustache* et la *Mésange rémiez*. Les cinq premières sont sédentaires ou de passage en France.

Le genre *Alouette* termine la famille des *Passereaux conirostres*.

Ce qui caractérise l'*Alouette*, c'est son pied. L'ongle du pouce, long, droit et fort, parfois plus long que le doigt lui-même, indique un oiseau marcheur, incapable d'étreindre les

Fig. 236. Nid de la Mésange rémiez.

rameaux des arbres et conséquemment ne perchant pas. L'Alouette vit, en effet, à terre, au sein des grandes plaines couvertes de moissons, et rend d'éminents services au cultivateur par l'énorme quantité de vers, de chenilles et de sau-

terelles qu'elle détruit chaque jour. Elle établit son nid dans
un sillon, entre deux mottes de terre, sans beaucoup d'art, il
est vrai, mais avec assez d'intelligence pour le dérober à la
vue de ses ennemis. Elle y dépose quatre ou cinq œufs, et
fait jusqu'à trois pontes par an, lorsque la saison est favorable. Les petits, éclos au bout de quinze jours d'incubation,
sont en état de quitter leur berceau au bout de quinze autres
jours. La mère continue néanmoins à les surveiller, à guider
leurs pas, à satisfaire leurs besoins, tout en voltigeant
autour d'eux, et c'est seulement lorsque les soins d'une nouvelle famille la réclament qu'elle les abandonne à eux-mêmes.
Ceux-ci sont d'ailleurs assez développés à ce moment pour
que la protection maternelle ne leur soit plus nécessaire.

L'alouette est le vivant symbole de la paix et du travail,
le barde des terres cultivées et des épis jaunis par le soleil.
Dès les premières lueurs de l'aube, le mâle s'élève en un vol
perpendiculaire et tournoyant, égrène dans l'air ses notes
joyeuses, et appelle le cultivateur aux champs. Il monte, monte
toujours en chantant; il a disparu à nos yeux, que sa voix
se fait entendre encore. Ce chant a une signification : c'est un
hymne d'amour et un appel à toutes les femelles de la plaine.

Après la saison des couvées, les alouettes se rassemblent
en troupes nombreuses, et n'ayant plus d'autres soucis que
celui de leur nourriture, elles acquièrent un embonpoint qui.
pour le plus grand nombre, équivaut à un arrêt de mort.
C'est alors que de tous côtés les chasseurs se mettent en campagne, pour faire une razzia de ces *mauviettes* si généralement estimées.

Les moyens ne manquent pas pour accomplir cette œuvre
de mort. Collets, filets, gluaux, miroir, poudre et plomb,
tous ces engins concourent à la diminution de l'espèce, et
finiront peut-être par amener sa disparition totale.

La *chasse au miroir* (fig. 237) est basée sur la curiosité
naturelle de l'alouette, curiosité qui la pousse invinciblement
vers tout ce qui reluit. Le chasseur place dans un champ un
miroir de verre, ou d'autre matière propre à réfléchir les
rayons du soleil, et se tient à l'affût, non loin de là, en se
dissimulant de son mieux. Les alouettes, sollicitées par ce
foyer de lumière, viennent s'offrir à ses coups, et se succèdent

auprès du miroir, sans que l'exemple de leurs compagnes foudroyées puisse les tenir à distance.

On n'est pas d'accord sur la question de savoir si les alouettes sont des oiseaux migrateurs ou sédentaires. Certains naturalistes, adoptant un moyen terme, croient qu'une partie d'entre elles voyage, et que l'autre portion ne se dé-

Fig. 237. Chasse à l'Alouette.

place pas. Ce qui est certain, c'est que le sol français nourrit des alouettes en tout temps.

Parmi toutes les espèces qu'on connaît, l'*Alouette commune* est la seule qui puisse se prêter à la captivité; encore demande-t-elle beaucoup de ménagements. En cage, elle ne cesse pas de chanter, et imite même les accents des autres oiseaux.

Les alouettes sont répandues dans tout l'ancien continent, surtout en Europe et en Asie. Les principales espèces
sont l'*Alouette com-
mune* ou *Alouette
des champs* (fig. 238),
l'*Alouette huppée* ou
Cochevis (fig. 239),
dont la tête est sur-
montée d'une petite
huppe érectile, et
l'*Alouette des bois* ou
lulu, qui habite les
bois pendant la sai-
son des amours, et
perche sur les grosses branches des arbres.

Fig. 238. Alouette commune.

*Famille des Fissi-
rostres.* — Les *Pas-
sereaux fissirostres*
sont caractérisés
par un bec court,
large, aplati hori-
zontalement, un
peu crochu, non
échancré et fendu
très profondément.
Ils sont essentielle-
ment insectivores.

Fig. 239. Alouette huppée.

Ils comprennent deux genres : les *Hirondelles* et les
Engoulevents.

Les *Hirondelles* sont reconnaissables à leurs ailes longues et
aiguës, à leur queue fourchue, et à leurs tarses excessivement
courts. L'air est leur véritable élément : elles volent avec une
facilité, une légèreté, une rapidité inconcevables. Leur existence est un vol éternel : elles mangent, boivent, se baignent
même en volant. C'est encore en volant qu'elles nourrissent
leurs petits, lorsqu'ils commencent à essayer leurs ailes. On
les voit s'élever, s'abaisser, tracer des courbes, qui se croisent et s'entre-croisent, et modérer leur allure, alors même

qu'elle est le plus violente, pour suivre dans leurs capricieux méandres les insectes ailés, dont elles font leur nourriture exclusive. La vitesse de leur vol est telle, que certaines espèces font jusqu'à trente lieues à l'heure.

Fig. 240. Hirondelle de fenêtre.

Mais la faculté du vol qu'elles possèdent à un si haut degré ne se développe chez elles qu'aux dépens d'une autre faculté : celle de la marche. Avec leurs jambes courtes, il leur est presque impossible de marcher, et si par hasard elles se posent à terre, elles éprouvent la plus grande difficulté à reprendre leur essor. En revanche, leur vue est si bonne, qu'elle ne le cède en rien, sous ce rapport, à l'aigle ou au faucon. D'après Spallanzani, qui fit des expériences très nombreuses et très précises sur les hirondelles, le martinet aperçoit la fourmi ailée qui passe dans les airs à une distance de plus de cent mètres!

Les hirondelles sont célèbres par leurs migrations. Dès les premiers jours du printemps, elles arrivent en Europe, non par troupes, mais isolément ou par couples, et s'occupent presque aussitôt, soit de réparer leurs anciens nids, soit d'en construire de nouveaux s'ils ont été détruits. Il existe d'ailleurs parmi elles beaucoup de jeunes de l'année précédente, qui n'ont jamais niché en Europe. Il pourra paraître extraordinaire que ces oiseaux, après six mois d'absence, retournent à leur domicile sans la moindre incertitude; le fait a cependant été constaté trop souvent pour qu'on puisse élever le moindre doute à cet égard.

La forme, la nature et l'emplacement du nid varient suivant les espèces. L'*Hirondelle de cheminée* maçonne le sien contre les parois intérieures des cheminées; l'*Hirondelle de fenêtre*, dans les angles des fenêtres et sous les rebords des toits. D'autres s'établissent au sein des arbres morts, en nombre quelquefois considérable. Audubon estime à onze mille la quantité d'hirondelles qui résidaient dans un grand sycomore, qu'il eut l'occasion d'observer près de Louisville. Il en est qui s'installent dans les anfractuosités des rochers, ou sous les voûtes des cavernes. Enfin l'*Hirondelle de rivage* creuse, dans les berges escarpées de rivières, une galerie de deux ou trois pieds de profondeur, à l'extrémité de laquelle elle se retire sur un lit de plumes.

Le plus souvent, le nid est fait de terre gâchée avec de la paille, et tapissé intérieurement de plumes et de duvet; tels sont ceux de l'*Hirondelle de cheminée* et de l'*Hirondelle de fenêtre* (fig. 240). Quelquefois le nid est construit avec de petites bûchettes, arrachées par l'oiseau aux branches desséchées des arbres, et agglutinées au moyen d'un liquide visqueux qui découle de sa bouche : le *Martinet noir* ne procède pas autrement. Une espèce du même groupe, l'*Hirondelle Ariel*, gâche ses nids en leur donnant la forme d'une bouteille à goulot évasé, et elle les suspend par le fond de cette espèce de bouteille, dans des lieux inaccessibles (fig. 241).

Fig. 241. Hirondelle Ariel et ses nids.

Lorsque après un mois de travail les hirondelles ont achevé leur nid, la femelle y dépose de quatre à six œufs; elle fait ainsi deux ou trois pontes par an. La durée de l'incubation est de douze ou quinze jours, pendant lesquels le mâle montre la plus grande sollicitude pour sa femelle : il lui apporte à manger dans le nid, passe la nuit près d'elle, et gazouille à tout instant du jour pour charmer son oisiveté.

Dès que les petits sont éclos, les parents les entourent de

Fig. 242. Martinet à moustaches.

tous les soins que réclame leur faiblesse, et font même preuve, à leur endroit, d'une affection remarquable. Ils les nourrissent aussi longtemps qu'ils gardent le nid. Lorsque les *Hirondeaux* se sentent assez forts pour essayer leurs ailes, ils guident leurs premières tentatives, et leur enseignent à poursuivre l'insecte dans l'air. Boerhaave cite une hirondelle qui, voyant au retour d'une excursion la maison où elle avait établi son nid devenue la proie des flammes, n'hésita pas à se jeter dans le brasier, pour aller retrouver et sauver ses petits.

Dans quelque lieu que les hirondelles s'établissent, elles se préoccupent toujours d'être à proximité, soit d'un lac, soit d'une rivière. La surface des eaux est, en effet, le rendez-vous d'une foule d'insectes, parmi lesquels elles peuvent moissonner largement. Extrêmement sociables, elles se rassemblent en troupes nombreuses, et qui paraissent unies par une profonde affection, car elles s'aident mutuellement en maintes circonstances.

« J'ai vu, dit Dupont de Nemours, une hirondelle qui s'était malheureusement, et je ne sais comment, pris la patte dans le nœud coulant d'une ficelle, dont l'autre bout tenait à une gouttière du collège des Quatre-Nations. Sa force épuisée, elle pendait et criait au bout de la ficelle, qu'elle relevait quelquefois en voulant s'envoler.

« Toutes les hirondelles du vaste bassin entre le pont des Tuileries et le Pont-Neuf, et peut-être plus loin, s'étaient réunies au nombre de plusieurs milliers; elles faisaient nuage, toutes poussaient le cri d'alarme. Toutes celles qui étaient à portée vinrent à leur tour, comme à une course de bagues, donner, en passant, un coup de bec à la ficelle. Ces coups, dirigés sur le même point, se succédaient de seconde en seconde, et plus promptement encore. Une demi-heure de ce travail fut suffisante pour couper la ficelle et mettre la captive en liberté. »

Voici un autre fait rapporté par Linné, qui prouve jusqu'à l'évidence l'esprit de confraternité de ces oiseaux. Lorsque les hirondelles de fenêtre reviennent, au printemps, prendre possession de leurs nids, elles en trouvent quelquefois un certain nombre occupés par des moineaux. La légitime propriétaire, ainsi dépouillée de son bien, s'évertue, par tous les moyens possibles, à rentrer dans sa demeure; mais elle n'y réussit pas toujours. Dans ce cas, elle demande appui à ses compagnes, et toutes ensemble viennent assiéger l'intrus. S'il résiste et se retranche dans son fort pour se venger, elles apportent de la boue dans leur bec, et murent l'entrée de la citadelle, qui devient ainsi le tombeau de l'usurpateur.

C'est ordinairement au mois de septembre que les hirondelles nous quittent, pour aller à la recherche d'une température meilleure et d'une nourriture plus abondante.

Quelques jours avant leur départ, elles s'agitent, poussent des cris et s'assemblent fréquemment dans les lieux élevés, comme pour délibérer et fixer l'époque du voyage (fig. 245, page 385). Enfin, le jour choisi étant arrivé, toutes les hirondelles de la contrée se réunissent en un lieu convenu. Elles commencent par s'élever en tournoyant dans les airs; et, après quelques évolutions, destinées sans doute à reconnaître leur route, elles s'avancent, en masse, vers les rivages de la Méditerranée, puis passent en Afrique. Quoiqu'elles soient de tous les oiseaux ceux dont le vol est le plus soutenu, elles ne font pas ce long

Fig. 243. Martinet à ventre blanc.

parcours sans s'arrêter. Aussi les navires qui traversent la Méditerranée à cette époque en reçoivent-ils presque toujours quelques-unes, qui viennent chercher, dans un repos de quelques instants, la force nécessaire pour continuer leur voyage.

Les retardataires, que les devoirs de la maternité ou toute autre cause ont empêchées de suivre le gros de l'émigration, partent quelques jours plus tard, isolément ou par petites troupes. Il en est de même qui ne quittent pas nos climats, et qui possèdent le secret d'y passer, sans inconvénient, la saison rigoureuse.

Des témoignages nombreux et dignes de foi prouvent, en effet, que certaines hirondelles s'engourdissent pendant l'hiver, à la façon des animaux hibernants, et se réveillent dès qu'une température convenable les ramène aux conditions ordinaires de leur existence. Ce fait, fort controversé, est pourtant un des plus curieux de l'ornithologie.

Les hirondelles ont eu, de tous temps, le privilège de cap-

Fig. 244. Hirondelle salangane.

tiver la sympathie et la bienveillance des hommes. Quelques peuples anciens regardaient ces oiseaux comme sacrés, et aujourd'hui encore chacun se sent pris pour elles d'une tendre pitié. Les services qu'elles nous rendent en détruisant une prodigieuse quantité d'insectes, la douceur de leurs mœurs, la vivacité de leur affection mutuelle et de celle des parents pour leur progéniture, l'heureux présage qu'elles nous apportent, quand elles nous annoncent le retour du printemps, tout cela a contribué à nous les rendre chères et à dicter nos bonnes résolutions à leur égard.

Fig. 245. Conseil des Hirondelles.

Cependant les habitants de certains pays ne se piquent pas de si beaux sentiments, et ne se font pas scrupule de leur envoyer quelques grains de plomb, surtout à l'automne, lorsque leur rotondité les désigne à leurs coups. On rencontre même des chasseurs — on a peine à le croire! — qui assassinent ces innocentes créatures, par désœuvrement, par passetemps, comme pour s'entretenir la main, et de crainte de perdre l'habitude de donner la mort!

Fig. 246. Nid d'Hirondelle salangane.

Les hirondelles ont, en général, le ventre blanc et les autres parties noires, avec des reflets bleuâtres ou violets. On en connaît soixante-dix espèces, répandues sur toute la surface du globe, et dont six seulement habitent l'Europe. On les a partagées en *Hirondelles proprement dites* et *Martinets.* Ces derniers, qui sont de taille plus forte que les vraies hirondelles, ont les ailes plus longues, conséquemment le vol plus rapide et plus soutenu, enfin les doigts beaucoup plus forts, pourvus d'ongles robustes et crochus, et le pouce versatile.

Les principales espèces d'Europe sont : dans la première section, les *Hirondelles de fenêtre* (fig. 240, page 377), l'*Hirondelle* ou *Martinet à moustaches* (fig. 242, page 381), de *cheminée*, de *rivage*, de *rochers;* et dans la seconde section, le *Martinet à ventre blanc* (fig. 243).

Parmi les espèces étrangères nous mentionnerons l'*Hirondelle salangane* (fig. 244), qui habite Java et Sumatra, et qui est célèbre dans le monde entier par l'importance alimentaire de son nid.

Cet oiseau habite les rochers et les cavernes des rivages maritimes. Lorsqu'il veut nidifier, il avale des fucus, plantes marines fort communes en ces parages, les élabore dans son estomac, et les dégorge ensuite, pour en constituer les parois de son nid (fig. 246). Les fucus ainsi digérés contiennent des principes nutritifs, qui sont du meilleur effet sur les personnes épuisées par les excès de différente nature. C'est pour cela que les Chinois font une si grande consommation de nids de salangane, malgré leur prix élevé. Du temps de Buffon, on exportait, chaque année, des côtes de Cochinchine, quatre millions de nids de salangane, qui représentaient une somme considérable ; et le propriétaire d'une caverne située dans l'île de Java en retirait annuellement plus de 50 000 florins de rente. Aujourd'hui cet état de choses ne paraît pas avoir changé.

Les traits distinctifs des *Engoulevents* sont : un bec encore plus fendu que celui des hirondelles ; des tarses courts ; un pouce versatile ; des ailes longues ; la physionomie et le plumage mous et duveteux des oiseaux de nuit. Ce sont des oiseaux tristes et solitaires, qui vivent par couples, dorment pendant le jour, et ne sortent qu'au coucher du soleil, pour se livrer à la chasse des insectes crépusculaires et nocturnes. Ils volent ainsi toute la nuit, le bec largement ouvert, et engloutissent leur proie, qu'une salive gluante, humectant leur palais, empêche de s'échapper. Les insectes qui fournissent à leur alimentation sont surtout les phalènes, les sphinx, les libellules ou demoiselles, les grillons, les courtilières, les hannetons, les bourdons, les mouches, etc. Ils sont donc d'une utilité aussi grande que les hirondelles, et ont droit aux mêmes égards. Malheureusement, comme ils sont très gras et très délicats à l'automne, les chasseurs les sacrifient volontiers à leur gourmandise.

Ils sont migrateurs et voyagent lentement, pendant la nuit. Leur nom leur vient du bruit qu'ils font en volant et qui paraît dû à l'engouffrement de l'air dans leur bec.

Ils se subdivisent en *Engoulevents proprement dits*, *Ibijaux*, *Podarges*, et *Guacharos*.

Les *Engoulevents proprement dits* sont les plus petits du genre. Ils sont reconnaissables aux plumes décomposées, ou moustaches, qui garnissent la base de leur bec, et à l'ongle

Fig. 247. Engoulevent d'Europe.

du doigt médian, qui est dentelé. On croit généralement que cette espèce de peigne leur sert à se gratter la tête, et à se débarrasser des insectes qui débordent de leur bec et les dévorent. Ils habitent la montagne ou la plaine, et se tiennent blottis, tout le jour, dans les genêts et les bruyères. Ils ne nichent pas, et déposent leurs œufs sur la terre nue ou sur des feuilles sèches. Ces œufs, au nombre de deux, sont couvés par la femelle et éclosent au bout de quatorze jours.

L'espèce type des vrais engoulevents est l'*Engoulevent d'Europe* (fig. 247), dont la taille est celle du merle. Cet oiseau s'approche fréquemment des troupeaux, pour saisir les insectes qui les incommodent. La croyance populaire à ce sujet est qu'il va traire pendant la nuit les vaches, les chèvres et les brebis; d'où le nom absurde de *Tête-chèvre* qu'on lui a donné. On l'a nommé aussi *Crapaud volant;* mais on ne voit pas bien l'origine de ce mot.

Les *Guacharos* sont de singuliers oiseaux qui furent découverts, en 1799, par MM. de Humboldt et Bonpland, dans l'intérieur d'une vaste caverne de la Colombie, la grotte de Caripe. Leur bec crochu et l'ensemble de leurs formes, plus robustes que celles des engoulevents, les rapprochent des oiseaux de proie. Ils habitent, par milliers, les profondes cavernes de la chaîne de Cumana et se maintiennent accrochés, à l'aide de leurs griffes aiguës, aux parois des rochers; c'est là aussi qu'ils établissent leurs nids. Ils ne sortent que le soir et pendant la nuit; mais, contrairement à leurs congénères, ils ne se nourrissent que de graines et de semences. Les Indiens de Caripe pénètrent, de temps à autre, dans leurs sombres domaines, et en font des razzias considérables.

Famille des Dentirostres. — Les *Passereaux dentirostres* sont caractérisés par un bec plus ou moins fort, échancré de chaque côté de la pointe. Ils se nourrissent de baies et d'insectes. Ils comprennent un grand nombre de genres, savoir : les *Eurylaïmes*, les *Manakins*, les *Becs-fins*, les *Lyres*, les *Loriots*, les *Martins*, les *Mainates*, les *Philédons*, les *Cincles*, les *Fourmiliers*, les *Merles*, les *Tangaras*, les *Drongos*, les *Cotingas*, les *Gobe-mouches* et les *Pie-grièches*.

Les *Eurylaïmes* ont le bec excessivement large, déprimé et fendu. Ce sont des oiseaux aux couleurs brillantes, tous pourvus d'une collerette, qui tranche sur le reste du plumage. Ils vivent retirés dans les marécages, sur les bords des lacs et des rivières, se nourrissant de vers et d'insectes. Ils sont de la taille du merle et habitent les îles de l'Océanie.

Les *Manakins* ont le bec plus haut que large, percé de narines très grandes, et les deux doigts externes réunis jusqu'au milieu. Ces oiseaux sont propres à l'Amérique méridionale.

Les *Rupicoles*, ou *Coqs de roche*, sont remarquables par les nuances vives et délicates de leur plumage, ainsi que par la belle huppe qui se dresse sur leur front. Ils affectionnent les lieux sombres et se retirent ordinairement dans les fentes et les cavernes qui existent au milieu des rochers. Ils sont très farouches, ne sortent guère que pour chercher les fruits qui composent leur nourriture, et se laissent très difficilement approcher. A la moindre apparence de danger, ils s'enfuient rapidement. Leur nom de *Coqs* leur vient de l'habitude qu'ils ont de gratter la terre, et de battre des ailes, comme les coqs domestiques, peut-être aussi de leur taille, qui est peu différente. Ils habitent l'Amérique méridionale et les îles de la Sonde.

L'espèce la plus belle est le *Rupicole orangé*, indigène de la Guyane, dont le plumage est tout entier d'une couleur orangé très vif, et dont la huppe est formée de deux rangs de plumes disposées en demi-cercle.

Les *Becs-fins*, reconnaissables à leur bec droit, menu et effilé, constituent une nombreuse série d'oiseaux, dans laquelle on a établi les sous-genres *Fauvette, Rubiette, Roitelet, Pouillot, Troglodyte, Traquet, Lavandière, Bergeronnette, Farlouse*.

Tous ces passereaux sont de petite taille, et leurs allures sont vives et légères. La plupart ont la faculté d'imprimer à leur queue des mouvements vibratoires. Ils habitent nos bois, nos bosquets, nos jardins, et font retentir les airs de leurs mélodieux accords. Ils arrivent au printemps et nous abandonnent à la chute des feuilles. Ils sont, en général, remarquables par l'art qu'ils apportent dans la construction de leur nid. Vivant presque exclusivement d'insectes, ils rendent, sous ce rapport, d'éminents services à l'homme. Il en est pourtant qui, à l'automne, cessent d'être insectivores, pour se nourrir de fruits savoureux, entre autres de figues et de raisins, d'où le nom de *Becs-figues* qui leur a été donné dans le midi de la France. C'est alors que les chasseurs les poursuivent, alléchés par leur chair rebondie et délicate.

La plupart des *Becs-fins* affectionnent les bois, les coteaux, les montagnes ou les bords des eaux.

Au premier rang, dans le sous-genre *Fauvette*, se place le

Rossignol, célèbre dans le monde entier par son chant, qui est supérieur, sans nul doute, à celui de tous les autres oiseaux d'Europe. D'un naturel sauvage, le rossignol se retire dans les lieux frais et bien abrités, et se montre rarement à nos regards. Les broussailles, les bosquets, les charmilles et les buissons touffus qui croissent au bord des eaux, sont ses demeures de prédilection. C'est là qu'il établit son nid, sans beaucoup de soin, toujours à une faible hauteur, et quelquefois sur la terre même. Il présente cette particularité, qu'il chante non seulement pendant le jour, mais aussi dans les

Fig. 248. Rossignol.

ténèbres. Mais s'approche-t-on de sa retraite, il s'arrête aussitôt. Il aime d'ailleurs la solitude par-dessus tout.

Il arrive seul en France, seul aussi il nous quitte, au milieu du mois d'août, pour passer en Afrique ou en Asie.

Citons encore diverses fauvettes, en raison de l'admirable génie architectural qu'elles manifestent dans la fabrication de leur nid.

La *Fauvette effarvate,* ou *Fauvette des roseaux* (fig. 249), entrelace son nid parmi des roseaux qui lui servent de montants et de supports. La *Fauvette cisticole* lui donne la forme d'une bourse ou d'une quenouille, faite de laine, de toiles d'araignée ou d'autres matières soyeuses, et placée dans l'in-

Fig. 249. Fauvette des roseaux

térieur d'une touffe de plantes marécageuses. La *Fauvette couturière* est la plus étonnante de toutes. A l'aide de son bec et de ses pattes, elle étire en fil le coton recueilli sur les arbres qui le produisent; elle choisit ensuite des feuilles

Fig. 250. Nid de Fauvette couturière.

larges et résistantes, y pratique des trous, les coud ensemble avec le coton qu'elle a préparé, et construit ainsi une espèce d'auvent, qui dérobe parfaitement son nid à la vue de ses ennemis. La *Fauvette couturière* (fig. 250), qui accomplit,

comme son nom l'indique, un véritable travail de l'industrie
humaine, n'habite pas l'Europe comme les précédentes; elle
appartient à l'Inde et aux îles voisines.

Les autres espèces les plus répandues en France sont : la
Fauvette des jardins et la *Fauvette à tête noire.*

Mentionnons aussi la *Fauvette des Alpes*, qui fréquente les
hauts plateaux alpins.

Les *Rubiettes* sont ainsi nommées parce que leur plumage
présente des parties rougeâtres. Elles comprennent d'abord
le *Rouge-gorge*
(fig. 251), oiseau
curieux et familier,
qui constitue, à l'au-
tomne, un excel-
lent petit gibier;
puis le *Rouge-queue,*
la *Gorge-bleue* et la
Calliope.

Nous ne dirons
rien des *Pouillots*
(fig. 252), des *Tro-
glodytes* (fig. 253),
ni des *Traquets*
(fig. 254), dont les
mœurs ne présen-
tent aucune particu-
larité remarquable.

Fig. 251. Rouge-gorge.

Le *Roitelet* est le plus petit oiseau d'Europe.

Les roitelets sont de mignons insectivores, très agiles, et
sans cesse en mouvement. Comme les mésanges, ils vivent en
famille. Ils se suspendent aux rameaux des sapins et des
pins, pour y saisir les insectes. Ils poursuivent et attrapent
les moucherons au vol.

Le *Roitelet huppé* (*Regulus cristatus*, fig. 255) a la tête ornée
d'une petite couronne de couleur aurore, bordée de noir sur
chaque côté, et dont les plumes peuvent se relever en huppe.
Ce joli petit oiseau, dont le plumage a des nuances olivâtres
en dessus, roussâtres et blanchâtres en dessous, se tient dans
les bois taillis, où il est sans cesse en mouvement, faisant en-

tendre un cri continuel : *zi, zi, zi, zi*. Peu méfiant, il se laisse

Fig. 252. Pouillot.

approcher de très près ; on peut même, le soir, le prendre à la main. Son nid, artistement construit, est suspendu à la

Fig. 253. Troglodyte.

bifurcation des branches d'un sapin ; sa forme est celle d'une boule, et l'ouverture est dirigée de côté. Cet oiseau pond sept à onze œufs, d'un blanc pur, parfois pointillé vers le gros bout.

Fig. 254. Traquet.

Le *Roitelet moustache* (*Regulus ignicapillus*), vulgairement *Roitelet à triple bandeau*, se distingue de l'espèce précédente par les couleurs plus prononcées de son plumage. Il est un peu plus petit; les plumes longues et effilées du vertex sont d'un rouge de feu très éclatant.

Nous représentons ici (fig. 256) une troisième espèce de roitelet, le *Roitelet omnicolore*, ainsi que son nid suspendu à des tiges de roseaux.

Les *Lavandières* (fig. 257) sont ainsi nommées parce qu'elles courent souvent sur les bords des rivières et des ruisseaux, dans

Fig. 255. Roitelet huppé.

le voisinage des laveuses. On les appelle aussi *Hochequeues,*

Fig. 256. Roitelet omnicolore et son nid.

parce qu'elles ont, plus que tous les autres becs-fins, la propriété d'agiter la queue.

Fig. 257. Lavandières.

Les *Bergeronnettes* ont une grande ressemblance avec les
lavandières; mais elles s'en distinguent par l'ongle du pouce,

Fig. 258. Bergeronnettes.

qui est long comme celui des alouettes. Elles suivent souvent les troupeaux : de là leur nom.

Les *Farlouses* se rapprochent des alouettes par le même

caractère que les bergeronnettes, et pourraient être confon-
dues avec elles, si ce n'était leur bec échancré : c'est pourquoi on les appelle vulgairement *Alouettes des prés*. Ce sont
surtout les farlouses qui se nourrissent de fruits à l'automne,
et qu'on désigne sous le nom de *bec-figues* dans les contrées
méridionales de la France.

La *Lyre* est un oiseau de l'Australie, au bec long, com-

Fig. 259. Lyre.

primé, triangulaire à la base. Elle doit son nom à la disposition particulière de sa queue, qui, chez le mâle, présente
exactement la forme d'une lyre. Cet oiseau n'est d'ailleurs
remarquable que par le singulier développement des plumes
de sa queue, car son plumage, d'une couleur brune, n'a rien
qui charme l'œil. Il habite les forêts d'eucalyptus des Montagnes Bleues, niche dans les arbres, à peu de distance du
sol, et se nourrit de vers et de larves d'insectes, qu'il cherche

Fig. 260. Chasse à l'oiseau Lyre, en Australie.

sous les feuilles sèches répandues à terre. Son chant n'est
pas sans agrément. La chasse à l'oiseau Lyre est un des plaisirs du touriste en Australie.

Fig. 261 Nid du Loriot.

Les *Loriots* ont le bec allongé, convexe, robuste, pourvu
d'une arête saillante, et les tarses très courts. Ils sont répandus dans toutes les parties chaudes de l'ancien continent et

dans les îles de l'Océanie. Leur plumage est richement coloré ; le jaune et le noir s'y marient en diverses nuances.

Le *Loriot d'Europe*, au joli plumage jaune, est le seul dont on connaisse les mœurs. Cet oiseau est commun dans le midi de la France. Il arrive en mai et repart vers le milieu d'août ; mais, tandis qu'il vient seul, il s'en retourne en famille. Il s'établit sur la lisière des bois ou sur le bord des eaux, partout où se trouvent de grands arbres, comme les chênes, les peu-

Fig. 262. Loriot jaune.

pliers, où il puisse placer son nid (fig. 261).

Sa ponte se compose de quatre à six œufs. Il se nourrit d'insectes, de larves, de chenilles, et se montre très friand de différents fruits, entre autres de mûres, de cerises et de figues. Cette alimentation spéciale donne à sa chair un goût très fin, et le désigne aux coups des chasseurs. Le loriot ne s'habitue pas à la captivité : il ne peut vivre plus de quelques mois en cage.

Les *Passereaux dentirostres* appartenant au genre *Mainate* (fig. 263) ressemblent aux *Martins*, dont nous allons parler. Ils en diffèrent par leurs jambes nues et par des lambeaux de chair qu'ils portent près de leur tête. Propres à la Nouvelle-Guinée et aux îles de la Sonde, ils sont recherchés par les Javanais, à cause de leur douceur et de la facilité avec laquelle ils apprennent et répètent, comme nos perroquets, toutes sortes de phrases et d'airs. Leur chant est très agréable.

Les *Martins* ont un bec analogue à celui des loriots ; mais

leurs formes générales et leurs habitudes les rapprochent des
étourneaux, auprès desquels ils devraient être rangés, si leur
bec n'était échancré. Ils sont très sociables, vont en troupes
serrées à la recherche de leur nourriture, et passent la nuit
en grandes agglomérations sur le même arbre ou sur des
arbres voisins. D'un naturel paisible, gai et confiant, ils
vivent entre eux en bonne intelligence, et s'approchent fréquemment des lieux habités. Ils s'abattent fort souvent sur
les troupeaux pour les débarrasser de la vermine qui les
tourmente. Ils se montrent utiles auxiliaires de l'homme,
principalement dans les contrées où les sauterelles abondent,
par la grande destruction qu'ils font de ces insectes, sous

Fig. 263. Mainate.

forme d'œufs, de larves ou à l'état parfait. A une certaine
époque, l'île Bourbon fut tellement infestée de sauterelles,
qu'elle menaçait de devenir inhabitable; on eut l'idée d'y introduire quelques martins, et ces oiseaux s'y multiplièrent
si bien, qu'en peu d'années les funestes sauterelles disparurent.

Malheureusement, les martins font payer cher leurs services, car ils ont du goût pour les fruits, et ils commettent de
grands dégâts parmi les cerisiers, les mûriers, etc. Lorsque
les insectes leur font défaut, ils s'attaquent même aux semences de toutes sortes et aux céréales.

Ces passereaux s'accoutument parfaitement à la servitude:

en peu de temps ils deviennent aussi familiers que les étourneaux. Ils possèdent d'ailleurs, comme ceux-ci, le talent de
retenir et de répéter des mots ou des cris divers. C'est pour
ce motif qu'on les élève en cage dans certaines contrées de
l'Inde.

Les martins habitent l'Afrique, l'Asie et Java. Ils visitent
quelquefois, dans leurs migrations, les contrées méridionales
de l'Europe; leur apparition en France est très rare. Quoi
qu'il en soit, la seule espèce que l'on y rencontre est le *Martin roselin*, appelé aussi *Merle rose*, parce que, avec la taille
du merle, il a le ventre et le dos d'un beau rose.

Les *Philédons* sont reconnaissables à leur langue terminée
par un pinceau de poils, et aux pendeloques charnues qui décorent le bec de certaines espèces. Ils ont, en général, un
plumage brillant et ornementé de huppes ou de colliers; la
voix de quelques-uns est fort mélodieuse. On ne connaît
presque rien de leurs mœurs.

Les caractères des *Cincles* sont : un bec droit et grêle, des

Fig. 264. Cincle plongeur.

doigts grands et robustes, munis d'ongles forts et crochus,
des ailes et une queue courtes. Ces oiseaux constituent, par
leurs mœurs franchement aquatiques, une curieuse exception

dans l'ordre des Passereaux. Ils sont sans cesse sur les bords ou au sein même des eaux, à la recherche des insectes dont ils font leur nourriture. Quoiqu'ils n'aient pas les doigts palmés, on les voit souvent plonger et se mouvoir entre deux eaux, en étendant leurs ailes, et s'en servant comme de nageoires. Souvent aussi on les aperçoit rasant dans leur vol la surface des rivières, pour saisir les insectes ailés qui les sillonnent. Ils vivent toujours seuls, excepté à l'époque de la pariade. Les cincles se plaisent sur les rives des torrents, dans les endroits rocailleux et escarpés.

L'espèce d'Europe, appelée *Cincle plongeur* ou *Merle d'eau* (fig. 264), se rencontre dans les Alpes, les Pyrénées et les autres chaînes de montagnes du sud, de l'ouest et du nord de l'Europe.

Les *Fourmiliers* se distinguent des autres passereaux den-tirostres par leurs tarses longs et grêles. Ils habitent les contrées chaudes des deux continents, prin-cipalement l'Asie et l'Amérique, et se li-vrent au sein des gran-des forêts, à la chasse des fourmis, si abon-dantes dans ces régions. Ils y ajoutent d'autres insectes, mais ils sont avant tout *formicivores*. Ils volent médiocre-ment, mais marchent

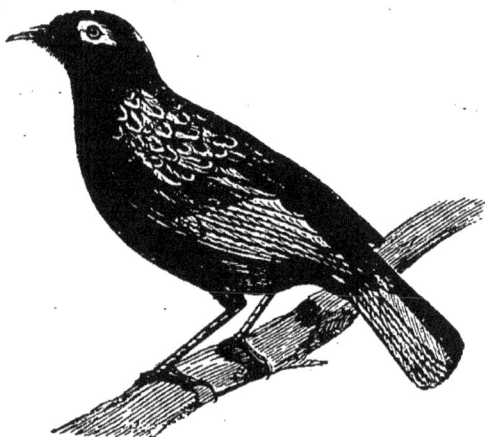

Fig. 265. Fourmillier.

ou sautillent avec une extrême légèreté. En général, ils ne se donnent pas la peine d'édifier un nid, et déposent leurs œufs à terre, sur un lit de feuilles sèches. Ils chantent d'une ma-nière fort bizarre, et sur des modes différents, suivant les es-pèces. Quelques-uns ont reçu la dénomination de *Beffroi, Ca-rillonneur*, etc., à cause de la similitude de leur chant avec le son d'une cloche. Ils sont sauvages, et se fracassent la tête contre les barreaux de leur cage, lorsqu'on les emprisonne. Leur chair est appréciée.

L'espèce-type est le *Roi des Fourmiliers*, indigène de la

Guyane et du Brésil, qui doit son nom à la supériorité de sa taille.

Le genre *Merle* est caractérisé par un bec comprimé, arqué et légèrement dentelé. C'est l'un des plus nombreux de la famille, puisqu'il ne comprend pas moins de 150 espèces, répandues à profusion sur toute la surface du globe.

En général, les oiseaux qui composent ce genre sont migrateurs, et voyagent en troupes plus ou moins nombreuses. Ils se nourrissent de baies, de fruits, d'insectes, et sont doués d'un chant très harmonieux. On les a partagés en deux grandes sections, fondées sur les dispositions particulières de leurs couleurs : celle des *Merles proprement dits*, qui comprend toutes les espèces à plumage uniformément coloré, et celle des *grives*, qui renferme les espèces à plumage grivelé, c'est-à-dire marqué de petites taches sombres sur la poitrine.

Les principales espèces de la première section sont : le *Merle commun*, le *Merle de roche*, le *Merle solitaire* et le *Merle polyglotte*.

Le *Merle commun* est aussi appelé *Merle noir*,

Fig. 266. Merle noir.

à cause de son plumage, qui est tout entier d'un beau noir. Il se plaît particulièrement dans les lieux couverts de bosquets, de broussailles et situés à proximité des eaux. Lorsqu'il y trouve une nourriture suffisante, il ne quitte pas le canton qu'il a adopté; aussi le rencontre-t-on en toutes saisons sur les points les plus divers du continent européen. Les merles se montrent moins nombreux en hiver qu'en été; ils ne sont sédentaires que par exception.

Défiant et rusé, cet oiseau ne s'approche des objets suspects
qu'avec une extrême prudence. Il se laisse rarement surprendre par l'homme, à moins que sa voracité et sa gourmandise
ne l'entraînent à des périls qu'il eût pu éviter. Quelle que
soit sa sauvagerie, il fréquente assez volontiers les jardins
publics ou privés et les alentours des habitations. Pris jeune,
il s'habitue même facilement à la captivité.

Il niche à une faible distance du sol, sur les buissons ou
sur les arbres. La femelle seule s'occupe de la construction
du nid, et le mâle charme ses heures de travail par des sifflements du meilleur goût. La ponte est de quatre à six œufs,
et elle se renouvelle deux ou trois fois par an.

Fig. 267. Merle polyglotte (Oiseau moqueur).

Dans le midi de l'Europe, on chasse cette espèce à cause
du goût exquis que contracte sa chair sous l'influence d'une
nourriture spéciale, composée surtout de baies du myrte ou
du genévrier.

Le *Merle de roche* diffère du précédent par une taille moins
forte et par sa prédilection pour les pays montagneux. Il vocalise très agréablement, et se trouve, en France, sur les
hauts sommets des Vosges, des Alpes et des Pyrénées.

Le *Merle solitaire*, ou *Merle bleu*, se fait remarquer par son
plumage d'un bleu profond. Il fréquente les mêmes régions

que le merle de roche, et vit à peu près de la même façon; mais son naturel est plus sauvage, et son chant plus séduisant encore. On lit dans les mémoires du temps que François Ier ne se lassait pas d'entendre le chant de cet oiseau.

Le merle bleu est commun dans l'Europe méridionale et dans tout le Levant, où il acquiert, lorsqu'il est apprivoisé, une valeur très considérable.

De toutes les espèces de merles, la plus favorisée sous le rapport des facultés vocales est, sans contredit, le *Merle polyglotte*, ou *Oiseau moqueur* (fig. 267), indigène de l'Amérique septentrionale, et principalement de la Louisiane. Ses accents sont si mélodieux, que le naturaliste Audubon n'hésite pas à les placer fort au-dessus de ceux du rossignol. Il possède, de plus, l'étrange faculté d'imiter, en les embellissant, les chants de tous les autres volatiles, et même les cris des mammifères qui vivent autour de lui. C'est pour cela que les Indiens l'appellent l'*Oiseau aux quatre cents langues*. Protégé par les habitants de la Louisiane, il ne redoute pas la présence de l'homme, et construit son nid presque au vu de tous, dans le voisinage des maisons. Pris au nid à l'âge le plus tendre, il devient très familier.

Les principales espèces de *Grives* sont: la *Grive commune*, le *Mauvis*, la *Draine* et la *Litorne*.

La *Grive commune* (fig. 268) a joui, dès les temps les plus anciens, d'une grande réputation, comme gibier fin et délicat. Les Romains l'appréciaient tellement qu'ils en engraissaient des milliers dans d'immenses volières, en combinant adroitement la privation de lumière avec un régime approprié. Aujourd'hui, on n'engraisse plus les grives, parce qu'elles prennent le soin de s'engraisser toutes seules, à leur passage d'automne dans le midi de l'Europe. Elles se gorgent alors à tel point de raisins, de figues et d'olives, qu'elles atteignent un état incroyable d'obésité, et tombent par masses sous le plomb du chasseur. On a dit à ce propos qu'elles s'enivraient dans les vignes, et l'on a créé le proverbe : *Soûl comme une grive*, pour désigner un homme qui a copieusement fêté la dive bouteille. C'est là une erreur : si les grives sont incapables de s'enfuir à l'automne, ce n'est qu'à cause de leur lourdeur.

La grive *Mauvis* participe des qualités et des défauts de la *Grive commune;* elle est aussi très recherchée des gourmets.

Fig. 268. Grive.

Les deux autres espèces ont moins d'importance au point de vue comestible. Toutes habitent l'Europe, et sont de passage dans le centre ou le midi de la France.

Les *Tangaras* forment un genre d'oiseaux propres aux ré-

Fig. 269. Tangara septicolore et Tangara à tête bleue.

gions brûlantes de l'Amérique. Ils se font remarquer par leur bec conique, triangulaire à la base, et par leurs couleurs éclatantes. Ils tiennent, par leurs habitudes, des fauvettes et des moineaux. Ils sont vifs, remuants, et descendent rarement à terre. Ordinairement ils parcourent les arbres et les buissons pour y recueillir des baies, des insectes et des graines. Du reste, ils vivent solitairement, en familles ou par troupes, suivant les espèces. Quelques-uns ont un ramage agréable : tels sont les *Euphones* (belles voix). Les espèces les mieux douées quant à la richesse du costume sont le *Tangara septicolore* (fig. 269), le *Tangara cardinal*, le *Tangara évêque*, le *Tangara Ramphocèle à gorge noire* et le *Tangara à tête bleue*.

Le *Tangara des palmiers*, ou *Palmiste*, est remarquable par sa sociabilité. Il est ainsi nommé parce qu'il érige à la cime des palmiers, avec l'aide de ses compagnons, une vaste construction, partagée en un certain nombre de compartiments, qui sont répartis entre autant de couples, pour recevoir les nids et les couvées.

Les *Drongos* ressemblent au corbeau par la forme et aux

Fig. 270. Drongo huppé.

merles par la taille. Ils ont le bec caréné, assez fortement courbé et la queue fourchue. Le fond de leur plumage est noir, avec des reflets métalliques verts ou bleus. Ils vivent, par petites compagnies, dans les forêts de l'Inde, de l'Océanie et de l'Afrique méridionale. Ce sont de grands destructeurs d'abeilles. Le matin et le soir, ils se postent à la lisière des bois, sur un arbre mort ou dépourvu de feuilles, et guettent les abeilles lorsqu'elles abandonnent ou regagnent leurs retraites. Ils s'élancent alors de leur observatoire et font un massacre épouvantable des malheureux insectes.

Leur naturel turbulent et tapageur leur a valu de la part des Hottentots, qui voient en eux des oiseaux de mauvais augure, le nom d'*Oiseaux du diable*. Leur chair ne vaut rien; mais quelques espèces chantent, dit-on, d'une manière assez satisfaisante. Chez le *Drongo à raquette*, les deux pennes extérieures de la queue sont de longs filets terminés par des palettes. Nous représentons ici (fig. 270) une autre espèce, le *Drongo huppé*.

Le genre *Cotinga* est caractérisé par un bec court, déprimé, arqué et robuste. Il comprend, comme sous-genres, les *Cotingas proprement dits*, les *Échenilleurs* et les *Jaseurs*.

Les *Cotingas proprement dits* sont des oiseaux de la taille

Fig. 271. Cotinga cordon bleu.

du merle, qui habitent le Brésil et la Guyane, et se font remarquer, durant la saison des amours, par leur plumage éclatant et varié. Ils vivent au sein des grandes forêts et dans les lieux humides; leur nourriture se compose de graines, de fruits et d'insectes. Ils sont farouches et ne s'accoutument pas à la captivité; ils ne sont d'ailleurs précieux qu'à cause de leurs riches couleurs; car leur voix n'a rien de mélodieux et leur chair est un piètre aliment. Les plus belles espèces sont le *Cotinga Pompadour* et le *Cotinga cordon bleu* (fig. 271).

Les *Échenilleurs* doivent leur nom à leur goût pour les chenilles, dont ils font leur principale nourriture; ils y ajoutent cependant des larves d'insectes et des mouches. Ils diffèrent des précédents par leurs couleurs plus sombres, et par leur habitat. Tandis que les cotingas ne se rencontrent qu'en Amérique, on ne trouve les échenilleurs que dans l'Afrique méridionale et l'archipel Indien.

Les *Jaseurs* sont des oiseaux sociables, qui vivent en trou-

Fig. 272. Jaseur de Bohême.

pes nombreuses toute l'année, excepté à l'époque de la reproduction. Ils se nourrissent de bourgeons, de baies et d'insectes; ils chassent même les mouches au vol. D'une indolence extrême, ils ne se donnent de mouvement que tout juste ce qu'il faut pour satisfaire leur appétit. La plupart du temps, ils se retirent dans d'épais buissons; rarement on les voit se poser à terre, où leur marche est d'ailleurs gauche ou embarrassée. Ils n'ont, à proprement parler, aucun chant; ils ne font entendre qu'un faible gazouillement, très prolongé chez certaines espèces. Le *Jaseur de Bohême* ne se tait en aucune saison; c'est là probablement l'origine du nom de *Jaseur*, donné au genre tout entier. Ils s'apprivoisent avec une grande facilité, et comme ils sont parés de couleurs brillantes, on les élève souvent en cage.

On trouve des Jaseurs en Europe, dans l'Amérique septentrionale et au Japon. L'espèce d'Europe, ou *Jaseur de Bohême* (fig. 272), niche dans les contrées septentrionales, et émigre en Allemagne aux approches de l'hiver; on la voit rarement en France. Elle est très jolie et porte une huppe fuyante au sommet de la tête.

Les oiseaux appartenant au genres *Gobe-mouches* ont le bec déprimé, crochu, pourvu d'une arête saillante et de poils raides à la base. Ils se subdivisent en *Gobe-mouches proprement dits, Moucherolles, Tyrans* et *Céphaloptères.*

Les *vrais Gobe-mouches* se nourrissent d'insectes ailés, qu'ils poursuivent dans les airs avec une vivacité et une agilité extraordinaires; ils y joignent quelquefois des chenilles et des fourmis, et c'est uniquement

Fig. 273. Gobe-mouches gris.

pour les prendre qu'ils descendent à terre. Ils sont taciturnes et volent solitairement, soit au fond des forêts, soit sur le bord des eaux, parmi les joncs et les roseaux. Ils ne chantent pas même au moment des amours, et construisent leur nid assez négligemment, sans prendre souci de le dérober aux yeux de leurs ennemis. Ils le placent, suivant les espèces, sur les arbres, les buissons, dans les crevasses des murs, des puits ou sous les toits des maisons. La femelle y dépose de trois à six œufs, une seule fois par an en Europe, et jusqu'à trois fois dans les autres parties du monde.

Les gobe-mouches ne sont pas plus gros que les becs-fins. Ce sont des oiseaux migrateurs, dont les espèces très nombreuses sont répandues sur toute la surface du globe. L'Europe en possède quelques-unes, parmi lesquelles nous cite-

rons le *Gobe-mouches gris* (fig. 273) et le *Bec-figue*. Ce dernier
aime beaucoup les fruits, et on le chasse dans le midi de la
France pour la finesse de sa chair. Le nom vulgaire *Bec-figue*
sert aussi à désigner vulgairement, comme nous l'avons dit,
une espèce du genre *Bec-fin*.

Les *Moucherolles* ont les mêmes mœurs et la même taille que
les *Gobe-mouches* proprement dits. Ils n'en diffèrent que par
leur costume, beaucoup plus brillant, par leur queue, plus développée, et par les belles huppes qui décorent la tête de plusieurs espèces. Ils habitent l'Afrique, les Indes, l'Océanie et
l'Amérique. L'espèce-type est la *Moucherolle à huppe trans-*

Fig. 274. Roi des Gobe-mouches.

verse, appelée aussi *Roi des Gobe-mouches*, à cause d'une magnifique huppe rouge, bordée de noir, qui s'étale autour de
sa tête et figure un splendide diadème. Il habite l'Amérique
méridionale. C'est un oiseau très rare dans les collections.

Les *Tyrans* (fig. 275) doivent leur nom à leur caractère
courageux, audacieux, querelleur, qui les porte à attaquer
des oiseaux beaucoup plus forts qu'eux, tels que les petits
Rapaces et même l'*Aigle à tête blanche*. Il faut ajouter qu'ils
réussissent le plus souvent dans leurs entreprises et qu'ils
forcent ces bandits à s'éloigner de l'endroit où repose leur

couvée. Ils se nourrissent d'insectes, de petits reptiles et de

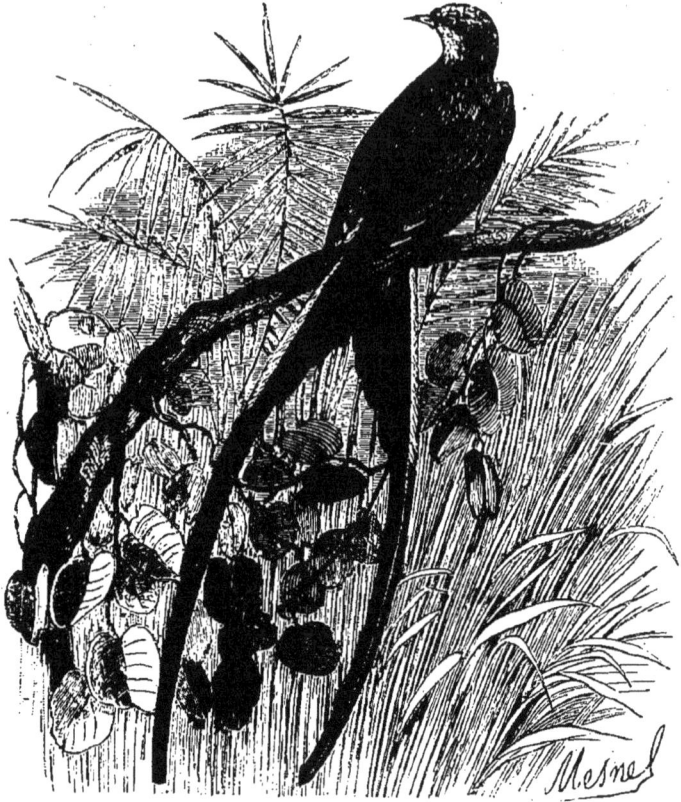

Fig. 275. Tyran à longue queue.

très petits oiseaux. On ne les trouve que dans l'Amérique méridionale, principalement dans le Brésil et la Guyane.

Les *Céphaloptères* (fig. 276) ressemblent aux corneilles, dont ils ont la taille et le plumage. Leur nom, qui en grec veut dire *tête ailée*, leur vient d'une large huppe qui s'épanouit en parasol au-dessus de leur tête. Ils ont, de plus, le devant du cou nu et pourvu, à sa partie inférieure, d'une grosse touffe de plumes qui retombent sur la poitrine. Ces oiseaux habitent les forêts du Brésil; on ne connaît rien de leurs mœurs. La forme élargie de leur bec donne seulement à penser qu'ils se nourrissent de baies et de fruits.

Le genre *Pie-grièche* termine l'ordre des Passereaux. Il

comprend un certain nombre d'oiseaux à bec conique ou
comprimé, plus ou moins crochu à la pointe et vigoureusement échancré, qui ressemblent aux rapaces par leur naturel
belliqueux et leur goût pour la chair palpitante. On y range
les *Pies-grièches proprement dites*, les *Langrayens*, les *Vangas*
et les *Cassicans.*

Les *Pies-grièches proprement dites* possèdent au plus haut
degré l'instinct destructeur. Elles se plaisent à verser le sang
et à semer la mort autour d'elles. Aussi leur méchanceté est-
elle devenue proverbiale. Non contentes de tuer pour satisfaire les justes exigences de leur estomac, elles immolent,

Fig. 276. Céphaloptère orné.

comme à plaisir, insectes, oiseaux, petits mammifères. Ensuite elles les empalent très adroitement, en les fixant aux
épines des buissons et des haies.

Ne les jugeons pas pourtant avec trop de sévérité. Il y a
certainement un grain de cruauté dans cet acte, mais il faut
y reconnaître avant tout de la prévoyance. Ces espèces de gé-
monies sont des garde-manger, qu'elles visitent dans les
moments de disette. Elles ne dévorent pas, il est vrai, tout
ce qu'elles mettent de côté, mais elles l'utilisent en partie, et
c'est là qu'est leur excuse. On se tromperait d'ailleurs si l'on
croyait qu'elles attaquent uniquement des animaux plus

faibles qu'elles. Quoique de petite taille (la plus grande espèce n'est guère plus grosse qu'un merle), elles ne craignent pas d'entrer en lutte avec les corbeaux, les pies et même certains Rapaces. Elles les combattent vaillamment, pour la défense de leurs domaines, et parviennent souvent à les chasser du canton qu'elles ont choisi. C'est pour le même motif qu'on les voit se disputer fréquemment entre elles.

Les pies-grièches habitent généralement les grandes forêts, se tenant, soit sur leur lisière, soit dans les lieux retirés, soit sur les grands arbres ou dans les broussailles. Elles perchent, pendant le jour, sur les plus hautes branches des arbres, et c'est de là qu'elles fondent sur leur proie. Elles volent assez médiocrement, mais elles planent avec facilité. Leur babil est continuel, et leurs mélodies ne sont pas dé-

Fig. 277. Pie-grièche écorcheur.

pourvues d'agrément. Remarquables par leur talent d'imitation, elles répètent à s'y méprendre le chant de tous les autres oiseaux. On prétend même qu'elles abusent de cette faculté pour tendre des pièges aux petits oiseaux dont elles imitent le chant, et pour grossir de cette manière le nombre de leurs victimes.

Elles émigrent chaque année et sont fort recherchées aux

époques de leurs passages, car leur chair, revêtue d'une abondante couche de graisse, est alors extrêmement déli-cate. Fait curieux, elles s'apprivoisent très aisément, malgré leur naturel hargneux. Cependant elles ne s'accommodent pas d'une étroite captivité ; il faut à leur activité un champ plus étendu, celui d'une vaste volière, par exemple. Dans cette condition, elles deviennent fa-

Fig. 278. Pie-grièche méridionale.

milières et se montrent sensibles aux caresses de leur maître.

Les pies-grièches sont communes dans toutes les régions du globe. L'Europe en possède sept espèces, dont les principales sont la *Pie-grièche écorcheur* (fig. 277), la *Pie-grièche rousse* et la *Pie-grièche méridionale* (fig. 278). En France, on

Fig. 279. Cassican.

ne trouve guère ces oiseaux que dans les départements du Midi.

Les *Langrayens* sont quelquefois appelés *Pies-grièches-*

hirondelles, parce qu'ils volent avec autant d'aisance que les hirondelles, et qu'ils poursuivent, comme elles, les insectes à travers les airs. Leurs mœurs diffèrent peu de celles des vraies pies-grièches. Ils habitent l'Afrique, les Indes et l'Archipel austral.

Les *Vangas* ont plus d'analogie encore que les Langrayens avec les pies-grièches proprement dites. Ils vivent absolument de la même façon; mais on ne les trouve que dans le sud de l'Afrique, l'Australie et la Nouvelle-Guinée.

Enfin les *Cassicans* (fig. 279) sont des oiseaux des terres australes, intermédiaires entre les pies-grièches et les corbeaux, dont ils ont la démarche, la taille et le plumage. Ils sont criards, turbulents et omnivores. On les reconnaît facilement à leur long bec et aux plumes de leur front.

ORDRE DES RAPACES

OU OISEAUX DE PROIE

Les Rapaces sont de tous les oiseaux ceux qui ont le plus de notoriété auprès du vulgaire, bien qu'ils ne nous rendent que peu ou point de services, et qu'ils aient infiniment moins de titres à notre intérêt qu'une foule d'autres volatiles. L'audace, le courage qui distinguent plusieurs espèces, les récits merveilleux auxquels ont donné lieu leurs exploits, et la frayeur superstitieuse que font naître certains d'entre eux, expliquent leur popularité. Les poètes et les romanciers, pour caractériser leurs personnages, se sont inspirés souvent des qualités et des défauts de ces oiseaux ravisseurs. Ils ont fait de l'aigle un type de noblesse, de force et de vaillance; du vautour, l'incarnation de l'âpreté lâche et immonde. La chouette, à l'aspect farouche, au vol silencieux, est devenue pour eux un *oiseau de mauvais augure;* son cri lugubre, retentissant dans les ombres de la nuit, sur la maison d'un malade, est un présage infaillible de mort. Ces observations, bien qu'inexactes pour la plupart, ont considérablement agi sur l'imagination populaire et sont passées dans l'usage habituel de la conversation.

Les Rapaces ont le bec crochu, très fort, acéré et tranchant muni à sa base d'une membrane appelée *cire,* qui est ordinairement de couleur jaune, et sur laquelle s'ouvrent les narines; les jambes robustes et couvertes de plumes, quatre doigts, dont trois en avant et un en arrière, généralement très flexibles et pourvus d'ongles arqués, *rétractiles,* souvent d'une grande puissance, auxquels on a donné le nom significatif de *serres.* Ils ont la vue fort perçante, et sont merveilleusement organisés pour le vol. Leurs ailes, longues et vigoureuses, leur permettent de planer dans les plus hautes régions, et de parcourir en quelques instants des espaces immenses.

Leur nom générique indique suffisamment qu'ils ne vivent que de rapines, et sont d'un naturel pillard et batailleur. Ils correspondent, dans la classe des Oiseaux, aux *Carnassiers* parmi les Mammifères. Comme eux ils se nourrissent de chair vivante ou morte; comme eux, ils ont en partage l'adresse et la vigueur pour satisfaire leurs appétits sanguinaires.

La nature, dans son admirable prévoyance, a sagement limité la production de ces hôtes incommodes : les plus grands ne pondent qu'un ou deux œufs par an; les autres, cinq ou six en moyenne. Chose singulière, la femelle est souvent d'un tiers environ plus grosse que le mâle : d'où le nom de *tiercelet* donné à ce dernier dans certaines espèces.

Les Rapaces n'ont rien de la gentillesse et du charmant babil de la plupart des oiseaux. Ils ne chantent pas; ils ne font que pousser soit des cris rauques, soit des modulations étranges et plaintives. Leur plumage, presque toujours de couleur sombre, est triste et monotone. Comme ils n'existent que pour détruire, ils sont la terreur des autres oiseaux, parmi lesquels ils marquent chaque jour de nombreuses victimes. Ils vivent solitairement, et par couples, dans les endroits les plus déserts; ce n'est que par exception qu'ils se rassemblent, pour dévorer en commun quelque humble charogne. D'humeur despotique et belliqueuse, ils ne souffrent pas de concurrents dans leur voisinage. Ils pratiquent l'absolutisme sous sa forme la plus rigoureuse, et règnent en maîtres dans les cantons qu'ils ont choisis.

On rencontre les Rapaces sur toute la surface du globe; les grandes espèces habitent les hautes montagnes ou se cachent dans les flancs des lieux inaccessibles et solitaires.

Cet ordre se divise en deux sous-ordres : les *Rapaces nocturnes* et les *Rapaces diurnes*. Cette division est très rationnelle, car elle est fondée, comme on le verra bientôt, sur une différence de mœurs très tranchée, qui tient à une différence d'organisation.

RAPACES NOCTURNES

Les Rapaces nocturnes se distinguent par de gros yeux, à fleur de tête, dirigés en avant, entourés d'un cercle de plumes effilées et rigides, qui forment par leur rayonnement circulaire autour de la face, un disque à peu près complet, auquel on a donné le nom de *disque facial;* — par le grand développement de la tête; — par un bec très court, dépourvu de *cire*, que remplace une simple peau recouverte de poils; — par des tarses emplumés jusqu'aux talons; — par la mobilité du doigt externe, qui peut se diriger, soit en avant, soit en arrière; — par des ongles très forts, acérés et rétractiles; — par un plumage abondant et moelleux; — par une queue généralement courte.

Mais le caractère original de ces oiseaux, celui qui a présidé à leur réunion en un même groupe, c'est l'impossibilité où ils sont de supporter la lumière du jour, et, par contre, la faculté qu'ils possèdent de voir dans une demi-obscurité, ce qu'ils doivent à l'énorme dilatation de leur pupille. Aussi restent-ils cachés dans leurs retraites tant que le soleil est au-dessus de l'horizon, et ne se mettent-ils en chasse qu'aux dernières lueurs de crépuscule. Alors ils distinguent parfaitement les objets, et peuvent saisir leur proie avec d'autant plus de facilité, qu'ils veillent seuls dans la nature endormie.

Il ne faudrait pas croire toutefois que ces oiseaux puissent voir au milieu d'épaisses ténèbres. Quand la nuit est tout à fait noire, ils rentrent dans la loi commune. L'épithète de *nocturnes* qu'on leur applique n'est donc pas rigoureusement exacte, et il importe de ne pas la prendre au pied de la lettre. Ils ne deviennent réellement actifs que lorsque la lune répand sa clarté sur la terre; c'est alors qu'ils s'abandonnent à leurs instincts destructeurs et font un ample butin de petits mammifères et d'oiseaux.

Les Rapaces ont le sens de l'ouïe extrêmement développé,

ce qui tient à ce que leur crâne présente de vastes cavités, qui, communiquant avec l'oreille interne, augmentent dans de notables proportions la capacité de cet organe.

Leur plumage, strié de bandes et de taches irrégulièrement disposées, ne présente pas plus de consistance que le duvet des jeunes oiseaux. Cette dernière particularité tient probablement à leurs conditions spéciales d'existence. Constamment privés des rayons du soleil, dont l'action sur la couleur du plumage ne saurait être mise en doute, ils ne peuvent acquérir ces splendides couleurs qui font une brillante parure aux oiseaux des régions intertropicales.

Grâce à la structure et à la nature de leurs plumes, qui n'offrent aucune résistance à l'air, les rapaces nocturnes volent sans faire le moindre bruit. Ils peuvent ainsi tomber à l'improviste sur leurs victimes, et les saisir avant même qu'elles aient songé à s'envoler. Lorsqu'ils atteignent leur proie, ils la happent tout d'une pièce : ce qui leur est très facile, vu l'énorme ouverture de leur bec, dont les deux parties sont mobiles. Puis leur estomac sépare les parties non digestibles, telles que les os, les poils et les plumes. Réunies sous forme de pelote, elles sont expulsées par le vomissement. Les rapaces diurnes qui se nourrissent d'animaux vivants possèdent la même propriété.

A l'exception d'une seule espèce, l'*Effraie*, les rapaces nocturnes pondent tous des œufs de forme sphérique. Ils vivent isolément, par couples, se rassemblent quelquefois en troupes, à l'époque des migrations, mais ne chassent jamais en commun. Ils ne construisent, pour ainsi dire, pas de nid, et se contentent de déposer leurs œufs dans les excavations des vieux troncs d'arbres, ou dans les habitations en ruine. Ils exhalent une odeur fade et nauséabonde, qui tient sans doute à leur régime exclusivement animal.

A moins d'y être forcé, l'oiseau de proie nocturne ne sort jamais de son trou pendant le jour. Lorsqu'il s'y aventure, il est assailli par tous les passereaux du voisinage, qui viennent insulter à son impuissance, et se venger, par de nombreux coups de bec, de l'oppression qu'il exerce sur eux pendant la nuit. Il prend alors les postures les plus étranges, balançant sa tête d'un air stupide, faisant craquer son bec et

enflant ses plumes. Du reste il n'essaye pas de se défendre
et reçoit passivement les coups de ses ennemis emplumés,
qui ne lui font pas d'ailleurs grand mal.

Cette haine naturelle des petits oiseaux pour leurs tyrans
nocturnes a été mise à profit pour la chasse. L'art de la *pipée* n'a pas d'autre fondement. Il suffit de contrefaire la voix
de la chouette ou du hibou, pour faire accourir les oiseaux
sur l'arbre ou le buisson où l'on a placé les gluaux. Cette
opération doit se faire une heure environ avant le coucher
du soleil; plus tard, elle n'aurait aucun succès. La *pipée* était
en usage dès l'antiquité, car Aristote l'a décrite.

Il n'est pas d'animaux qui aient donné lieu à tant de fables
et de préjugés, conséquences de leurs mytérieuses allures.
Bien qu'inoffensifs en général, et même utiles, car ils détruisent une grande quantité de rats et de souris, les rapaces
nocturnes causent dans les campagnes une superstitieuse
terreur, et l'on a mis de tout temps le plus grand acharnement à les poursuivre.

Les Grecs, mieux inspirés, avaient dédié le hibou à Minerve,
déesse de la Sagesse, sans doute à cause de l'attitude calme
et grave qui distingue les oiseaux de unit, et leur donne un
air de philosophes méditant sur les problèmes de la vie.

Les Rapaces nocturnes comprennent deux grandes familles :
les *Hiboux* et les *Chouettes*.

Famille des Hiboux. — Les Hiboux se reconnaissent à deux
aigrettes de plumes placées de chaque côté de la tête. Ils se
subdivisent en trois genres : les *Grands-Ducs*, les *Moyens-Ducs*
et les *Petits-Ducs*.

Le *Grand-Duc commun*, ou *Duc d'Europe* (fig. 280), est le
plus remarquable des hiboux par sa taille et par sa force. Sa
hauteur est de deux pieds en moyenne : c'est le roi des oiseaux nocturnes. Il a le bec et les ongles noirs, très forts et
très crochus. Son plumage est roux parsemée de taches
noires et de bandes brunes; les ailes ont cinq pieds d'envergure. Il a de grands yeux fixes, à prunelle noire entourée de
jaune. Il supporte plus facilement la lumière que les autres
Nocturnes; aussi sort-il plus tôt le soir, et rentre-t-il plus
tard le matin. Il habite les anfractuosités des rochers ou les

Fig. 280. Grand-Duc.

crevasses des vieilles tours situées sur les montagnes, et ne s'en éloigne que rarement pour descendre dans la plaine. Son cri : *huihou, houhou, bouhou, ouhou!* retentissant dans le silence de la nuit, jette la terreur parmi les animaux dont il fait sa pâture. Il se nourrit principalement de lièvres, lapins, taupes, rats, souris et menu gibier A l'occasion et surtout lorsqu'il élève ses petits, qui sont très voraces, il ne dédaigne pas les crapauds, les grenouilles et les petits reptiles.

Le grand-duc est très courageux, et accepte souvent avec l'aigle fauve des combats dont il se tire avec honneur. La lutte est parfois si furieuse, qu'elle se termine par la mort des deux champions.

M. Bailly rapporte, d'après des témoins dignes de foi, qu'un aigle et un grand-duc, qui se battaient dans les montagnes de la Savoie, s'enfoncèrent tellement leurs serres dans les chairs, qu'ils ne purent les retirer, et succombèrent sur place l'un et l'autre à leurs blessures. Dans un tournoi semblable, près de Zurich, le grand-duc vainqueur était tellement lié à son adversaire, qu'il tomba avec lui sur le sol, sans pouvoir se dégager, si bien qu'on le prit vivant.

Blessé, ne pouvant plus voler, traqué par les chiens, le grand-duc veut du moins vendre chèrement sa vie. Il se renverse sur le dos, et là, les serres ouvertes, le bec menaçant, il paraît encore assez redoutable pour faire reculer un moment ses ennemis.

En dépit de son naturel batailleur, le grand-duc s'apprivoise assez facilement : il connaît son nom, et répond à la voix de son maître. On peut lui accorder toute liberté ; il reste dans le voisinage de son gîte, et y revient chaque jour pour manger. Frisch raconte qu'il a eu deux fois des grands-ducs vivants, et qu'il les a conservés longtemps ; il les nourrissait de chair et de foie de bœuf. Ils engloutissaient parfois cinq souris, sans interruption, après leur avoir brisé les os à coups de bec. Au besoin, ils savaient se contenter de poissons. Quelques heures après l'absorption, ils rejetaient les os, les poils et les arêtes de leurs victimes.

L'humeur sauvage de ces oiseaux ne cède pas toujours cependant à l'influence de l'éducation.

Les grands-ducs ont pour leurs petits un attachement sans bornes. Un gentilhomme suédois, M. Cronstedt, habita pendant plusieurs années une ferme, située au pied d'une montagne, en haut de laquelle un couple de grands-ducs avait établi son nid. Les domestiques prirent et enfermèrent dans un poulailler un des petits que la soif de l'indépendance avait sans doute poussé à quitter prématurément l'asile maternel. Le lendemain matin, on fut très surpris de trouver à la porte du poulailler un perdreau fraîchement tué. On pensa alors que les parents, attirés par les cris du petit hibou, avaient pourvu à sa subsistance. En effet, le même manège se renouvela quatorze nuits de suite. M. Cronstedt voulant savoir au juste à quoi s'en tenir, fit plusieurs fois le guet pendant la nuit, afin de surprendre la femelle en flagrant délit d'amour maternel. Mais il n'y put réussir, probablement parce que l'oiseau, grâce à sa vue pénétrante, saisissait l'instant où son attention était détournée, pour déposer ses provisions à la porte. Ces soins cessèrent au mois d'août, époque à laquelle les petits rapaces sont capables de pourvoir eux-mêmes à leur subsistance.

Le grand-duc habite l'Europe et l'Asie; il est commun en Suisse et en Italie; on ne le rencontre guère en France que dans les contrées de l'Est et du Midi : encore demeure-t-il rarement dans nos climats pendant l'hiver.

Une autre espèce, très commune en Égypte, le *Grand-Duc Ascalaphe*, se montre quelquefois dans le sud de la Sardaigne et de la Sicile. On le désigne vulgairement sous le nom de *Grand Hibou à huppes courtes*.

Le *Grand-Duc de Virginie*, ou *Hibou couronné*, habite l'Amérique septentrionale et méridionale. Cet oiseau est à peu près de la taille du grand-duc d'Europe; il s'en distingue par une disposition différente des aigrettes, qui, au lieu de partir des oreilles, prennent naissance près du bec. Il se nourrit de jeunes gallinacés, qu'il enlève avec audace au milieu même des basses-cours; le dindon a surtout pour lui un attrait tout particulier. Faute d'autre pâture, il se contente des poissons morts qu'il trouve sur le bord des fleuves. Pris très jeune, il s'apprivoise assez facilement; mais, en grandissant, ses instincts sanguinaires le dominent à tel point qu'il dévore toutes les volailles, et qu'on est obligé de s'en défaire.

Le *Moyen-Duc vulgaire*, ou *Hibou commun* (fig. 281), a un pied de haut environ. Ses aigrettes, proportionnées à sa taille, sont plus courtes que celles du grand-duc. Ses ailes ont un mètre d'envergure. Son plumage, où le roux domine, est nuancé de gris et de brun. Il a le bec et les ongles noirâtres.

Fig. 281. Hibou commun, ou Moyen-Duc.

les yeux d'un beau jaune. Il habite les creux des rochers ou des arbres morts et les vieilles masures abandonnées. Il trouve parfois commode de s'installer dans les nids laissés vacants par les pies, les corbeaux et les buses. Beaucoup moins sauvage que le grand-duc, il rôde souvent autour des habitations. Très friand de la chair des souris, il en fait sa principale nourriture; aussi, pour l'attirer et le prendre au

piège, suffit-il d'imiter le cri de ce rongeur. Il se nourrit également de taupes, mulots, grenouilles, crapauds, même de levrauts et de jeunes lapins, et, à défaut d'autre chose, d'insectes. Il déploie beaucoup de courage pour défendre ses
petits, lorsqu'il les croit menacés, et ne craint pas alors
d'attaquer l'homme. Son cri consiste en une espèce de gémissement grave, *clow, cloud!* qu'il fait entendre fréquemment
pendant la nuit. Il s'apprivoise aisément, mais à la condition
d'être pris très jeune. A l'âge adulte, il refuse toute nourriture, et se laisse mourir de faim dans sa cage.

Le moyen-duc est plus sociable que la plupart des rapaces
nocturnes; on le rencontre assez souvent par bandes de sept
ou huit individus. Il est répandu dans toute l'Europe; en
France, il est fort commun et sédentaire. On le désigne dans
nos campagnes sous le nom de *Chat-huant.*

Le *Hibou brachyote* (*à huppes courtes*) habite le nord de
l'Europe, et le quitte à l'automne, pour venir hiverner dans
des régions plus chaudes; il passe régulièrement en France
en octobre et en novembre. Ses aigrettes sont très petites et
placées au milieu du front. Il se tient moins volontiers que le
hibou commun près des lieux habités; il préfère les carrières,
les ruines situées dans les endroits boisés et montagneux.
Cependant on le trouve quelquefois dans les buissons, à
proximité des marais et des rivières, où il saisit des grenouilles et même des poissons. Dans le nord, surtout en
Islande, il ne niche pas au-dessus du sol, mais dans la terre
même : il occupe, en effet, les terriers creusés par les lièvres
et les lapins, et s'y blottit dès qu'on l'inquiète. Nous verrons
plus loin que cette singularité lui est commune avec une
Chouette de l'Amérique.

L'*Éphialte aux joues blanches* a la face, le bas-ventre et les
tarses blancs; sa taille est de dix pouces; il habite le Sénégal.

Enfin le *Kétupu* habite les îles de l'archipel Indien. Il fréquente souvent le bord des rivières : aussi se nourrit-il en
grande partie de crabes et de poissons. Le nom qu'il porte est
celui que lui ont donné les indigènes.

Le *Petit-Duc* (*Scops,* fig. 282) est reconnaissable à sa petite taille, qui ne dépasse pas celle du merle, et à ses aigrettes tout à fait rudimentaires et formées d'une seule plume. Son plumage, agréablement nuancé de roux, de gris et de noir, est plus joli que celui des espèces précédentes.

Plus sociables que les grands-ducs, les petits-ducs se réunissent en troupes en automne et au printemps pour passer dans d'autres climats ; ils partent après les hirondelles et arrivent à peu près en même temps. Les petits-ducs rendent de grands services à l'agriculture en détruisant les mulots. « On a vu, dit Buffon, dans les temps de cette espèce de fléau,

Fig. 282. Scops d'Europe, ou Petit-Duc.

les petits-ducs arriver en troupes et faire si bonne guerre aux mulots, qu'en peu de jours ils en purgèrent la terre. »

Un historien anglais, Dale, rapporte un autre exemple de l'utilité des Scops. En 1580, il s'abattit une telle quantité de souris dans les plaines voisines de Southminster, que toutes les plantes furent rongées jusqu'à la racine. Arrivèrent alors un grand nombre de petits-ducs, qui détruisirent toutes ces souris.

Quand il est pressé par le besoin, le scops ne dédaigne pas les poissons. On le voit alors raser la surface des eaux, et saisir avec une dextérité remarquable tous ceux qui se trouvent à sa portée. Il fait aussi sa proie des chauves-souris et des gros insectes.

Il est assez difficile de tuer ou de prendre les scops, bien qu'ils voyagent par nombreuses compagnies ; car ils ne se mettent en route que le soir, un peu avant la nuit close, et s'abattent dans les bois pendant le jour. S'ils rencontrent quelque région favorable à leur subsistance, telle qu'une plaine entrecoupée de marais et de petits bois, ils s'y fixent pour deux ou trois jours. Le soir, lorsqu'ils sont perchés, ils ont la singulière habitude d'accompagner les personnes qu'ils voient passer. Tantôt ils les précèdent en sautant d'un arbre à l'autre et poussant de petits cris plaintifs ; tantôt ils voltigent autour d'elles, au point de les effleurer.

Le scops est très familier et s'apprivoise aisément ; aussi est-il très recherché en Savoie pour la chasse à la pipée. Il connaît parfaitement la voix de celui qui le nourrit, et, quoique libre, n'abandonne pas la maison de son maître. Mais, à l'époque des migrations, on tenterait en vain de le retenir : soins et caresses sont inutiles. Si l'on ne prend la précaution de l'enfermer, il va rejoindre ses frères, pour passer probablement en Afrique et en Asie.

Il en existe une variété, le *Scops asio*, qu'on trouve dans l'Amérique septentrionale, sur les bords de l'Ohio et du Mississipi. Il est très doux et se laisse caresser, lorsqu'il est pris, sans chercher à mordre ni à griffer. Audubon raconte qu'il en emporta un de New-York à Philadelphie ; il le tint dans sa poche pendant tout le voyage ; il l'habitua à manger dans sa main, et l'oiseau ne tenta pas de s'échapper.

On connaît différentes autres espèces de scops répandues sur les deux continents. La plus intéressante des espèces exotiques est le *Choliba*, que les habitants du Brésil et du Paraguay élèvent dans leurs demeures, pour chasser les rats et les souris.

Famille des Chouettes. — Les chouettes se distinguent des hiboux par l'absence d'aigrettes sur la tête. Elles comprennent quatre genres : les *Chevêches*, les *Chouettes proprement dites* ou *Chats-huants*, les *Effraies* et les *Chouettes épervières*.

Les *Chevêches* sont de toute petite taille ; elles ont le disque facial incomplet, les tarses allongés, les doigts nus ou légèrement velus, la queue courte et carrée. On en compte un grand nombre d'espèces, parmi lesquelles nous n'examinerons que les principales.

La *Chevêche commune* est fort répandue en France et dans toute l'Europe; sa taille égale celle du merle. Elle habite les vieilles masures et les carrières, mais jamais le creux des arbres; aussi s'installe-t-elle rarement dans les bois. Elle est beaucoup moins nocturne que ses congénères; on la voit souvent poursuivre les petits oiseaux en plein jour, avec peu de succès, il est vrai. Sa nourriture habituelle consiste en souris et en mulots, qu'elle prend soin de dépecer avant de les manger, car elle ne peut les avaler tout entiers. Elle plume aussi très bien les oiseaux qu'elle saisit. En hiver, par les temps de neige, elle vient dévorer les immondices déposées dans les cours des fermes. Comme le scops, elle aime à accompagner, en criant, les personnes qui passent près d'elle, surtout à l'aube naissante. Elle pousse, en volant, un cri : *poupou, poupou!* qu'elle remplace, lorsqu'elle se pose, par des sons présentant la plus grande analogie avec la voix d'un jeune homme qui dirait : *aime, heme, esme!* Buffon raconte à ce sujet une anecdote assez curieuse :

Étant couché, dit-il, dans une vieille tour du château de Montbard, une chevêche vint se poser un peu avant le jour, à trois heures du matin, sur la tablette de la fenêtre de ma chambre, et m'éveilla par son cri *heme, edme*. Comme je prêtais l'oreille à cette voix, qui me parut d'autant plus singulière qu'elle était tout près de moi, j'entendis un de mes gens, qui était couché dans la chambre au-dessus de la mienne, ouvrir sa fenêtre, et, trompé par la ressemblance du son bien articulé *edme*, répondre à l'oiseau : « Qui es-tu, là-bas? Je ne m'appelle pas Edme, je m'appelle Pierre. » Ce domestique croyait, en effet, que c'était un homme qui en appelait un autre, tant la voix de la chevêche ressemble à la voix humaine et articule distinctement ce mot.

Les oiseleurs du Tessin emploient la chevêche pour la chasse à la pipée. Prise très jeune, elle s'apprivoise facilement, et se montre sensible aux caresses. M. Bailly en possédait une qui témoignait beaucoup de plaisir lorsqu'on lui frottait le sternum, le dos ou la tête. Elle restait alors dans la plus grande immobilité, tantôt sur le ventre, tantôt sur le dos, laissant voir ainsi le plaisir qu'elle ressentait.

Dans l'Italie septentrionale, on l'élève en domesticité ; elle se nourrit de souris et mange même des fruits ou de la *polenta*. M. Gérard rapporte qu'il a élevé une chevêche dont la familiarité était si grande, qu'elle se laissait volontiers caresser à tout instant de la journée, sans être offusquée par les rayons du soleil. Elle détruisait beaucoup d'insectes, mangeait de tout ce qu'on lui présentait, mais montrait surtout un goût très vif pour la viande crue, à tel point qu'elle restait quelquefois suspendue à un morceau d'intestin pendant plus de dix minutes sans lâcher prise. Elle était dans les meilleurs termes avec le chat de la maison ; on les trouvait souvent couchés l'un près de l'autre, dans le même panier. Le chien n'avait pas su gagner son affection, et elle haïssait cordialement un corbeau qui vivait dans la maison au même titre qu'elle. Elle manifestait d'ailleurs beaucoup d'irritation à la vue des autres oiseaux, même de ceux qui étaient empaillés ; elle s'emparait souvent de ceux-ci pour aller, dans un coin, les plumer à son aise. Elle aimait aussi à s'étendre dans la poussière.

La *Chevêche passerine*, ou *Chevêchette*, n'est pas plus grosse que le moineau. Elle habite le nord des deux continents, et s'aventure quelquefois jusque dans l'Allemagne septentrionale. Son plumage, cendré au-dessus, est d'un blanc éclatant, marqué de taches noires sous le ventre. Elle porte un collier blanc sur le devant du cou.

La *Chevêche cabure* se trouve dans l'Amérique méridionale ; sa taille ne dépasse pas celle de la grive. Cet oiseau si [petit a cependant des instincts sanguinaires très développés ; il se glisse sous l'aile des gros oiseaux de basse-cour, et les met à mort en leur déchirant le côté.

Buffon rattache à cette espèce une variété qui habite le Cap de Bonne-Espérance. Cette dernière est douée d'un plumage magnifique, en partie rouge et noir, mêlé de gris. Les colons du Cap l'apprivoisent, et s'en servent avec avantage pour purger leurs maisons des souris.

L'*Urucuru*, ou *Chevêche à terrier*, tire le dernier de ces deux noms de son mode de nidification. Le premier nom est une onomatopée de son cri nocturne. A peu près de la grosseur du pigeon, elle se tient dans les immenses plaines, ou *pam-*

pas de l'Amérique du Sud, et dans les dunes qui bordent les deux Océans. Comme le *Hibou brachyote*, l'urucuru niche dans les terriers; mais il ne les creuse pas lui-même; il s'installe tout simplement dans ceux des renards, tatous, etc., après avoir chassé ces animaux par son insupportable odeur. Ce moyen de conquête du territoire, pour être pacifique, n'en est pas moins singulier.

L'urucuru ne se borne pas à sortir le soir et le matin; il aime la lumière du jour, et cherche volontiers sa nourriture en plein midi. Fait curieux, il vit en association avec des êtres auxquels ne le rattache aucun lien naturel, tels que les *Viscaches*, sorte de lapins particuliers au Nouveau-Monde. Un voyageur anglais, le capitaine Francis Head, qui traversa un jour une troupe de ces animaux vivant de compagnie, dépeint ainsi leur attitude :

Vers le soir, les viscaches se tiennent hors de leurs terriers avec un air sérieux, comme des philosophes ou des moralistes graves et réfléchis. Pendant la journée, les trous des gîtes souterrains sont gardés par deux des hiboux, qui ne quittent jamais leur poste. Pendant que les voyageurs galopaient dans la plaine, les hiboux continuèrent leur faction, les regardant en plein visage, et hochant, l'un après l'autre, leurs têtes vénérables d'une manière presque ridicule, à force d'être solennelle. Lorsque les cavaliers passèrent tout près d'elles, les deux sentinelles perdirent beaucoup de leur air de dignité, et se précipitèrent dans les trous des viscaches.

L'urucuru se nourrit de rats, de reptiles et d'insectes. Il est doux et s'apprivoise facilement; aussi l'élève-t-on pour chasser les souris et les rats.

Les oiseaux qui sont compris dans le genre *Chouette* proprement dit, ou *Chat-huant*, ont le disque facial complet, les tarses courts et emplumés jusqu'aux ongles. Leur taille atteint et dépasse même celle du moyen-duc.

La première espèce de ce groupe est le *Chat-huant hulotte*, ou simplement *hulotte*, vulgairement appelé *Chouette des bois*. Son nom de *hulotte* lui vient de son cri *hou ou ou!* qui ressemble assez au hurlement du loup : ce qui l'avait fait appeler par les Romains *ulula*, de *ululare*, hurler.

La hulotte a la tête grosse, et sa taille est d'environ quarante centimètres. Elle habite les bois pendant l'été, et se tient dans les buissons les plus touffus ou dans de vieux troncs d'arbres. Elle demeure cachée tout le jour, ne sortant que le matin et le soir, pour chasser les petits oiseaux et les mulots. L'hiver, elle se rapproche des habitations, et s'aventure jusque dans les granges pour y prendre les souris et les rats; mais elle rentre au gîte dès que le jour commence à poindre.

Au commencement de l'automne, l'éducation de ses petits étant terminée, elle s'établit dans les lieux humides, parce qu'elle y peut saisir nombre de grenouilles et de reptiles dont elle est très gourmande. C'est alors que les chasseurs de bécasses la font souvent lever en plein jour.

Comme beaucoup d'individus de sa famille, la hulotte aime à pondre dans les nids étrangers, tels que ceux des corbeaux, pies, buses. Les petits sont très voraces; lorsqu'ils ne sont pas assez forts pour se tenir sur leurs pattes, ils s'appuient sur le bas-ventre, et, tenant leur proie dans leurs serres, ils la déchirent avec le bec; devenus plus vigoureux, ils s'appuient sur une seule jambe et se servent de l'autre pour porter leur nourriture à leur bec.

D'un caractère très doux, la *Hulotte* s'apprivoise facilement; elle connaît parfaitement son maître et lui réclame sa nourriture en poussant de petits cris. On la trouve dans toute l'Europe, même dans les régions les plus septentrionales.

La *Chouette nébuleuse* (fig. 283), ou *Chouette du Canada*, est commune dans l'Amérique septentrionale, et surtout à la Louisiane; ce n'est qu'accidentellement qu'elle apparaît dans le nord de l'Europe, en Suède et en Norvège. Son plumage est d'un gris brun, qui lui a valu son nom. Elle se nourrit de lièvres, de lapins, de petits rongeurs, de reptiles et d'oiseaux; elle mesure environ cinquante centimètres. Audubon a eu souvent l'occasion de l'examiner.

Son cri, dit-il, est un *waah*, *waahha*, qu'on est tenté de comparer au rire affecté d'un fashionable. Combien de fois, dans mes excursions lointaines, étant campé sous les arbres et me disposant à faire rôtir une tranche de venaison ou un écureuil au moyen d'une branche de bois, n'ai-je pas été salué du rire de ce perturbateur nocturne! Il s'arrêtait à quelques pas de moi, exposant tout son corps à la lueur de mon feu et me regardant d'une si bizarre manière, que si je n'avais pas craint de passer pour fou à mes propres yeux, je l'aurais invité poliment à venir

partager mon souper. Il habite constamment la Louisiane ; on le rencontre dans tous les bois isolés, même en plein jour et aux approches
de la nuit. S'il y a apparence de pluie, il se met à rire plus fort que
jamais ; son waah, waahha pénètre dans les retraites les plus reculées, et
ses camarades lui répondent avec des tons étranges et discordants ; on
serait tenté de croire que la nation des hiboux célèbre une fête extraordinaire.

Audubon ajoute que lorsqu'on approche d'un de ces oiseeux,
il vous examine en prenant les attitudes les plus grotesques.

Fig. 283. Chouette nébuleuse.

Si l'on tire sur lui et qu'on le manque, il s'enfuit, s'arrête à
quelque distance et pousse son cri moqueur.

Les oiseaux que comprend le genre *Effraie* ont le bec long,
droit à la base, crochu à la pointe, le disque facial extraordinairement développé, les ailes pointues.

L'*Effraie commune* (fig. 284), appelée aussi *Effraie flambée*,
se trouve dans toute l'Europe ; en France elle est sédentaire.
Son plumage, agréablement varié de jaune, de blanc, de gris

et de brun, est plus joli que celui de tous les autres nocturnes. Tandis que les œufs de ces derniers sont de forme sphérique, ceux de l'effraie sont elliptiques. Elle les dépose dans des trous de murs ou dans des creux de rochers et de vieux arbres, qu'elle ne prend pas la peine de tapisser d'herbes ou de feuilles (fig. 285). Il est rare qu'elle s'empare des nids des autres oiseaux ; cependant elle chasse parfois les martinets de leurs retraites, et s'installe au lieu et place des propriétaires après les avoir dévorés.

Cet oiseau inspire un grand effroi dans les campagnes. Les enfants, les femmes, et même les hommes simples qui croient aux revenants ou aux sorciers, regardent l'effraie comme un oiseau funèbre, comme un messager de mort. Ces préventions sont fort injustes : aucun oiseau n'est plus utile à l'homme que ce nocturne. Il détruit une quantité prodigieuse de rongeurs nuisibles à l'agriculture : à ce titre, il devrait être protégé de tous. L'effraie, lorsqu'elle a des petits, extermine les rats et les souris, sans trêve ni merci. Tous les quarts d'heure environ, elle porte à son nid un de ces rongeurs, et chacune des boulettes rejetées de son estomac se compose de six à sept squelettes de souris.

Fig. 284. Chouette effraie.

Dans l'espace de seize mois, le docteur Franklin a recueilli tout un boisseau de ces boulettes, provenant d'un couple de chouettes.

Les fermiers se trompent lorsqu'ils accusent l'effraie de détruire les œufs de leurs pigeons : les vrais coupables sont les rats. Lorsqu'une effraie s'introduit dans un colombier, il faut donc la protéger et la bien accueillir, car elle n'y vient que pour se reposer, et elle détruit, pendant son séjour, quantité de rats, le véritable fléau du pigeonnier.

Lorsque les proies terrestres lui font défaut, l'effraie a recours à la pêche. On la voit alors plonger perpendiculairement dans l'eau, et en sortir étreignant un poisson, qu'elle va dévorer dans son nid.

Les Chinois et les Tartares honorent l'effraie d'un culte tout particulier, en mémoire d'un fait qui mérite d'être rapporté.

Fig. 285. Nid de Chouette effraie.

Gengis-Khan, fondateur de leur empire, mis en déroute par ses ennemis, fut un jour contraint de se réfugier dans un bois, et il n'échappa aux vainqueurs que parce qu'une chouette vint se poser sur le buisson qui l'abritait. Ceux qui le poursuivaient négligèrent, en effet, de fouiller le taillis où il était caché, car il leur parut impossible que le même buisson recélât à la fois un homme et une chouette : Gengis-Khan fut donc sauvé, grâce à l'intervention de l'oiseau. En souvenir de cet évènement, les Chinois portèrent dès lors sur leur tête une plume d'effraie.

Certaines tribus de Kalmouks ont une idole de la forme d'une chouette.

L'effraie s'apprivoise à la longue, pourvu toutefois qu'on ne la renferme pas. Il lui faut de l'air et de l'espace, pour s'ébattre à son aise. Dans ces conditions, il devient un auxiliaire utile pour les agriculteurs, et remplace plusieurs chats avec avantage. Mais si on la retient en cage, elle refuse toute nourriture, et périt au bout de quelques jours.

L'effraie est répandue dans toute l'Europe, en Asie et dans le nord de l'Amérique. Il en existe deux variétés : l'une à Java, l'*Effraie calong*, l'autre au Mexique et aux Antilles. Ces deux espèces, peu différentes de l'effraie commune, ont d'ailleurs les mêmes habitudes.

On donne le nom de *Chouette épervière* à un genre de rapace qui sert de transition entre les rapaces nocturnes et les rapaces diurnes. En effet, quoique par leur forme générale et leur conformation physique elles appartiennent évidemment aux premiers, elles se rattachent aux seconds par leurs habitudes et leur manière de chasser, qui se rapproche de celle de l'épervier : de là leur nom de *Chouettes épervières*. Elles se reconnaissent aisément à leur queue longue et étagée et à leurs libres allures. Elles forment un groupe bien caractérisé, présentant peu de diversité dans les espèces, qui sont au nombre de quatre : la *Chouette caparacoch*, la *Chouette harfang*, la *Chouette ourale*, et la *Chouette lapone*.

La *Chouette caparacoch*, appelée par Buffon *grande Chevêche du Canada*, mesure environ trente-huit centimètres. En été, elle se nourrit de petits rongeurs et d'insectes; en hiver, de gelinottes blanches, qu'elle accompagne, au commencement du printemps, dans leurs migrations du sud vers le nord. Elle se jette quelquefois sur le gibier abattu par les chasseurs, et s'en empare, si l'on n'y met ordre. Elle habite les régions arctiques, surtout celles de l'Amérique, pénètre jusqu'en Allemagne, mais paraît très rarement en France.

Fig. 286. Chouette mineur, du Mississipi, et son terrier.

La *Chouette harfang*, improprement appelée par certains naturalistes *Roi des hiboux*, atteint cinquante-cinq centimètres de hauteur, c'est-à-dire presque la taille du grand-duc. Si l'on excepte la *Chouette lapone*, ou *cendrée*, qui mesure plus de soixante centimètres, c'est la plus grande des chouettes. Son plumage tout entier est d'une blancheur éclatante, sauf quelques points noirs sur la tête.

Cette couleur est, du reste, parfaitement appropriée à la nature du milieu dans lequel doit vivre le harfang. Cet oiseau habite les solitudes les plus désolées du nord de l'Amérique : Terre-Neuve, la baie d'Hudson, le Groenland. Il se montre aussi en Islande et dans les îles voisines, mais ne s'aventure qu'accidentellement en Angleterre, et surtout en France. Grâce à sa couleur, qui s'harmonise avec tout ce qui l'entoure, il peut parcourir, sans être aperçu, ces immenses déserts de neige, et s'emparer facilement de sa proie, qui consiste en gelinottes, colins, lagopèdes, coqs de bruyère, lièvres et lapins. Grâce à l'épais duvet et à la plume qui l'enveloppe de toutes parts, il peut braver les rigueurs d'une température qui serait mortelle pour des êtres moins bien protégés que lui.

Cependant il ne trouve pas toujours une nourriture suffisante, et il est souvent exposé à périr de faim. Le fait est attesté par le capitaine Parry, qui eut plusieurs fois l'occasion de le constater, dans son voyage d'exploration au pôle arctique. D'ailleurs, ces oiseaux se précipitent sur le gibier du chasseur avec une telle audace et une telle avidité, qu'on ne saurait conserver le moindre doute à cet égard : des affamés seuls peuvent avoir un tel mépris des balles.

La *Chouette lapone* et la *Chouette ourale* ont les mêmes habitudes que le *harfang;* seulement leur distribution géographique est moins étendue : comme l'indiquent leurs noms, elles sont plus particulières à certaines contrées. Elles n'ont pas non plus la blancheur éblouissante de la chouette harfang, et c'est par là surtout qu'elles s'en distinguent.

On peut rattacher au même genre deux espèces exotiques découvertes par Levaillant. Ce sont le *Choucou*, qui habite l'Afrique et qui se rapproche beaucoup de la Chouette caparacoch, quoique moins diurne qu'elle; et la *Chouette huhul*, originaire de la Guyane, où elle chasse en plein jour.

Il existe en Amérique une Chouette qui s'abrite dans des souterrains de plusieurs mètres de profondeur : c'est la *Chouette mineur*, qui pullule sur le territoire du Mississipi.

Le prince Charles Bonaparte, à qui l'ornithologie doit de grands travaux, a décrit cette curieuse espèce, qui ne chasse qu'au grand jour, malgré sa livrée de hibou nocturne. Les souterrains que se creuse la *Chouette mineur*, que nous représentons dans la figure 286, donnent quelquefois asile, en même temps, à des crapauds, à des lézards et à des serpents à sonnettes.

RAPACES DIURNES

Tout ce que nous avons dit, en commençant l'étude de cet ordre d'Oiseaux, des caractères généraux qui distinguent les Rapaces, s'applique surtout aux rapaces diurnes. Nous ne répèterons pas ce qui a été dit plus haut ; seulement nous ajouterons quelques mots pour caractériser les rapaces diurnes.

Les rapaces diurnes ont les yeux placés sur les côtés de la tête, et les doigts complètement nus. On en trouve de toutes les dimensions, depuis le faucon-moineau, qui n'a guère que trente centimètres d'envergure, jusqu'au condor, dont les ailes étendues présentent un développement de quatre à cinq mètres. Ils déposent leurs œufs, généralement de forme ovée, dans des nids appelés *aires*.

Les Rapaces diurnes se divisent en trois familles : les *Falconidés*, les *Vulturidés* et les *Serpentaridés*.

Famille des Falconidés. — Les Falconidés ont le bec très fort, relativement court, et généralement courbé dès la base, à bords dentelés ou festonnés, la tête et le cou couverts de plumes, les serres très puissantes et pourvues d'ongles rétractiles, l'arcade sourcilière très saillante. Ce sont les oiseaux de proie par excellence. Ils se nourrissent, pour la plupart, d'animaux vivants ; il en est cependant quelques-uns qui, faute d'autres aliments, vivent de chair putréfiée. Leur vol est très rapide, presque tous s'élèvent à de grandes hauteurs. On les voit rarement à terre ; ils y apparaissent un instant, pour saisir leur proie, et retournent immédiatement à leur aire. Ils pondent, en moyenne, trois ou quatre œufs. Leur plumage varie beaucoup pendant les premières années ; à tel point que le jeune et l'adulte ont été pris souvent pour des espèces distinctes : ce qui n'a pas peu contribué à jeter de la confusion dans la science ornithologique.

Cette famille est très nombreuse ; elle ne comprend pas moins de neuf genres : les genres *Aigle*, *Pygargue*, *Spizaète*, *Faucon*, *Autour*, *Milan*, *Buse*, *Busard* et *Caracara*.

Le genre *Aigle* est caractérisé de la manière suivante : bec festonné, mais non denté, présentant une partie droite à la base ; narines elliptiques et transversales ; tarses courts et emplumés jusqu'aux doigts ; ailes allongées ; queue arrondie.

Buffon a tracé de l'aigle un portrait qui n'est pas un modèle d'exactitude :

L'aigle, dit-il, a plusieurs convenances physiques et morales avec le lion : la force, et par conséquent l'empire sur les autres oiseaux, comme le lion sur les quadrupèdes ; la magnanimité : il dédaigne également les petits animaux et méprise leurs insultes ; ce n'est qu'après avoir été longtemps provoqué par les cris importuns de la corneille ou de la pie que l'aigle se détermine à les punir de mort ; d'ailleurs il ne veut d'autre bien que celui qu'il conquiert, d'autre proie que celle qu'il prend lui-même ; la tempérance : il ne mange presque jamais son gibier en entier, et il laisse, comme le lion, les débris et les restes aux autres animaux. Quelque affamé qu'il soit, il ne se jette jamais sur les cadavres. Il est encore solitaire comme le lion, habitant d'un désert dont il défend l'entrée et l'usage de la chasse à tous les autres oiseaux ; car il est peut-être plus rare de voir deux paires d'aigles dans la même portion de montagne, que deux familles de lions dans la même partie de forêt : ils se tiennent assez loin les uns des autres, pour que l'espace qu'ils se sont départi leur fournisse une ample subsistance ; ils ne comptent la valeur et l'étendue de leur royaume que par le produit de la chasse. L'aigle a de plus les yeux étincelants et à peu près de la même couleur que ceux du lion, les ongles de la même forme, l'haleine tout aussi forte, le cri également effrayant. Nés tous deux pour le combat et la proie, ils sont également ennemis de toute société, également féroces, également fiers et difficiles à réduire.

Buffon a beaucoup surfait la réputation de l'aigle : il est bon de la réduire à de plus justes proportions. Reconnaissons, avec notre immortel naturaliste, que l'aigle est doué d'une vigueur peu commune ; quant à sa magnanimité, il est permis de la mettre en doute. En effet, l'aigle attaque toujours des

Fig. 287. Aigle royal.

animaux incapables de lui résister; s'il dédaigne les petits
oiseaux, c'est parce qu'ils lui échappent facilement, et que
d'ailleurs il retirerait peu de profit de leur capture. Quant à
sa tempérance, il est facile de prouver qu'elle n'a jamais
existé que dans l'imagination de Buffon. L'aigle est, au contraire, d'une voracité extrême; il n'abandonne sa proie que
lorsqu'il est parfaitement repu, et qu'il ne peut la transporter
dans son aire. Loin de mépriser les cadavres, il en fait volontiers sa pâture, sans y être poussé par le besoin; et s'il
rencontre quelque carcasse, il se gorge tellement de nourriture, qu'il tombe dans un état voisin de l'engourdissement,
et se laisse tuer à coups de bâton. Son honnêteté n'est pas
mieux établie : nous verrons, en effet, l'*Aigle pêcheur* poursuivre les oiseaux plus faibles que lui et leur ravir, au mépris
de toute justice, le butin qu'ils ont laborieusement conquis.

L'aigle a été proclamé, par une métaphore de rhétorique,
le roi des oiseaux. Si la force et l'abus qu'on en peut faire
caractérisent la royauté, l'aigle a des droits incontestables à
ce titre; mais si l'on y attache des idées de courage et de
noblesse, ce n'est pas sur la tête de l'aigle qu'il convient de
poser la couronne.

Les peuples anciens avaient été mieux inspirés en faisant
de l'aigle le symbole de la victoire. Les Assyriens, les Perses,
les Romains plaçaient un aigle, les ailes déployées, au-dessus
de leurs étendards; et de nos jours encore nous voyons cet
oiseau remplir le même rôle emblématique et figurer dans
le blason de diverses nations d'Europe. Il en est même, comme
l'Autriche, qui, au lieu d'un aigle, employé comme arme par-
lante, en prennent deux.

C'est parce que l'aigle s'élève à des hauteurs considérables que les anciens en avaient fait l'oiseau de Jupiter
et le considéraient comme le messager des dieux. Lorsque,
après la retraite d'Hébé, Jupiter descendit sur la terre pour
chercher un autre échanson, il se transforma en aigle, et c'est
sous cette figure qu'il enleva Ganymède.

Mais laissons la mythologie et les symboles, pour arriver à
l'histoire réelle de ce grand oiseau ravisseur.

Le sens de la vue est développé au plus haut point chez cet
oiseau. Contemplez cet aigle qui plane majestueusement

dans les airs, au-dessus des nuages et de tous les êtres
vivants. Par un imperceptible mouvement des ailes, il se
maintient, sans fatigue, à cette prodigieuse hauteur, et promène son regard sur la fourmilière terrestre, située à deux
mille mètres au-dessous de lui. Tout à coup, il aperçoit une
gelinotte dans la bruyère; repliant ses ailes, il descend en
quelques secondes jusqu'à une faible distance du sol; puis
il s'abat, les jambes tendues, et saisit sa victime, qu'il
emporte sur la montagne voisine.

La force considérable des muscles qui mettent en action
l'aile de ce rapace (fig. 288), explique la puissance et la longue
durée de son vol.

L'aigle est doué d'une force musculaire énorme; aussi peut-

Fig. 288. Aile de l'Aigle.

il lutter contre les plus furieux ouragans. Le naturaliste
Ramond, qu'on a nommé le _peintre des Pyrénées_, raconte
qu'ayant atteint le sommet du mont Perdu, le pic le plus
élevé de ces montagnes, il vit un aigle qui passa au-dessus de
lui avec une rapidité surprenante, bien qu'il volât contre un
vent impétueux soufflant du sud-ouest.

Si au poids du corps de l'aigle on ajoute celui de la proie
qu'il tient dans ses serres; si l'on considère que cette proie
est souvent enlevée par lui à des distances considérables, et
que quelquefois l'aigle franchit ainsi toute la chaîne des Alpes, qui sépare deux royaumes; si l'on réfléchit enfin que
cette proie est ordinairement un jeune chamois ou un mouton, on se fera une idée de sa force générale et de sa vigueur
musculaire.

La taille de l'aigle varie suivant les espèces, mais elle atteint toujours des proportions imposantes. La femelle de l'*Aigle royal* mesure 1 mètre 15 centimètres, depuis le bout du bec jusqu'à l'extrémité des pieds, et elle a près de 3 mètres d'envergure. Cette envergure n'est que de 2 mètres chez l'*Aigle impérial*, et de 1 mètre 60 centimètres chez l'*Aigle criard*.

On a dit que l'aigle peut parcourir 20 mètres par seconde, ce qui donnerait une vitesse de 18 lieues à l'heure; mais Naumann dément positivement cette assertion, et affirme que l'aigle est incapable d'atteindre un pigeon fuyant à tire-d'aile. Il est certain toutefois que le vol de cet oiseau est fort rapide. On a vu un aigle, traquant un lièvre dans un champ, l'enfermer dans un cercle tellement infranchissable, que la victime ne pouvait fuir d'aucun côté, sans être immédiatement devancée par son ennemi.

L'aigle bâtit son nid dans les anfractuosités des rochers les moins accessibles, sur le bord des précipices, afin de mettre ses petits à l'abri des coups de main. Ce nid n'est, pour ainsi dire, qu'un plancher, composé de bûchettes, placées sans art à côté les unes des autres, et reliés entre elles par des branches souples, tapissées de feuillages, de joncs et de bruyères. Ce plancher est pourtant assez solidement construit pour résister pendant de nombreuses années aux injures du temps, et pour supporter, non seulement le poids de quatre ou cinq oiseaux pesant ensemble 30 ou 40 kilogrammes, mais encore des provisions, qui sont accumulées, presque toujours, avec une abondance extrême.

Certains nids d'aigle ont jusqu'à cinq pieds carrés de surface. Les œufs déposés dans cette aire sont ordinairement au nombre de deux ou trois, rarement de quatre. Leur incubation dure trente jours.

Les aiglons sont très voraces; aussi les parents font-ils, pour les satisfaire, une chasse des plus actives. Toutefois, lorsqu'il y a disette au gîte, les petits n'en souffrent pas; car ils ont reçu de la nature le don de supporter très facilement une abstinence de plusieurs jours. Cette faculté leur est, d'ailleurs, commune avec les adultes, et en général avec tous les oiseaux de proie. Buffon cite un aigle qui, pris dans un traquenard, passa cinq semaines sans rien manger, et ne pa-

rut affaibli que vers les huit derniers jours. Un auteur anglais
dit qu'on oublia pendant vingt et un jours de nourrir un aigle
privé, et que cet oiseau ne sembla pas avoir souffert d'un
jeûne aussi long.

Lorsqu'ils sont assez grands pour pourvoir à leurs besoins,
les aiglons sont chassés impitoyablement du logis paternel,
et vont s'établir dans un autre canton.

L'aigle est doué, avons-nous dit, d'une grande vigueur musculaire ; aussi enlève-t-il aisément les oiseaux de grosse taille,
tels que les oies, les dindes, les grues, etc., comme aussi les
lièvres, les chevreaux et les agneaux. Dans les montagnes où
abonde le chamois, il fait la chasse à cet animal et emploie
différentes ruses pour le faire tomber en son pouvoir ; car il
n'ose pas toujours l'attaquer de front, et le chamois sait le
tenir en respect avec ses cornes, lorsqu'il est bien abrité par
derrière.

L'aigle tue quelquefois sa proie d'un seul coup d'aile, sans
l'étreindre ni des serres ni du bec ; il n'est donc pas étonnant que la puissance musculaire de ses ailes lui permette d'enlever de jeunes enfants, et de les emporter à une certaine
distance.

On a lontemps refusé d'ajouter foi à la réalité de ces faits ;
mais les témoignages de personnes dignes de toute confiance
ne permettent aujourd'hui d'élever aucun doute à cet égard.
Nous en citerons plusieurs exemples.

Dans le canton de Vaud, deux petites filles, âgées l'une de
trois ans, l'autre de cinq ans, s'amusaient dans une prairie.
Survint un aigle, qui fondit sur l'aînée et l'enleva (fig. 289).
Les plus actives recherches ne purent faire découvrir qu'un
soulier et un bas de l'enfant. Ce ne fut que deux mois après,
qu'un berger retrouva, horriblement mutilé, le cadavre de la
victime, gisant sur un rocher, à une demi-lieue au moins de
la prairie où avait eu lieu le rapt.

Dans l'île de Skye, en Écosse, une femme avait laissé son
enfant dans un champ. Un aigle emporta le petit garçon dans
ses serres, et, traversant un lac assez étendu, alla le déposer
sur un rocher. Fort heureusement, le ravisseur fut aperçu par
des bergers, qui arrivèrent à temps pour délivrer l'enfant et
le ramener sain et sauf.

Fig. 289. Enlèvement d'un enfant par un Aigle royal, dans le canton de Vaud.

En Suède, un autre enfant fut enlevé dans les mêmes circonstances. La mère, qui se trouvait à quelque distance, entendit pendant longtemps les cris du pauvre petit; et il lui était impossible de lui porter secours! Bientôt l'enfant disparut: la mère devint folle de douleur.

Dans le canton de Genève, un garçon de dix ans, qui dénichait des aiglons, fut saisi par l'un des aigles et porté à six cents mètres du lieu où il était primitivement.[Il fut délivré par ses compagnons, sans avoir subi d'autre mal qu'une forte meurtrissure due aux serres de l'oiseau.

Dans les îles Feroë, un aigle enleva un enfant qui se trouvait momentanément séparé de sa mère, et le porta dans son aire, située sur la pointe d'un rocher à pic. L'amour maternel donna des forces à la malheureuse femme pour atteindre le nid; mais elle y trouva son enfant mort.

En Amérique, près de New-York, un jeune garçon de sept ans fut assailli par un aigle, dont il évita le premier choc. L'aigle ayant recommencé ses attaques, l'enfant attendit bravement, et lui porta, sous l'aile gauche, un vigoureux coup de faucille, qui l'abattit. Quand on ouvrit l'estomac de cet oiseau, on le trouva vide. L'aigle était donc affamé, et par conséquent affaibli : c'est ce qui explique et son audace persistante et la facilité avec laquelle l'enfant en eut raison.

Nous devons ajouter pourtant que les rapts d'enfants par les aigles sont assez rares. L'aigle fuit ordinairement le voisinage de l'homme, contre lequel il ne peut lutter. Il attaque surtout les agneaux nouveau-nés et les enlève fréquemment, malgré les cris des bergers et des chiens. Il attaque quelquefois les faons et les jeunes veaux; mais il ne les emporte pas, il s'en repaît sur le lieu même, et se contente d'en emporter des lambeaux dans son aire.

Quelques hommes, courageux et ingénieux tout à la fois, savent mettre à profit, pour se nourrir à peu de frais, l'habitude qu'ont les aigles d'entasser de grandes provisions dans leur nid pour la nourriture de leurs petits. Un paysan irlandais vécut pendant toute une saison, lui et toute sa famille, en dérobant à des aiglons l'abondante nourriture que leur apportaient le père et la mère. Pour jouir plus longtemps de ce singulier moyen d'existence, il retarda l'instant où les petits devaient être renvoyés en leur coupant les ailes, pour les mettre dans l'impossibilité de voler. Il avait même le soin de les attacher, dans le but de les faire crier et d'exciter ainsi la commisération de leurs parents.

Les aigles sont très défiants; aussi est-il difficile de les approcher et de s'en emparer ou de les tuer. Les montagnards des Pyrénées ont beaucoup à souffrir des ravages qu'ils exercent sur leurs troupeaux; c'est pour cela qu'ils bravent tous les dangers pour dénicher des aiglons.

Cette chasse, dit M. Gérard, se fait à deux : l'un des dénicheurs est armé d'une carabine à double canon ; l'autre, d'une espèce de pique de fer longue d'environ soixante centimètres. Aux premières lueurs du jour, les chasseurs arrivent sur la cime de la montagne où l'aigle a établi son aire, et pendant qu'il est allé chercher la nourriture pour ses petits. Le premier se place sur le sommet du roc, et, la carabine à la main, attend l'arrivée de l'aigle pour l'attaquer ; l'autre descend au fond de l'aire, soit d'anfractuosité en anfractuosité, soit au moyen de cordes. Il s'empare d'une main hardie des aiglons, trop faibles encore pour opposer une longue résistance ; l'aigle, entendant les cris de ses petits, accourt avec furie et se précipite sur l'intrépide montagnard qui le frappe avec sa pique, tandis que son camarade tire sur l'oiseau, qui tombe percé de coups.

L'aigle se laisse également prendre au piège; mais si l'instrument n'est pas bien fixé en terre, le rapace parvient quelquefois à le déchausser et à l'emporter. Meisner raconte qu'un aigle, s'étant pris le pied dans un piège à renard, se débattit tellement qu'il arracha le traquenard, et l'emporta après lui de l'autre côté de la montagne, bien que l'instrument pesât quatre kilogrammes.

Les Écossais emploient pour capturer l'aigle une méthode fondée sur la voracité de cet oiseau. Dans un étroit espace, limité par quatre murs assez hauts, ils jettent des quartiers de viande crue. L'aigle s'abat et mange cette viande. Lorsqu'il est bien repu, il est trop engourdi pour prendre immédiatement son essor et il cherche à sortir par une ouverture pratiquée au pied de l'un des murs; mais alors il est saisi et étranglé par un nœud coulant que l'on a placé là. Ce système ne peut être mis en œuvre avec succès que dans les lieux où ces oiseaux abondent.

La longévité de l'aigle est remarquable, mais on ne peut

la fixer avec exactitude. Klein cite l'exemple d'un de ces oiseaux qui vécut captif, à Vienne, pendant cent quatre ans, et il parle d'un couple d'aigles qui, dans le comté de Forfarshire, en Écosse, habita la même aire si longtemps, que les plus vieux habitants les y avaient toujours connus.

Fig. 290. Aigle impérial.

Pris très jeune, l'aigle est susceptible d'éducation; mais il conserve toujours un fond de sauvagerie qui le rend d'un commerce triste et maussade. A l'âge de deux ou trois ans, il est déjà très difficile de l'apprivoiser; car il distribue à quiconque tente de l'approcher des coups de bec bien sentis.

Lorsqu'il est vieux, il est tout à fait indomptable. En captivité, il s'accommode de toutes sortes de proies; il dévore même son semblable, quand l'occasion s'en présente. Faute de mieux, il se contente de serpents, de lézards, et mange même du pain, selon Buffon.

Cet oiseau pousse de temps en temps un cri perçant et lamentable.

Quoique l'aigle soit naturellement irascible, il fait quelquefois preuve d'une douceur dont on a lieu d'être étonné. Témoin celui qui vivait en 1807 au Jardin des Plantes de Paris, et qui avait été pris dans la forêt de Fontainebleau. Cet aigle avait eu la patte cassée dans le piège où il s'était laissé saisir : on dut lui faire subir une opération des plus douloureuses, qu'il supporta avec un calme et un courage exemplaires. Après sa guérison, qui ne dura pas moins de trois mois, il s'était tellement familiarisé avec son gardien, qu'il se laissait caresser par lui, et qu'à l'heure du coucher il se perchait tout près de son lit.

Les anciens fauconniers de l'Occident ne faisaient point usage de l'aigle pour chasser les autres oiseaux; son indocilité et son grand poids le rendaient peu propre à ce genre d'exercice; aussi les fauconniers, qui ne voyaient qu'avec leurs lunettes, rangeaient-ils sans façon l'aigle parmi les oiseaux *ignobles*.

Cependant les Tartares emploient avec succès ce rapace contre le lièvre, le renard, l'antilope et le loup. Comme il est très lourd, ils ne le portent pas sur le poing, mais le placent sur le devant de leur selle, et, le moment venu, le lancent sur l'animal qu'ils convoitent.

L'aigle est cosmopolite : on le trouve dans toutes les régions du globe. On en distingue plusieurs variétés, que nous ne ferons qu'indiquer, parce que les mœurs varient peu d'une espèce à l'autre.

L'*Aigle royal* (fig. 287, page 449), appelé aussi *Aigle doré*, *Aigle commun* ou *grand Aigle*, est le plus grand de tous; il habite le nord et l'est de l'Europe. L'*Aigle impérial* (fig. 290, page 459) se trouve dans l'est et le sud de l'Europe, ainsi que dans le nord de l'Afrique. L'*Aigle Bonelli* habite l'Europe méridionale, particulièrement la Grèce. L'*Aigle criard*, ou

petit Aigle, se rencontre dans toutes les contrées montagneuses et boisées de l'Europe; l'*Aigle botté* vit dans l'est
et le midi de l'Europe, et se montre quelquefois en France.
Enfin l'*Aigle griffard* et l'*Aigle vautourin*, ou *Cafre*, sont des
espèces propres à l'Afrique méridionale, où Levaillant les a
observés le premier.

Les Rapaces diurnes appartenant au genre *Pygargue*, ou

Fig. 291. Pygargue d'Europe (Orfraie).

Aigle pêcheur, se distinguent des aigles proprement dits par
leurs tarses, emplumés seulement à la partie supérieure,
ainsi que par leur régime presque exclusivement ichthyo-
phage. Les *Pygargues*, dont le nom, tiré du grec, veut dire

queue blanche, se tiennent sur les bords des eaux, où ils se nourrissent de poissons et d'oiseaux aquatiques ; ils chassent aussi quelquefois les petits mammifères et se repaissent même de chair corrompue. Leurs serres sont très puissantes, et la portée de leur vue est telle, qu'ils aperçoivent, du haut des airs, le poisson qui nage près de la surface de l'eau ; ils se précipitent alors sur lui, avec une rapidité incroyable, et il est rare qu'ils manquent leur coup. Ils osent même attaquer les phoques, et comme ils ne peuvent les enlever, ils se cramponnent sur leur dos, et les traînent sur le rivage, en s'aidant de leurs ailes. Mais cet excès d'audace leur est parfois fatal : certains phoques sont assez vigoureux pour plonger, et pour entraîner avec eux leur ennemi, qui trouve au fond de la mer une fin misérable ; car il a tellement enfoncé ses serres dans sa proie, qu'il lui est souvent impossible de se dégager.

Les pygargues chassent la nuit comme le jour. Ils guettent souvent les oiseaux pêcheurs plus faibles qu'eux, et les poursuivent, pour s'emparer de leur butin. Ils s'acharnent de même après les vautours, pour leur faire dégorger et s'approprier ensuite le contenu de leur jabot. Audubon a vu, sur les bords du Mississipi, un pygargue poursuivre un vautour qui venait d'avaler un intestin. Une portion de cet aliment sortait encore du bec du vautour ; le pygargue saisit le bout qui pendait au dehors de plus d'un mètre, et força le fuyard à le lui abandonner.

Le *Pygargue d'Europe* ou *Orfraie* (fig. 291) vit dans les régions les plus froides du globe. Il est assez commun en Suède, en Norvège et au Groenland, où il établit son aire, large de deux mètres, dans les forêts qui avoisinent les grands lacs et la mer. Il passe sur nos côtes en automne, à la suite des bandes d'oies qui émigrent vers le sud ; et on le voit encore au printemps, lorsqu'il retourne vers le nord. En Russie, des conditions spéciales d'existence modifient quelque peu ses habitudes : il vit au milieu des steppes, et se nourrit, non plus de poissons, mais de rongeurs, d'oiseaux et de cadavres. L'orfraie atteint presque la grandeur de l'aigle royal, c'est-à-dire un mètre environ.

Le *Pygargue à tête blanche*, nommé vulgairement *Aigle à tête blanche* (fig. 292), habite l'Amérique septentrionale. Il

Fig. 292. Pygargue à tête blanche

niche à la cime des arbres les plus élevés. Son vol est aussi puissant que celui de l'aigle royal; sa force et son adresse sont incomparables. Il peut ravir à la mer les poissons et même les phoques, et emporte dans son aire tout ce qu'il peut saisir au bord des eaux.

L'aigle à tête blanche est représenté, comme emblème, sur l'étendard des États-Unis. L'illustre Franklin ne voyait pas avec plaisir que le choix de la nation fût tombé sur cet oiseau.

C'est un oiseau d'un naturel bas et méchant, écrivait Franklin dans une de ses lettres; il ne sait point gagner honnêtement sa vie. En outre, ce n'est jamais qu'un lâche coquin! Le petit roitelet, qui n'est pas si gros qu'un moineau, l'attaque résolûment et le chasse de son canton. Ainsi, à aucun titre, ce n'est un emblème convenable pour le brave et honnête peuple américain.

Nous citerons, comme variétés de ce genre, l'oiseau qu'a décrit Audubon sous le nom d'*Oiseau de Washington*, espèce très voisine de la précédente; — le *Pygargue aguia*, qui habite l'Amérique méridionale; — le *Pygargue vocifère*, — le *Pygargue Cafre*, qui ont été découverts en Afrique par Le-vaillant; — le *Pygargue de Macé* et le *Pygargue garanda*, appelé par Buffon le *Pygargue des Grandes-Indes*, qui habitent l'Inde et le Bengale, où le dernier est l'objet de la vénération des brahmes, en qualité d'oiseau consacré à Vishnou.

Nous rattacherons au même genre le *Balbusard fluviatile* (fig. 293), qui, bien que différant des pygargues par certains détails d'organisation, s'en rapproche cependant par ses habi-tudes aquatiques.

Le balbusard est quelquefois improprement appelé *Aigle de mer*, car on le rencontre rarement sur les bords de la mer; il préfère le voisinage des étangs et des rivières. Il ne se nourrit guère que de poissons, qu'il saisit, soit à la surface de l'eau, soit en les poursuivant jusqu'à une assez grande profondeur; il recherche aussi les oiseaux aquatiques. Il ne jouit pas toujours du fruit de son labeur, car il trouve un ennemi acharné dans l'orfraie, qui lui donne la chasse pour lui faire lâcher sa proie, et s'en emparer avant qu'elle soit retombée dans l'eau.

Les anciens naturalistes, Aldrovande, Gesner, Klein, Linné, avaient accrédité une singulière erreur touchant la constitution de cet oiseau. Se fondant sur ce fait, qu'il plonge quelquefois dans l'eau pour prendre des poissons, ils s'étaient imaginé qu'il avait un pied à doigts palmés, pour nager, et l'autre à doigts libres, pour étreindre sa proie. Nous n'avons pas besoin d'ajouter que les serres du balbusard ne diffèrent en rien de celles des autres oiseaux de proie.

Fig. 293. Balbusard fluviatile.

Le balbusard est d'un tiers environ plus petit que l'orfraie. Il est répandu dans toute l'Europe, notamment en Allemagne, en Suisse et dans l'est de la France.

Les oiseaux qui font partie du genre *Spizaète* (*Aigle épervier*) tiennent le milieu entre les aigles et les éperviers, dont nous parlerons plus loin. Ils sont caractérisés par une queue ronde et arrondie, par des ailes relativement courtes, et par l'existence d'une huppe sur le derrière de la tête. Ce dernier trait, quoique général, n'est cependant pas commun à toutes les espèces.

Les spizaètes habitent ordinairement les grandes forêts de l'Afrique et de l'Amérique méridionale. Admirablement organisés pour la guerre et le carnage, ils sont la terreur de tout ce qui les environne. L'Afrique en possède deux espèces, le *Huppart* et le *Blanchard*. La *Harpie*, autre espèce de spi-

Fig. 294. Harpie.

zaète, est propre à l'Amérique. Une seule espèce, le *Jean-le-Blanc*, se trouve en Europe.

Le *Huppart*, ainsi nommé à cause de sa huppe, longue de quinze à seize centimètres, se nourrit de lièvres, de canards et de perdrix. Il poursuit aussi les corbeaux, contre lesquels il est animé d'une haine mortelle, car ces oiseaux se liguent parfois pour lui ravir sa proie, et même pour dévorer sa couvée.

Le *Blanchard* est doué d'une agilité qui se montre surtout

lorsqu'il chasse le ramier, son gibier ordinaire. Si celui-ci ne parvient pas à se jeter dans l'épaisseur du bois, c'en est fait de lui: il ne pourra échapper aux serres de son tyran. Le blanchard ne souffre pas de rival dans le domaine qu'il exploite; mais il accorde sa protection aux petits oiseaux qui viennent près de son nid chercher un abri contre les attaques des rapaces inférieurs.

Le *Spizaète urubitènga* habite le Brésil et la Guyane; il est éminemment sauvage et taciturne, et aime à se nicher dans le voisinage des marais. Il se nourrit d'oiseaux et de mammifères de petite taille, de reptiles et même de poissons.

La *Harpie*, ou *Aigle destructeur de l'Amérique du Sud*, est l'espèce-type du genre. C'est le plus redoutable de tous les spizaètes. Sa taille dépasse celle de l'aigle commun; elle mesure un mètre cinquante centimètres de l'extrémité du bec à celle de la queue; son bec a plus de six centimètres de long; les ongles des doigts médians sont plus longs et plus gros que les doigts de l'homme. Avec de telles armes, la harpie ne craint pas, dit-on, d'attaquer, non seulement l'homme, mais encore des carnassiers de haute taille, capables d'opposer une défense vigoureuse. Deux ou trois coups de bec lui suffisent, ajoute-t-on, pour fendre le crâne de sa victime. Ces assertions, pour être admises, demanderaient à être confirmées par des observateurs jouissant d'une certaine autorité scientifique. On assure cependant avoir trouvé des crânes humains parmi les reliefs de festins de ces cannibales.

Quoi qu'il en soit, les harpies sont douées d'une vigueur extraordinaire. D'Orbigny raconte que, lors d'une exploration sur les bords du Rio-Securia, en Bolivie, il fit la rencontre d'une harpie de très grande taille. Les Indiens qui l'accompagnaient la poursuivirent, la percèrent de deux flèches et la frappèrent de coups nombreux sur la tête. Enfin la considérant comme morte, ils lui enlevèrent la plus grande partie de ses plumes et même du duvet, puis ils la placèrent dans leur canot. Quelle ne fut pas la surprise du naturaliste, lorsque l'oiseau, revenu de son étourdissement, se rua sur lui, et lui enfonçant ses ongles dans l'avant-bras, lui fit une blessure des plus dangereuses. Il fallut l'intervention des Indiens pour le débarrasser du féroce spizaète.

La harpie habite sur le bord des fleuves, dans les grandes forêts de l'Amérique méridionale. Sa nourriture se compose d'agoutis, de jeunes faons, de paresseux et surtout de singes.

Les Indiens, qui estiment avant tout les qualités guerrières, tiennent cet oiseau en grande considération. Ils regardent comme un grand bonheur d'en posséder un en captivité. Ils lui arrachent, deux fois par an, les grandes plumes de la queue et des ailes pour empenner leurs flèches. Ils utilisent aussi son duvet, pour se parer les jours de grande cérémonie. Dans ce but, ils s'imprègnent les cheveux d'huile de coco, par-dessus laquelle ils répandent le duvet, rendu adhérent de cette façon: c'est la manière indienne de se poudrer à blanc.

L'*Aigle Jean-le-Blanc*, ainsi nommé parce que son plumage présente beaucoup de parties blanches, tient à la fois de l'aigle, du pygargue et du balbusard. Il est haut de deux pieds et a cinq pieds d'envergure. Très commun dans toute l'Europe, il est bien connu des villageois, dont il dévaste les basses-cours. Il se nourrit aussi de taupes, de mulots, de reptiles, entre autres de couleuvres, et quelquefois d'insectes. Il supporte bien la captivité; Buffon en éleva un qui devint assez familier, mais qui ne témoigna jamais aucune affection à celui qui le soignait.

Les *Faucons* (de *falx*, faux, ongles recourbés en faux) sont merveilleusement propres à la rapine, et réalisent l'idéal de l'oiseau de proie. Chez eux, le bec court et recourbé dès la base porte, de chaque côté de la mandibule supérieure, une dent très forte, à laquelle correspond une échancrure de la mandibule inférieure. Les ailes sont longues et aiguës, d'où résulte un vol puissant, rapide et agile tout à la fois. Les tarses sont courts, les ongles crochus et acérés. Si l'on ajoute à tout cela une vue des plus perçantes et une force énorme, on comprendra sans peine que ces oiseaux portent la terreur partout où ils passent. Ils ne se nourrissent que de proies vivantes, oiseaux ou petits mammifères, qu'ils tuent souvent d'un seul coup de bec, et qu'ils emportent ensuite dans leurs serres pour aller les dévorer à l'écart. Ils ne chassent qu'au vol, et se réunissent par troupes, à l'époque des migrations des oiseaux voyageurs, pour suivre leurs bandes, sur lesquelles ils prélèvent une dîme quotidienne. Mais d'ordinaire ils vivent solitairement par couples et nichent, suivant les localités, dans les bois, les falaises, les trous de mines ou de masures, quelquefois même dans l'intérieur des villes. Leur ponte varie de deux à quatre œufs.

Nous partagerons le genre Faucon en deux groupes: les *Gerfauts*, caractérisés par une queue plus longue que les ailes, et les *Faucons proprement dits*, qui ont les ailes aussi longues et quelquefois plus longues que la queue.

Le groupe des Gerfauts comprend le *Gerfaut proprement dit*, le *Faucon lanier* et le *Faucon sacré*.

Les Égyptiens vénéraient le faucon; c'est à cette circonstance qu'il faut attribuer l'origine du mot *Gerfaut*, corruption de *Hierofalco*, ou *faucon sacré*.

Le gerfaut est le mieux proportionné et le plus vigoureux des faucons. Il peut rivaliser pour la force avec l'aigle lui-même, quoique sa taille ne soit guère que de soixante centimètres. Il varie de couleur avec l'âge: d'un beau brun dès les premières années, il devient presque complètement blanc en vieillissant. Il habite les régions arctiques, où il se nourrit de grands oiseaux, notamment de gallinacés ou de palmipèdes.

On en connaît trois variétés, très voisines les unes des autres: le *Faucon blanc*, nommé par Buffon le *Gerfaut blanc du Nord*, qui habite l'extrême nord des deux continents; le *Faucon islandais* ou *Gerfaut d'Islande*, particulier à ce pays; le *Gerfaut de Norvège*, qu'on trouve dans la Scandinavie, et qui se montre quelquefois en Allemagne, en Hollande et en France.

Les deux premières espèces sont très dociles; aussi étaient-elles avidement recherchées des fauconniers, qui les employaient à la chasse du héron, de la grue et de la cigogne. Une ancienne loi danoise, qui ne fut abrogée qu'en 1758, interdisait sous peine de mort de détruire ces oiseaux.

Le *Faucon lanier* est à peu près de la taille du gerfaut blanc; on le trouve en Hongrie, en Russie, en Styrie et en

Grèce, où il arrive à la suite des oiseaux migrateurs. On le dresse aussi très aisément à la chasse.

Le *Faucon sacré*, vulgairement le *Sacré* (fig. 295), est un peu plus grand que les espèces précédentes. Il est assez rare, car il ne se trouve guère que dans l'Allemagne et la Russie méridionale.

Fig. 295. Faucon sacré.

Au premier rang des *Faucons proprement dits* il convient de placer le *Faucon pèlerin* (fig. 296), désigné souvent sous les noms de *Faucon commun* et de *Faucon passager*. Son nom indique suffisamment que c'est un oiseau de passage. Il est commun dans le centre et le nord de l'Europe occidentale, ainsi que dans la Méditerranée. Il habite aussi l'Amérique du Nord, où on l'a surnommé le *mangeur de poulets*.

Le vol du *Faucon pèlerin* est d'une rapidité prodigieuse. On cite un de ces rapaces qui, échappé de la fauconnerie de Henri II, franchit en une seule journée toute la distance de Fontainebleau à l'île de Malte, c'est-à-dire environ trois cents lieues. Il plane dans la nue avec une facilité remarquable; et lorsqu'il a distingué une proie, il fond sur elle comme un trait, la met en pièces et s'en repaît avec voracité. S'il s'agit d'un oiseau, il le plume avec son bec, et l'avale.

Le faucon se nourrit d'oiseaux aquatiques, de pigeons, de perdrix. Au besoin, il ne dédaigne pas les alouettes; il les poursuit jusque dans les filets des oiseleurs, où il reste souvent empêtré lui-même. Il sait même se contenter de poissons morts, comme Audubon l'a constaté sur les bords du Mississipi; mais ce dernier cas est excessivement rare. Il est d'une hardiesse sans égale, car il ose convoiter le gibier que le chasseur vient d'abattre, et il réussit quelquefois à s'en emparer.

Fig. 296. Faucon pèlerin.

Un de ces oiseaux s'était établi, il y a quelques années, sur les tours de Notre-Dame de Paris, et chaque jour il capturait plusieurs de ces pigeons domestiques qu'on laisse aller en liberté dans la ville. Ce manège dura un mois, et ne cessa que lorsque les propriétaires des pigeons eurent pris une mesure radicale : celle de ne plus les laisser sortir. Atteint dès lors dans ses conditions d'existence et ses moyens de ravitaillement, le faucon disparut.

Malgré la supériorité de ses armes, le faucon pèlerin ne vient pas toujours à bout des victimes qu'il a marquées pour la mort. Naumann a vu un pigeon, poursuivi par un de ces ravisseurs, se précipiter dans un lac, plonger, en sortir sain et sauf, et dépister ainsi son ennemi. Lorsqu'un pigeon est harcelé par un faucon, il cherche toujours à s'élever au-dessus de lui ; s'il y réussit, il est sauvé, car le faucon fatigué le laisse en paix.

Les corbeaux de grande espèce sont les ennemis acharnés du faucon pèlerin. Ils lui livrent de fréquents combats, dans lesquels ce dernier n'a pas toujours l'avantage. On a vu un corbeau tuer un faucon d'un coup de bec qui lui fendit le crâne.

Le faucon est doué d'une longévité plus remarquable encore que celle de l'aigle. En 1797, on en prit un, au Cap de Bonne-Espérance, qui portait un collier d'or, avec une inscription établissant qu'en 1610 il appartenait au roi d'Angleterre Jacques Ier; il avait donc 187 ans, ce qui ne l'empêchait pas d'être encore très vigoureux.

Le père et la mère montrent la plus grande sollicitude pour leurs petits. Lorsque ceux-ci sont capables

Fig. 297. Hobereau.

de se suffire à eux-mêmes, ils vont explorer d'autres régions et s'ils y trouvent une existence facile, ils y restent, sans souci du pays natal.

Le faucon pèlerin est assez commun dans les falaises de la Normandie.

Les autres espèces de faucons sont plus petites que les précédentes. Elles ne s'en distinguent que par leur taille; leurs habitudes sont les mêmes, sinon qu'elles se nourrissent d'oiseaux plus petits, tels que cailles, alouettes, hirondelles, et quelquefois d'insectes. Ces espèces sont : le *Hobereau* (fig. 297), qui se trouve dans toute l'Europe et aussi en

Afrique; sa taille est de trente centimètres; — l'*Émerillon* fig. 298), gros comme une grive, qui habite en été le nord

Fig. 298. Emerillon.

et en hiver le sud de l'Europe; — la *Crécerelle*, vulgairement *Émouchet*, ou *Mouquet* (fig. 299), qui doit son nom à son cri aigu, et dont la taille est de trente-cinq centimètres; elle est très répandue dans le centre de l'Europe; — le *Kobez*, remarquable par sa sociabilité, qui se trouve dans l'Autriche, le Tyrol et les Apennins, et se nourrit de sauterelles qu'il saisit au vol, et d'insectes qu'il cherche dans la fiente des animaux herbivores; — enfin le *Faucon-moineau*, qui habite l'Inde et Su-

Fig. 299. Émouchet.

matra : c'est le plus petit de tous les rapaces.

Diverses autres variétés de faucons, qui n'offrent d'ailleurs aucune particularité remarquable, se rencontrent soit en Afrique, soit en Amérique.

Le nom du faucon est resté attaché à la *chasse au vol*, ou *fauconnerie*, qui va maintenant nous occuper.

La *fauconnerie*, ou l'art de dresser certains oiseaux de proie à la chasse au vol, fut autrefois en grand honneur dans les divers États de l'Europe. Après avoir fait, pendant plusieurs siècles, les délices des grands seigneurs, elle fut supprimée, par suite de la découverte des armes à feu. Ce n'est guère que chez les Arabes et parmi quelques nations asiatiques qu'elle est encore usitée aujourd'hui. Cet art remonte d'ailleurs à une époque fort ancienne, car Aristote, et, après lui, Pline, en ont parlé. Introduite en Europe vers le quatrième siècle de notre ère, la fauconnerie fut très florissante au moyen âge et pendant la Renaissance. Toute la noblesse, depuis le roi jusqu'au plus petit gentilhomme, se passionna pour la *volerie*; — tel était le nom consacré. Les souverains et les grands seigneurs y dépensaient des sommes considérables : c'était le luxe de ce temps. L'envoi de quelques beaux faucons était considéré comme un présent magnifique. Les rois de France recevaient solennellement chaque année douze faucons, qui leur étaient offerts par le grand maître de l'ordre de Saint-Jean de Jérusalem. Ces oiseaux étaient présentés par un chevalier français de l'ordre, auquel le monarque accordait, à titre de cadeau, une somme de 3000 livres et ses frais de voyage.

Un gentilhomme et même une dame du moyen âge ne paraissaient pas en public sans tenir leur faucon au poing; et cet exemple était même suivi par les évêques et les abbés. Ils entraient dans les églises, tenant au poing leur faucon qu'ils déposaient, pendant la messe, sur les marches de l'autel. Les grands seigneurs, dans les cérémonies publiques, tenaient fièrement leur faucon d'une main, et de l'autre la garde de leur épée.

Louis XIII mit une véritable frénésie à ce divertissement. Presque tous les jours, il chassait au faucon avant de se rendre à l'église; et son favori, Albert de Luynes, ne dut sa fortune qu'à ses grandes connaissances en fauconnerie. Charles d'Arcussia de Capri, seigneur d'Esparron, publia, en 1615, un

Traité de fauconnerie, où l'on voit que le baron de la Chastaigneraie, grand fauconnier de France sous Louis XIII, avait acheté sa charge cinquante mille écus. Il avait la direction de cent quarante oiseaux, qui exigeaient, pour les soigner, un personnel de cent hommes.

De nos jours, ce genre de chasse a totalement disparu; on s'est efforcé toutefois, mais sans grand succès, de le faire revivre en quelques pays d'Europe, notamment en Angleterre et en Allemagne. C'est ainsi qu'une nombreuse société, le *Hawking-Club*, se réunit chaque année dans une dépendance du château royal de Loo, sous la présidence du roi des Pays-Bas, pour *voler le héron*. Elle en prend de cent à deux cents dans l'espace de deux mois. Mais ce n'est là que l'impuissante évocation d'une institution à jamais disparue.

On partageait autrefois les oiseaux de fauconnerie en oiseaux de *haute et basse volerie*. Les premiers comprenaient le gerfaut, le faucon, le hobereau, l'émerillon et la crécerelle ; les seconds, l'autour et l'épervier. On donnait même le nom d'*autourresie* à l'art qui avait spécialement pour but le dressage de ces deux derniers rapaces. Comme le mode d'éducation est sensiblement le même pour tous ces oiseaux, qui ne diffèrent d'ailleurs, à ce point de vue, que par leur docilité plus ou moins grande, nous n'envisagerons qu'une seule espèce, le faucon, qui servira de type pour toutes les autres.

Les faucons destinés à l'*affaitage* (dressage) se prennent soit au filet, soit dans l'air même. Dans le premier cas, ce sont des *passagers*, qu'on attire au moyen d'une proie : cet *appelant* est ordinairement un pigeon. Dans le second cas, ce sont de petits *niais*, dont la tête est encore couverte de duvet, ou des *branchiers*, c'est-à-dire des oiseaux âgés d'environ trois mois, assez forts déjà pour sauter de branche en branche, mais incapables de voler et de pourvoir eux-mêmes à leur subsistance. Ces derniers doivent être préférés à tous les autres, car ils ne sont plus assez jeunes pour qu'on soit obligé de leur prodiguer les soins nécessaires à l'égard des *niais*, et ne sont pas encore assez vieux pour être devenus indociles. Passé un an, il serait presque inutile de tenter leur éducation; on les appelle alors faucons *hagards*.

Fig. 300. Une chasse au faucon au moyen âge.

Le faucon étant d'un naturel sauvage, violent, et également insensible aux caresses comme aux châtiments, on ne peut espérer le dompter que par des privations de toutes sortes : privation de lumière, de sommeil et de nourriture, enfin grâce à l'habitude d'être soigné par son maître. Tel est, en effet, le fond de la méthode du fauconnier.

Supposons qu'on se soit emparé d'un *branchier*. On lui serre d'abord les jambes dans des entraves, ou *jets* (fig. 301), faites de lanières en cuir souple, terminées par des sonnettes, Puis le fauconnier, la main couverte d'un gant, prend l'oiseau sur le poing, et le porte, nuit et jour, sans lui laisser un seul instant de repos. Si son élève indocile se révolte et tente de se servir de son bec, il lui plonge la tête dans l'eau fraîche, et produit ainsi chez l'animal une sorte de stupeur; puis il lui couvre la tête d'un *chaperon*, qui le maintient dans une

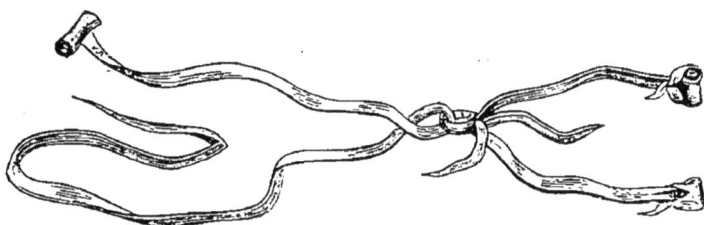

Fig. 301. Jets, ou Entraves.

obscurité complète. Après trois jours et trois nuits de ce traitement, rarement plus, l'oiseau est devenu d'une certaine docilité. Le fauconnier, le tenant toujours sur le poing, l'habitue alors à prendre tranquillement le *pât* (nourriture) qu'il lui présente de l'autre main, en lui faisant entendre un signal particulier, auquel il obéira par la suite. En même temps, il le promène dans les lieux fréquentés, pour le familiariser avec les personnes étrangères, et aussi avec les chevaux et les chiens, qui seront plus tard ses compagnons de chasse. Si l'on a affaire à un oiseau récalcitrant, on excite son appétit, pour le rendre plus dépendant; dans ce but, on lui fait avaler de petites pelotes d'étoupes mélangées d'ail et d'absinthe. Ces pelotes, nommées *cures*, ont pour effet d'augmenter sa faim; et le plaisir qu'il éprouve ensuite à manger l'attache plus étroitement au dispensateur de sa nourriture.

En général, au bout de cinq à six jours de ce traitement, le faucon est complètement *introduit* (soumis); on peut procéder à l'*affaitage*, dont ces exercices ne sont que les préliminaires.

On le porte dans le jardin, et on l'habitue à sauter sur le poing, en lui faisant un appel et lui montrant un morceau de viande, qu'on ne lui abandonne que lorsqu'il a convenablement exécuté la manœuvre. On attache ensuite le pât sur un *leurre* ou *rappel*, et l'on procède absolument de la même façon, en tenant l'oiseau au bout d'une *filière*, ou ficelle, de dix à quarante mètres de longueur. Le *leurre* (fig. 304) est une planchette recouverte sur ses deux côtés par les ailes et les pattes d'un pigeon. On découvre le faucon, et on lui montre le leurre à une petite distance, en lui faisant un appel. S'il fond dessus, on lui laisse prendre la viande qui y est attachée. On augmente progressivement la distance en le récompensant, chaque fois de sa docilité. Lorsqu'il obéit au rappel de toute la longueur de la filière, il est *assuré* : il connaît alors le *leurre*, et sait que le *pât* qu'il porte lui sera acquis dès qu'il sera revenu au signal de son maître. Le fauconnier pourra donc le *réclamer* en toute assurance, c'est à-dire le faire descendre sur le poing, lorsqu'il sera dans les airs.

On lui fait ensuite *connaître le vif*, en le lançant sur des pigeons attachés à une filière; enfin on complète son éducation en l'habituant à fondre sur le gibier spécial qu'il est destiné à chasser : c'est ce qu'on appelle *donner l'escap*.

Supposons qu'il s'agisse de la perdrix : on remplace d'abord sur le *leurre* les ailes de pigeon par des ailes de perdrix; puis on lance succesivement le faucon sur des perdrix libres, mais dont on a préalablement cousu les paupières, pour les empêcher de fuir. Quand il *lie* bien sa proie et qu'il se montre obéissant, on le fait *voler pour bon*.

On dressait autrefois les oiseaux de proie pour sept sortes de *vol* : pour le milan, le héron, la corneille, la pie, le lièvre; ensuite pour les *champs*, c'est-à-dire pour la perdrix, la caille, le faisan; enfin pour les *rivières*, c'est-à-dire pour le canard sauvage et autres oiseaux d'eau.

La chasse du milan, du héron, de la corneille et de la pie,

dont les profits sont absolument nuls, était réputée plaisir de prince, et se faisait au moyen du gerfaut et du faucon. Mais celle des autres oiseaux, dans laquelle l'appât d'une proie comestible avait autant de part que le plaisir des yeux, n'était que plaisir de gentilhomme : on y employait le hobe-

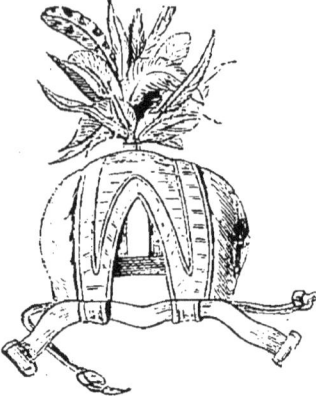

Fig. 302. Chaperon.

Fig. 303. Leurre pour l'éducation du Faucon.

Fig. 304. Faucon coiffé du chaperon et tenu au poing.

reau, l'émerillon, la crécerelle, l'autour et l'épervier. C'est de là que vient le surnom de *hobereaux* donné aux gentils-hommes campagnards, « parce qu'ils voulaient faire montre de plus de moyens qu'ils n'avaient, dit Lacurne de Sainte-Palaye, et que, ne pouvant avoir de faucons, qui coûtaient fort cher d'achat et d'entretien, ils chassaient avec le hobereau, qu'ils se procuraient facilement, et qui amenait à leur cuisine perdrix et cailles. »

Le *vol* le plus noble, mais aussi le plus rare, était celui du milan. Nous avons déjà dit, en parlant des rapaces nocturnes, comment autrefois on attirait cet oiseau, au moyen d'un grand-duc affublé d'une queue de renard. Il fallait quelque stratagème de ce genre pour aborder le milan, qui se tient à des hauteurs inaccessibles au faucon, même le mieux organisé. Lorsque le milan s'était approché, on lui *jetait* un faucon, et alors s'engageait entre les deux oiseaux une lutte des plus intéressantes : harcelé par son ennemi, le milan, malgré des détours et des feintes sans nombre, finissait généralement par tomber entre les griffes du faucon, qui l'apportait à son maître.

Le *vol* du héron présentait moins d'incidents. Cet oiseau se laisse, en effet, assez facilement atteindre, quoiqu'il parvienne quelquefois à s'échapper lorsqu'il n'est pas alourdi par la nourriture; mais il se défend avec énergie, et les coups de son redoutable bec sont souvent mortels pour le faucon. Pour chasser le héron (fig. 305), il faut un chien qui le lève et trois faucons : le *hausse-pied*, qui le fait monter; le *teneur*, qui le suit, et le *tombis-eur*, qui lie. Nous emprunterons à un ancien auteur d'un *Traité de Fauconnerie*, d'Arcussia, le récit d'un vol au héron, qui peint assez bien les péripéties de ce genre de chasse :

Or, marchant d'affection, nous fusmes tost au long des prairies proches de la garenne où ses piqueurs (ceux de M. de Ligné) descouvrent trois hérons, et le luy viennent aussi tost dire. Prenant résolution de les aller attaquer, le sieur de Ligné me fit la faveur de me donner un gerfaut blanc nommé la Perle pour jeter; il en prit un autre qu'on nomme le Gentilhomme, et un des siens, ayde de ce vol, en print un autre appelé le Pinson. Comme les hérons nous sentirent approcher, ils partent de fort loing : ce que voyant, nous jettons les oyseaux, lesquels tardent longtemps à les aveüer (apercevoir). Enfin un les voyd et s'y en va. Les deux le suyvent avec telle ardeur et diligence qu'en peu de temps ils furent à eux, et en attaquent un qui se deffendit assez; mais il fut si rudement mené qu'il ne peut rendre grande deffense, et fut pris. Pendant qu'on faisoit plaisir aux oyseaux (pendant qu'on leur donnait la curée), les autres hérons, espouvantez d'avoir veu si mal traicter leur compagnon, montoient toujours et droit au soleil, pour se couvrir de la clairté; mais on les descouvre, dont M. de Ligné me dit : Je voy là haut deux hérons

qui montent, je vous en veux donner un. Sur quoy je respondy, les voyant
de telle hauteur, que les oyseaux auroient bien de la peine d'y arriver.
Alors il jette son gerfaut. Nous jettons après luy, et les voilà monter à
l'envy avec telle diligence que bien tost nous les vismes presque aussi
haut que le héron. Puis ayant fait encore un effort pour lui gaigner le
dessus, les voilà qui commencent à le choquer et luy donner des coups

Fig. 305. Chasse du Héron avec le Faucon, ou *vol du Héron* au moyen âge.

si serrez qu'à un instant il s'estonne, et le voyons fondre pour gaigner
le bois. Nous picquons après pour mener les lévriers au secours des
oyseaux : ce qui ne fut pas mal à propos ; car le héron se jette dans un
taillis où nous le prismes en vie, bien qu'il fust osté de la gorge d'un
lévrier qui n'eut loisir de l'estrangler ; et faisant plaisir du premier, nous
remontons après à cheval pour en voller encore un autre. »

Le *vol* de la corneille et celui de la pie étaient fort amusants.
Ces oiseaux essayaient d'abord de lutter de vitesse, puis, reconnaissant l'inutilité de leurs efforts, ils se réfugiaient

Fig. 306. Faucon et Gazelle.

presque toujours dans un arbre, d'où les chasseurs avaient
beaucoup de peine à les faire partir, tant les faucons leur in-
spiraient de terreur.

Pour le *vol de champs et de rivières*, on ne jette pas le faucon

de *poing en fort*, c'est-à-dire que le faucon n'attaque pas immédiatement en quittant le poing; on le jette à *mont*, ou,
pour parler le langage vulgaire, on le lance avant que le gi-

Fig. 307. Chasse au Faucon en Chine.

bier soit levé. Il plane pendant quelque temps et fond sur la
proie que le chien a fait lever. Pour échapper à son tyran, le
canard se jette souvent à l'eau; on le fait alors poursuivre à

la nage par des chiens, pour le forcer à reprendre son essor. Le lièvre se chasse de la même manière.

La fauconnerie est encore aujourd'hui en honneur dans le nord de l'Afrique et en Asie; c'est la distraction favorite des Arabes. Dans le Sahara, on dresse le faucon pour chasser le pigeon, la perdrix, la pintade, le lièvre, le lapin et même la gazelle.

En Perse et dans le Turkestan, on ne dresse pas, comme autrefois en Europe, le faucon pour un gibier spécial; on l'habitue à fondre sur toutes sortes de proie. La chasse à la gazelle (fig. 306) est aussi très prisée chez ces peuples. Voici comment elle se fait :

> Les Persans, dit le voyageur Thévenot, ont des gazelles empaillées, sur le nez desquelles ils donnent toujours à manger à ces faucons, et jamais ailleurs. Après qu'ils les ont ainsi élevés, ils les mènent à la campagne, et lorsqu'ils ont découvert une gazelle, ils lâchent deux de ces oiseaux, dont l'un va fondre sur le nez de la gazelle, et s'y cramponne avec ses griffes. La gazelle s'arrête et se secoue pour s'en délivrer; l'oiseau bat des ailes pour se retenir accroché, ce qui empêche encore la gazelle de bien courir, et même de voir devant elle. Enfin, lorsque avec bien de la peine elle s'en est défaite, l'autre faucon, qui est en l'air, prend la place de celui qui est à bas, lequel se relève pour succéder à son compagnon lorsqu'il est tombé; et de cette sorte ils retardent tellement la course de la gazelle, que les chiens ont le temps de l'attraper.

En Égypte, on dresse les faucons pour cette sorte de chasse en le prenant jeune, restreignant sa nourriture et le mettant fréquemment en présence de moutons, sur lesquels il se jette en affamé, et dont il dévore les yeux.

La chasse au faucon est aussi très appréciée dans l'Inde, soit par les indigènes, soit par les ladies des possessions anglaises. Il n'est pas rare de voir de jeunes femmes, ressuscitant les coutumes du moyen âge, s'enfoncer dans les *jungles*, montées sur des éléphants, et lancer leurs faucons, armés d'éperons de fer, sur la charmante antilope bleue, dont les cris plaintifs, lorsque l'oiseau l'attaque, en la frappant dans les yeux, remplissent l'âme de pitié. Enfin la chasse au faucon est encore en honneur en Chine (fig. 307).

Les oiseaux qui composent le genre *Autour* diffèrent des faucons par l'absence de dents à la mandibule supérieure du bec, par leurs tarses, plus longs, par leurs ailes, plus courtes. Aussi leur vol, quoique très rapide, est-il moins élevé que celui des faucons. On les trouve, avec des modifications minimes, dues à l'influence des climats, dans toutes les régions du globe. Ils se nourrissent généralement de petits oiseaux et de reptiles, et, par exception, de très petits mammifères. Ils se divisent en *Autours proprement dits* et *Éperviers*.

Il existe différentes espèces d'autours, toutes caractérisées par des tarses très robustes, et dont une seule, l'*Autour commun*, habite l'Europe.

L'*Autour commun* (fig. 308) n'est pas rare en France. En été, il se tient dans les bois de chênes et de hêtres qui couvrent les montagnes, et se rapproche souvent des habitations, pour enlever les poules et les pigeons. Au commencement de l'automne, il descend dans les plaines et dépose dans un creux de rocher son nid, composé de broussailles grossièrement entrelacées (fig. 310). Il niche à la lisière des grands bois; c'est de là qu'il s'élance sur les perdrix, tétras, ou jeunes levrauts qui sont le fond de sa nourriture. Il poursuit les alouettes avec une telle ardeur qu'il se prend souvent aux pièges tendus à ces innocents passereaux, et qu'il ne s'occupe d'en sortir

Fig. 308. Autour commun.

qu'après avoir assouvi sa fureur sanguinaire. Il chasse en rasant la terre et les buissons, qu'il inspecte attentivement. Aperçoit-il une victime, il redouble de prudence, jusqu'au moment où il n'en est plus qu'à une faible distance. Alors il tombe sur elle à l'improviste, et la frappe avant qu'elle ait eu le temps de se reconnaître. Il est aussi grand que le gerfaut; mais, avec autant de ruse et d'adresse, il a moins de courage.

Ce rapace cruel s'apprivoise difficilement; son naturel féroce persiste en captivité. En 1850, un autour de quatre mois, détenu au Jardin botanique de la Société d'histoire naturelle de Savoie, tua, à coups de serres et de bec, un milan du même âge, qui lui tenait compagnie depuis quinze jours, le déchiqueta et le dévora, quoiqu'il fût parfaitement soigné et qu'il n'eût aucument besoin de ce supplément de nourriture.

L'autour commun se retrouve dans le nord de l'Afrique. Deux autres espèces, l'*Autour de la Caroline* et l'*Autour de Stanley*, habitent l'Amérique septentrionale.

Les *Éperviers* se distinguent des autours par leurs tarses, beaucoup plus grêles.

L'*Épervier ordinaire* est répandu dans toute l'Europe. Il est assez commun en France, où il est sédentaire. Il est plus petit, mais a les mêmes mœurs que l'autour. Il est plus hardi encore, car il vient enlever les perdreaux, rouge-gorges et mésanges, à la barbe même du berger qui garde ses troupeaux dans les champs. Il fond même sur les poules et les poulets de nos basses-cours, et les dévore avec tant de conscience et d'attention, qu'au moment où il se livre à ce festin sanguinaire, il est quelquefois possible de l'approcher et de le prendre à la main. Il emporte souvent sa proie sur un arbre, pour la dépecer; on profite de cette circonstance pour le détruire. Dans les plaines où le gibier abonde, on place des poteaux surmontés d'un piège

Fig. 309. Épervier ordinaire.

dans lequel l'épervier se prend lorsqu'il s'avise de s'y poser pour faire son repas.

L'épervier peut devenir doux et familier en domesticité. Le docteur Franklin cite l'exemple d'un de ces oiseaux qui vivait en parfaite intelligence avec deux pigeons appartenant à l'un de ses amis, et qui avait su gagner l'affection de tous ceux qui le connaissaient. Il était, dit-il, folâtre comme un jeune chat.

Fig 310. Nid d'Autour.

L'Afrique possède deux variétés d'éperviers : l'*Epervier mi-nulle,* dont la taille ne dépasse pas celle du merle. Aussi intrépide que son frère d'Europe, quoique moins fort, il inquiète souvent les milans et les buses, et sait se soustraire à leurs coups par son agilité.

L'*Èpervier chanteur*, qui est à peu près de la taille de l'autour, vocalise auprès de sa femelle à l'époque de l'incubation. C'est le seul musicien de l'ordre des Rapaces; à ce titre il mériterait une mention honorable.

Les autours et les éperviers étaient employés à la *chasse au vol*, de même que les faucons, comme nous l'avons dit dans les pages consacrées à la fauconnerie.

Les oiseaux qui appartiennent au genre *Milan* sont caractérisés ainsi : bec courbé dès la base et non denté; tarses courts, faibles, emplumés dans leur moitié supérieure; ailes très longues; queue longue et plus ou moins fourchue; couleur généralement brune. On en connaît quatre espèces principales, qui diffèrent peu d'ailleurs les unes des autres.

Le *Milan Royal*, ainsi nommé parce qu'il servait aux plaisirs des princes qui le faisaient chasser par le faucon et même par l'épervier, mesure deux pieds de haut, et n'a pas moins de cinq pieds d'envergure. De tous les Falconidés,

Fig. 311. Milan royal.

c'est celui dont le vol est le plus gracieux, le plus rapide et le plus soutenu. Il parcourt incessamment la nue, prenant à peine un instant de repos. Sans doute il ne déploie toute cette activité que pour son agrément personnel, car il ne poursuit jamais sa proie. Dès qu'il l'a aperçue des hauteurs quelquefois prodigieuses où il plane, il tombe sur elle comme un plomb, la saisit dans ses serres, et va la dévorer sur un arbre voisin. Sa nourriture consiste en levrauts, taupes, rats, mulots, reptiles, et en poissons qu'il enlève à la surface de l'eau. Il niche sur les arbres élevés et plus rarement sur les rochers. Il est sédentaire dans quelques parties de la France et assez répandu dans toute l'Europe.

Le *Milan noir* est très commun en Russie. Il a un goût tout particulier pour le poisson. Cependant il ne dédaigne pas de se mêler aux vautours pour dévorer des charognes, et on le voit rôder sur la ville de Moscou pour engloutir les débris de cuisine jetés dans les rues. En automne, ces milans se réunissent, traversent la mer Noire, et vont passer l'hiver en Égypte, où ils sont si familiers, qu'ils se posent, dans les villes, sur les fenêtres des maisons; au printemps, ils retournent en Europe.

Le *Milan parasite* a été ainsi nommé par Levaillant parce qu'il ne vit guère qu'aux dépens de l'homme, soit en dévastant les basses-cours, soit en pillant, avec une impudence rare, les voyageurs qui campent en plein air. Levaillant raconte que lorsqu'il faisait halte, il y en avait toujours quelques-uns qui se posaient sur ses chariots pour lui voler des morceaux de viande.

Au Caire, dit le docteur Petit, dans la relation de son voyage en Abyssinie, je vis un jour un milan enlever brusquement des mains d'une femme arabe un morceau de pain couvert de fromage, au moment où elle le portait à sa bouche. Au Chizé, en Abyssinie, un autre enleva, sous le nez de mon chien qui les gardait, et qui s'élança en aboyant après lui, les débris d'un mouton que l'on venait de tuer. Maintes fois ils le firent aussi sous les yeux de mes gens.

Le docteur Petit ajoute que ces oiseaux se réunissent parfois en troupes innombrables; il en a vu plus de quatre mille planer ensemble au-dessus d'un village égyptien.

Le *Milan de la Caroline* est remarquable par sa queue extraordinairement fourchue, dont il se sert comme d'un gouvernail pour se diriger dans l'air et y décrire les courbes les plus élégantes : de là le nom de *naucler* (pilote) *à queue fourchue* qu'on lui donne quelquefois.

Le milan a le bec et les serres faibles, eu égard à sa taille; aussi évite-t-il, autant que possible, les oiseaux de proie mieux armés que lui. On est parti de là pour lui faire une

réputation de lâcheté; il serait plus juste de dire qu'il a conscience de sa faiblesse : il agit sagement en ne recherchant
pas les luttes dont l'issue ne pourrait que lui être fatale.

Cet oiseau s'apprivoise aisément, et si on le prend un peu
jeune, il devient assez familier.

Les *Buses* ont les ailes longues, la tête grosse, le corps
trapu; les tarses courts ou médiocres, le bec courbé dès la
base; en somme, l'aspect lourd et disgracieux. Elles ne saisissent pas leur proie à tire-d'aile; elles sont trop paresseuses

Fig. 312. Buse commune.

pour se livrer à un exercice aussi violent. Elles préfèrent se
mettre en embuscade sur un arbre ou sur une motte de terre,
et attendre là, avec patience, qu'une proie passe à leur portée. Elles restent quelquefois ainsi plusieurs heures dans
l'immobilité la plus complète, avec un air de stupidité qui est
passé en proverbe, et qui tient autant à leur habitude non-
chalante et affaissée qu'à la faiblesse de leurs yeux, très
sensibles à la lumière du jour.

Les buses nichent sur les arbres élevés des grands bois,
soit dans les plaines, soit dans les montagnes, ou au milieu
des broussailles croissant parmi les rochers. A l'époque des

premières gelées, elles se rapprochent des habitations pour guetter les volailles; et si elles sont pressées par la faim, elles ne craignent pas de les enlever en plein jour. Elles se nourrissent en général de petits oiseaux, de rongeurs, de serpents, d'insectes, quelquefois de céréales. Elles s'apprivoisent très facilement. M. Degland en cite une qui vivait en très bonne intelligence avec un chien de chasse et partageait même sa nourriture avec lui. Buffon parle d'une autre qui était tellement attachée à son maître qu'elle ne se plaisait que dans sa compagnie, assistait à tous ses repas, le caressait de la tête et du bec, et venait, tous les soirs, coucher sur sa fenêtre, bien qu'elle jouît de la plus grande liberté. Un jour qu'il se promenait à cheval, elle le suivit à plus de deux lieues, en planant au-dessus de lui.

Les buses se prêtent aussi avec beaucoup de bonne volonté à l'incubation et à l'éducation des jeunes oiseaux.

M. Yarrel raconte que, dans la ville d'Uxbridge, en Angleterre, une buse domestique ayant manifesté le besoin de construire un nid, on lui en fournit le moyen, puis on plaça sous elle deux œufs de poule. Elle les couva, les fit éclore et éleva les jeunes poussins, comme s'ils eussent été ses propres enfants. Pour lui éviter l'ennui de couver, on mit un jour dans son nid des poulets naissants; mais elle les tua tous, parce qu'elle n'avait pas fait à leur égard acte de maternité.

Les principales espèces de buses sont : la *Buse commune* (fig. 312), très répandue dans toute l'Europe et sédentaire en France. Très commune autrefois en Angleterre, elle y est devenue fort rare depuis quelques années; — la *Buse bondrée*, qui habite l'Europe orientale; elle est très friande d'abeilles et de guêpes, et en fait sa principale nourriture; elle mange aussi du froment; à l'état domestique, elle s'accommode même fort bien des fruits; — la *Buse pied-de-lièvre*, vulgairement *Buse pattue*, ainsi nommée à cause des plumes qui lui couvrent les tarses jusqu'aux doigts, habite l'Europe, le nord de l'Afrique, l'Asie et l'Amérique.

Les oiseaux qui appartiennent au genre *Busard* sont caractérisés par des tarses longs et minces, revêtus de plumes à leur partie supérieure seulement, et par une sorte de colle-

rette formée de plumes serrées, qui entourent le cou, et s'é-
tendent de chaque côté jusqu'aux oreilles. Ils habitent les
plaines marécageuses et les bois situés à proximité des rivières. Bien différents en cela de la plupart des Falconidés,
ils nichent à terre, ou très près de terre, dans les broussailles
et les moissons. Ils cherchent leur proie en rasant le sol et
la saisissent par surprise; si elle leur échappe, ils ne la
poursuivent pas. Nous en possédons deux espèces en Europe :
le *Busard Soubuse* et le *Busard Montagu*.

Le *Busard Soubuse*, vulgairement *Soubuse, oiseau de Saint-*

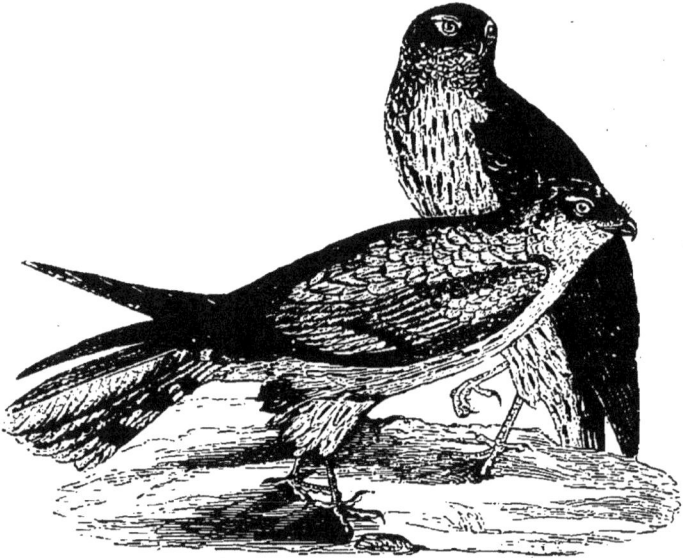

Fig. 313. Busard Montagu.

Martin, est haut de quarante-cinq centimètres environ. Il
habite toutes les contrées de l'Europe, et se nourrit de petits
oiseaux, de rongeurs, de reptiles, de grenouilles; lorsqu'il
peut pénétrer dans les colombiers et les basses-cours, il cause
de grands ravages parmi les pigeonneaux et les poulets.

Le *Busard Montagu* (fig. 313) se nourrit principalement de
sauterelles. M. Barbier-Montault, qui a beaucoup observé ces
oiseaux, dit qu'il en a ouvert une cinquantaine, et qu'il a
toujours trouvé dans leur estomac une grande quantité de
sauterelles, à l'exclusion de tout autre aliment.

Ces rapaces aiment à voler et s'élèvent souvent à de grandes hauteurs; après quoi, ils reviennent à leur point de départ en faisant force culbutes. Lorsque les couvées sont terminées ils se réunissent quelquefois par centaines, pour passer la nuit dans le voisinage des marais; et il est alors très facile de les tuer.

Nous citerons encore, parmi les espèces de ce genre : le *Busard grenouillard*, qui habite l'Afrique méridionale, où il se nourrit surtout de grenouilles et de poissons; — le *Busard des marais*, qu'on trouve en Europe et dans le nord de l'Afrique; — le *Busard cendré*, qui se rencontre dans l'extrême sud de l'Amérique; il vole avec beaucoup d'aisance: aussi est-il toujours en mouvement; il ne se repose que pour happer sa proie; il est très sauvage, et ne se laisse approcher que pendant son repas.

Les *Caracaras* sont un genre d'oiseaux qui forment une transition entre les Falconidés et les Vulturidés. Ils ont, en effet, comme les vautours, le jabot saillant, les yeux à fleur de tête, la tête en partie dénuée de plumes, les doigts longs, surtout le médian, les ongles peu arqués. Comme les vautours, ils ont un goût prononcé pour les charognes et les immondices. Ils n'en font cependant pas leur nourriture exclusive; ils prennent, à l'occasion, de petits mammifères, de jeunes oiseaux, des reptiles, des mollusques, des sauterelles et même des vers: aussi peut-on dire qu'ils sont polyphages. Ils sont essentiellement marcheurs; la faible courbure de leurs ongles leur rend du reste cet exercice facile; il n'est pas rare de les voir se promener à pas lents, pendant un temps quelquefois fort long.

Leur nom leur vient du cri qu'ils poussent en élevant la tête et la renversant sur le dos. Ils sont propres à l'Amérique, où on les trouve à toutes les latitudes et à toutes les altitudes. Ils présentent cependant quelques différences suivant les régions qu'ils habitent sur un espace aussi étendu. Chaque espèce s'immobilise dans une zone qui lui est spéciale. C'est ainsi que le *Caracara commun* se rencontre partout depuis les terres australes jusqu'aux contrées les plus chaudes, mais seulement à une faible altitude, en compagnie du *Caracara chimango*, tandis que les sommités des Andes sont habitées par le *Caracara montagnard*, et que le *Caracara chimachina* se tient dans les plaines brûlantes d'entre les tropiques.

Le caracara (principalement l'espèce commune et le chimango) se distingue des autres Falconidés par une familiarité excessive; il recherche partout le voisinage de l'homme. Mais on aurait tort de lui savoir gré d'un rapprochement dans lequel l'affection n'a aucune part : l'égoïsme et l'intérêt le

Fig. 314. Caracara noir.

poussent seuls à agir ainsi, et en font le plus souvent un parasite incommode. Il n'aime l'homme que parce qu'il se nourrit à ses dépens, soit en dévorant les débris de ses repas, soit en égorgeant ses poulets dans les basses-cours, soit en s'emparant du morceau de viande que l'indigène fait sécher au soleil. Il ne lui est utile que par un seul côté : sa prédilection pour les cadavres et les immondices, qu'il dispute aux vautours avec acharnement. Il suit sournoisement le chasseur, et lui dérobe son gibier, s'il ne le ramasse prestement. Il accompagne les caravanes à travers les plaines immenses, dans l'espoir que quelque animal tombera en route et qu'il pourra s'en repaître; il harcèle les chevaux et les mulets blessés par le bât, et, s'attachant avidement à leurs plaies, il dévorerait ces animaux, pour ainsi dire tout vivants, s'ils n'avaient l'esprit de se rouler par terre. Il s'établit près des troupeaux de moutons, et s'il peut tromper la surveillance du berger, il se précipite sur la brebis qui vient de mettre bas, déchire le cordon ombilical, et dévore, avec une affreuse joie, les entrailles du nouveau-né.

Confiant dans sa force, il poursuit fréquemment les autres oiseaux, notamment les vautours et les mouettes, pour leur faire dégorger les aliments qu'ils viennent de prendre, et livre même à ceux de son espèce des combats sanglants pour la possession d'une proie. Contrairement à la plupart des animaux libres, il s'accouple toute l'année, sans faire cependant plus d'une ou deux couvées par an. Il place son nid dans les endroits touffus, et sa ponte se compose de deux œufs.

Outre les quatre espèces que nous avons mentionnées, on connaît le *Caracara funèbre*, ainsi nommé à cause de sa livrée presque entièrement noire. Il est plus pillard encore que les précédents et habite les rivages des régions australes : la Terre de Feu, les îles Malouines, la Terre de Van-Diémen, la Nouvelle-Zélande, etc.

Famille des Vulturidés. — Les *Vulturidés* forment une famille très naturelle, qui se distingue facilement de celle des Falconidés par les caractères suivants : bec droit dans presque toute sa longueur, recourbé seulement à son extrémité; tête et cou ordinairement dénués de plumes et revêtus de duvet; yeux petits et à fleur de tête; tête peu volumineuse; tarses généralement nus; doigts courts, ongles faibles et peu arqués; ailes très longues. Ils s'en distinguent encore par l'habitude qu'ils ont de se tenir presque horizontalement, soit qu'ils se reposent, soit qu'ils marchent, tandis que les Falconidés se redressent davantage et ont un port plus noble. Ils affectionnent cette attitude probablement à cause de la longueur de leurs ailes, qui, même en cet état, balayent la terre et traîneraient bien davantage s'ils n'usaient de cette précaution.

Ils sont enfin caractérisés par leur goût tout particulier pour la chair putréfiée, dont ils font presque exclusivement leur nourriture, car ils n'attaquent que fort rarement des proies vivantes.

Lorsqu'ils sont repus, leur jabot, gonflé par les aliments, forme sur le devant du cou une saillie volumineuse; une humeur fétide coule de leurs narines, et ils restent plongés dans un engourdissement stupide, jusqu'à l'achèvement de la digestion.

Ils volent lourdement, mais s'élèvent à des hauteurs prodigieuses. Un cadavre apparaît-il dans la plaine, ils l'aperçoivent aussitôt, et descendent, en tournoyant, pour le déchiqueter. On a voulu expliquer leur arrivée si prompte auprès des cadavres, alors que l'œil de l'homme le plus exercé n'en distingue pas un seul à plusieurs lieues à la ronde, et l'on a supposé que leur organe olfactif est assez sensible pour aspirer, à de pareilles distances, les émanations qui s'échappent des corps en décomposition. Mais, dans ces derniers temps, certains observateurs ont combattu cette ancienne théorie : selon eux, les Vulturidés ne *sentent* pas les corps morts, ils les *voient*. Cette question n'est pas encore éclaircie. Nous croyons donc prudent de nous abstenir d'un jugement absolu et d'admettre que la vue et l'odorat concourent ensemble au résultat constaté, soit que ces deux sens s'exercent avec la même puissance, soit que l'un d'eux prédomine sur l'autre.

Les Vulturidés exhalent une odeur infecte, due à leur genre spécial de nourriture; aussi leur chair ne saurait-elle jamais être utilisée comme aliment. Cette famille comprend quatre genres principaux : les *Gypaètes*, les *Sarcoramphes*, les *Cathartes* et les *Vautours*.

Les *Gypaètes* (vautours-aigles) forment, comme leur nom l'indique, un genre intermédiaire entre les aigles et les vautours. Quoiqu'ils aient, en effet, comme les autres Vulturidés, les yeux petits et à fleur de tête, les serres peu robustes et le jabot saillant pendant la digestion, ils se rapprochent des aigles par leurs tarses emplumés, ainsi que la tête et le cou, et par leur préférence pour les proies vivantes qu'ils attaquent assez volontiers. Nous complèterons leur portrait en disant qu'ils ont le bec très fort et renflé vers la pointe.

Le *Gypaète barbu* (fig. 315), décrit par Buffon sous le nom de *Vautour doré*, doit son nom à une touffe de poils raides qu'il a sous le bec ; c'est l'unique espèce du genre. Il habite les plus hautes montagnes de l'Europe, de l'Asie et de l'Afrique. Son aire, établie dans des rochers inaccessibles, présente des dimensions considérables. C'est le plus grand des rapaces de l'ancien continent : il atteint jusqu'à 1 mètre 60 centimètres de long et mesure ordinairement 3 mètres d'envergure. Il dépasse même quelquefois ces limites, car on en tua un pendant notre expédition d'Égypte, devant Monge et Bertholet, qui l'ont attesté, qui avait 4 mètres 5 centimètres d'envergure.

Le gypaète est doué d'un vol puissant et d'une très grande force musculaire : il n'est donc pas étonnant qu'il attaque des animaux d'assez grande taille, tels que veaux, agneaux, daims, chamois, etc., et qu'il parvienne à les terrasser. Pour arriver à ses fins, il use d'un artifice particulier, qu'emploie également l'aigle. Il attend que sa proie soit isolée sur le bord d'un précipice, et, s'élançant alors contre elle, il la frappe sans relâche de la poitrine et de l'aile, jusqu'à ce qu'elle tombe dans l'abîme, où il la suit et la dévore.

On assure qu'il se rue parfois sur des hommes endormis, et qu'il ose même manœuvrer contre les chasseurs de chamois, pour leur faire perdre l'équilibre dans les passages difficiles. Mais on ne saurait admettre qu'il enlève des agneaux et même des enfants dans son aire. La faiblesse de ses serres ne lui permet pas de lier une proie un peu lourde ; il est obligé de la déchirer et de s'en repaître à terre.

Il ne peut donc emporter les enfants ; seulement il les attaque quelquefois, comme le prouvent les deux faits suivants :

En 1819, deux enfants furent dévorés par des gypaètes dans les environs de Saxe-Gotha, si bien que le gouvernement mit à prix la tête de ces cruels ravisseurs. M. Crespon, dans son *Ornithologie du Gard*, rapporte le second fait :

« Depuis plusieurs années, dit-il, je possède un gypaète vivant qui ne montre pas un grand courage envers d'autres gros oiseaux de proie habitant avec lui ; mais il n'en est pas de même pour les enfants, contre

Fig. 315. Gypaète.

lesquels il s'élance en étendant les ailes et en leur présentant la poitrine comme pour vouloir les en frapper. Dernièrement, j'avais lâché cet oiseau dans mon jardin. Épiant le moment où personne ne le voyait, il se précipita sur une de mes nièces, âgée de deux ans et demi, et l'ayant saisie par le haut des épaules, il la renversa par terre. Heureusement ses cris nous avertirent du danger qu'elle courait : je me hâtai de lui porter secours. L'enfant n'eut que la peur et une déchirure à sa robe.

Ce n'est que dans les cas de faim extrême, et lorsqu'il manque totalement de proies vivantes, que le gypaète se nourrit d'animaux morts.

Ce rapace montre un certain courage pour la défense de ses petits. Le chasseur de chamois Joseph Scherrer, étant monté jusqu'à une aire pour dénicher les petits, eut à soutenir, après avoir tué le mâle, une lutte si furieuse contre la femelle, qu'il eut toutes les peines du monde à se dégager. Il ne put y parvenir qu'en saisissant son fusil, qui lui permit de foudroyer l'oiseau. Il revint de son expédition avec de profondes blessures.

L'esprit d'association existe peu chez les gypaètes. C'est là, du reste, un fait commun à tous les animaux que la nature a doués d'une certaine supériorité physique, car les faibles seuls mettent en pratique cette maxime : « L'union fait la force. » Ils vivent isolément par paires; on les voit rarement réunis en nombre.

Les gypaètes étaient autrefois beaucoup plus répandus en Europe qu'ils ne le sont aujourd'hui; cela tient à la grande destruction qu'on en a faite dans le siècle dernier. De nos jours encore, on encourage la chasse de cet oiseau en accordant une prime pour chaque individu tué. La ponte de la femelle étant fort limitée (deux œufs seulement), on ne doit pas s'étonner de voir diminuer très notablement l'espèce.

Chez les oiseaux qui appartiennent au genre *Sarcoramphe,* la base du bec est garnie d'un collier de longues plumes, et le bec est surmonté d'une crête charnue, épaisse et festonnée; ils tirent leur nom de cette particularité d'organisation, car *sarcoramphe* veut dire, d'après l'étymologie grecque, *bec charnu.*

Ce genre ne comprend que deux espèces : le *Sarcoramphe condor* et le *Sarcoramphe pape.*

Par sa taille, par la puissance et l'étendue de son vol, le *Condor* (de *Cuntur*, en langue péruvienne), vulgairement nommé le *Grand Vautour des Andes*, est l'espèce la plus remarquable de la famille des Vulturidés. Son plumage est d'un bleu foncé tirant sur le noir; sa collerette, qui occupe seulement le derrière et les côtés du cou, est faite d'un duvet éblouissant de blancheur. Sa crête, taillée en biseau, est cartilagineuse, de couleur bleuâtre, et se prolonge sur les côtés du cou par deux cordons charnus. Enfin, il porte deux appendices charnus sur le devant du cou, à la hauteur de la collerette. Le mâle seul est doué de ces excroissances; la femelle a la tête et le cou nus et d'une couleur brunâtre. Les ailes sont aussi longues que la queue; elles ont de dix à douze pieds de développement total; la longueur du corps, depuis le bout du bec jusqu'à l'extrémité de la queue, est de 1^m,20 en moyenne.

Le condor habite principalement le versant occidental de la chaîne des Andes, dans la Bolivie, le Pérou, le Chili, et à toutes les altitudes, depuis les sables brûlants des bords de la mer jusqu'aux solitudes glacées des neiges éternelles. De Humboldt et Bonpland observèrent constamment des condors autour d'eux, dans leurs explorations des Andes, à 4800 mètres au-dessus du niveau de la mer. D'Orbigny en a vu jusque sur le sommet de l'Illimani, à 7500 mètres de hauteur, et il en a souvent rencontré sur les côtes du Pérou et de la Patagonie, cherchant leur nourriture parmi les débris de toutes sortes que les vagues rejetaient sur le rivage.

Ainsi ces oiseaux supportent des différences de température que l'homme ne pourrait braver : à 6000 mètres, en effet, l'air est tellement raréfié et le froid si intense, que nulle créature humaine n'est capable d'y vivre pendant un certain temps.

Le condor passe la nuit près des neiges, dans une anfractuosité de rocher. Dès que le soleil vient dorer la cime de la montagne, il redresse son cou, jusque-là enfoncé entre les épaules, sort de sa retraite, et, agitant ses vastes ailes, il s'élance dans l'espace. Entraîné d'abord par son propre poids, il reprend bientôt possession de lui-même, et parcourt les plaines de l'air avec une aisance et une ampleur majestueuses.

Fig. 316. Condor, ou Grand Vautour des Andes.

Des battements presque imperceptibles le conduisent dans toutes les directions : tout à l'heure il rasait la surface du sol; le voici maintenant dans la nue, à mille mètres plus haut. De ces hauteurs il domine les deux océans, et s'il n'est plus visible pour les habitants de la terre, leurs moindres mouvements ne sauraient, au contraire, échapper à sa vue perçante. Tout à coup il aperçoit une proie, et, repliant en partie ses ailes, il se précipite sur sa victime avec une rapidité foudroyante.

Quoique doué d'aussi puissants moyens d'action, le condor n'attaque les animaux vivants que lorsqu'ils sont tout jeunes, affaiblis ou malades. Il préfère les charognes et les immondices. Les récits de certains voyageurs concernant l'audace de cet oiseau sont donc controuvés. Il est inexact de dire qu'il se jette sur l'homme, puisqu'un enfant de dix ans, armé d'un bâton, suffit pour le mettre en fuite. On a prétendu que le condor enlève des agneaux, de jeunes lamas et même des enfants : cette assertion ne résiste pas à l'examen, car le condor, comme tous les Vulturidés, a les doigts courts et les ongles non rétractiles; il lui est donc radicalement impossible de saisir et d'emporter une proie un peu lourde.

Ce qui n'est pas contestable, c'est qu'il rôde autour des troupeaux de vaches et de brebis, et qu'à l'exemple des caracaras, il se précipite sur ces animaux nouveau-nés, pour les dévorer. Il accompagne aussi les caravanes qui traversent les plaines arides de l'Amérique méridionale. Si quelque malheureux âne, exténué de fatigue et de privations, tombe sur la route, sans force pour aller plus loin, il devient la proie de ces brigands ailés, qui le dévorent en détail, lui faisant souffrir mille morts. M. de Castelnau, qui a observé les condors dans les Andes, dit à ce propos :

« On a vu des voyageurs, affaiblis par la fatigue et la souffrance, tomber à terre et être aussitôt attaqués, harcelés et déchirés par ces oiseaux féroces, qui, tout en arrachant des lambeaux de chair à leurs victimes, leur fracassent les membres à coups d'ailes. Les malheureux résistent bien quelques instants; mais bientôt des débris ensanglantés restent seuls pour annoncer aux voyageurs qui passeront encore la mort horrible de ceux qui les ont précédés dans ces passages dangereux. »

Le condor possède une vitalité extraordinaire. De Humboldt raconte qu'il lui fut impossible d'étrangler un de ces oiseaux et qu'il n'en put venir à bout qu'à coups de fusil.

Lorsque le condor s'est gorgé de viande, il est lourd et peut à peine s'envoler. Les Indiens, qui connaïssent cette particularité, la mettent à profit pour détruire une engeance qui leur est si préjudiciable. Ils attirent les condors au moyen d'une charogne placée en évidence. Lorsque ces rapaces sont bien repus, ils les poursuivent à cheval, les enveloppent de leur redoutable *lasso* et les assomment à coups de bâton.

Les condors ne se réunissent que pour dévorer quelque animal de grande taille. Après le repas ils se séparent, et vont digérer, à l'écart, dans un creux de rocher. Ils ne construisent pas de nid; la femelle dépose deux œufs dans les crevasses des montagnes et des falaises. L'éducation des petits dure plusieurs mois; les parents les nourrissent en dégorgeant dans leur bec les aliments qu'ils tiennent en réserve dans leur jabot : tous les Vulturidés font d'ailleurs de même.

Le condor s'apprivoise difficilement; la captivité accroît encore sa sauvagerie. De Humboldt en garda un pendant huit jours, à Quito, et il déclare qu'il était dangereux de s'en approcher.

Le *Sarcoramphe pape* (fig. 418) se distingue du condor par son collier, qui est entier et d'une couleur bleu-ardoisé, ainsi que par sa crête, qui est orangée et n'occupe que le dessus du bec. Loin de se tenir, comme le précédent, dans les lieux arides et découverts, il habite les plaines et les collines boisées. Il établit son nid dans les excavations des vieux arbres. Ses mœurs sont d'ailleurs les mêmes que celles du condor. On l'a surnommé le *roi des vautours*, parce que les autres vautours le redoutent, et s'éloignent lorsqu'il s'abat sur une proie qu'ils s'étaient appropriée. On le trouve au Mexique, à la Guyane, au Pérou, au Brésil et au Paraguay. Chez cette espèce, la femelle possède une crête, comme le mâle.

Les *Cathartes* ont le bec grêle et allongé, la tête et le cou nus, les narines oblongues et percées de part en part, les ailes obtuses, dépassant très peu la queue. Leur nom fait allusion à leur goût marqué pour la chair putréfiée : *Catharte* veut dire, en effet, d'après l'étymologie grecque, *qui purifie*. On en connaît quatre espèces : l'*Urubu* et l'*Aura*, qui habitent l'Amérique ; le *Catharte percnoptère* et le *Catharte moine*, propres à l'ancien continent.

L'*Urubu* est de la taille d'un petit dindon. Son plumage,

Fig. 317. Sorcoramphe pape, ou roi des Vautours.

d'un noir brillant, lui donne un air de croque-mort, que justifient pleinement ses dégoûtantes habitudes. Éminemment sociable, on le rencontre toujours en troupes nombreuses. Comme tous les oiseaux qui vivent de matières corrompues, il est le commensal assidu de l'homme, qu'il accompagne dans toutes ses pérégrinations. Il a même conquis droit de cité dans la plupart des grandes villes de l'Amérique méridionale. On le voit circuler dans ces villes, pour ainsi dire à l'état domestique, et s'y multiplier dans des proportions toujours croissantes, sous la protection des lois. Au Pérou, en effet, il est défendu de tuer un urubu, sous peine d'une amende de 250 francs. La même défense existe à la Jamaïque.

On comprendra de telles immunités lorsqu'on saura que les urubus sont seuls chargés, dans ces pays, de débarrasser la voie publique des détritus de toutes sortes, qui ne manqueraient pas d'infecter l'air, sous l'influence d'une température élevée, et qui engendreraient des épidémies continuelles. Ces rapaces sont donc les conservateurs de l'hygiène et de la salubrité générales : à ce titre ils sont éminemment utiles, et l'on s'explique qu'ils soient placés sous la sauvegarde des lois, malgré leur aspect repoussant et leur odeur immonde.

La familiarité des urubus est extrême, dit Alcide d'Orbigny : j'en ai vu, dans la province de Mojos, lors des distributions de viande faites aux Indiens, leur en enlever des morceaux au moment où ils venaient de les recevoir. A Concepcion de Mojos, au moment d'une de ces distributions périodiques, un Indien me prévint que j'allais voir un urubu des plus effrontés, connu des habitants parce qu'il avait une patte de moins. Nous ne tardâmes pas, en effet, à le voir arriver et montrer toute l'effronterie annoncée. On m'assura qu'il connaissait parfaitement l'époque de la distribution, qui a lieu tous les quinze jours dans chaque mission ; et la semaine suivante, étant à la mission de Magdalena, distante de vingt lieues de celle de Concepcion, à l'heure même d'une distribution semblable, j'entendis crier les Indiens, et je reconnus l'urubu boiteux qui venait d'arriver. Les curés des deux missions m'ont affirmé que cet urubu ne manquait jamais de se trouver aux jours fixés dans l'une et dans l'autre : ce qui dénoterait dans l'urubu un instinct très élevé, joint à un genre de mémoire rare chez les oiseaux.

Suivant qu'il habite la campagne ou la ville, l'urubu passe la nuit sur les grosses branches des arbres ou sur les toits des maisons. Le matin, dès l'aube, il se met en quête de sa nourriture, et décrivant de grands cercles dans les airs, il explore les environs. S'il aperçoit un cadavre, il le dépèce gloutonnement. Mais d'autres urubus ont vu ses mouvements, et bientôt il en arrive des milliers pour prendre part à ce festin funèbre. Ce sont alors des rixes et des combats, où le droit du plus fort triomphe toujours. En peu d'instants, le cadavre est dévoré : il n'en reste plus qu'un squelette, si bien nettoyé, qu'un anatomiste ne pourrait mieux opérer. Les urubus vont ensuite se percher aux environs, et là, le cou rentré entre les épaules, les ailes étendues, ils digèrent tranquillement les aliments dont ils viennent de se gorger.

Si les urubus, comme la plupart des Vulturidés, ouvrent ainsi leurs ailes, quoique en repos, pendant des heures entières, c'est qu'ils exhalent de leur corps une sorte de sueur graisseuse dont l'air active l'évaporation : d'où résulte pour eux un sentiment de fraîcheur.

La répugnance qu'ils inspirent, malgré les services qu'ils rendent à l'homme, fait qu'on n'élève guère les urubus en

Fig. 318. Urubu.

domesticité. Cependant d'Orbigny en a vu plusieurs complètement apprivoisés, et a constaté qu'ils sont capables d'affection. Un créole en avait un, raconte ce naturaliste, qu'il avait élevé, et cet oiseau l'accompagnait partout. A une certaine époque, son maître étant tombé malade, l'urubu devint triste; un jour, la chambre du malade étant restée ouverte, il vola auprès de lui, et lui témoigna par ses caresses sa joie de le revoir.

Le *Catharte aura* habite les mêmes régions que l'espèce précédente, mais il se montre un peu plus au nord, car on en rencontre jusqu'en Pensylvanie. Il est à peu près de la même taille que l'urubu, et son genre de vie est absolument semblable; il est seulement un peu moins sociable. Comme l'urubu il est protégé par les lois : au Pérou, le meurtrier de l'aura est puni d'une amende de cinquante piastres; à Cuba, le coupable est excommunié.

Le *Catharte percnoptère* est à l'ancien continent ce que l'urubu et l'aura sont au nouveau. Il est très commun en Grèce, en Turquie, et surtout en Égypte et en Arabie. A Constantinople et dans les villes d'Égypte, il est chargé, comme ses congénères, d'enlever toutes les matières putrescibles que l'incurie et l'apathie des habitants laissent séjourner dans les rues. Aussi est-il fort respecté; et bien que la loi n'édicte aucune peine contre celui qui tue un de ces oiseaux, les percnoptères n'en jouissent pas moins de la plus grande sécurité au milieu des populations musulmanes.

Ces oiseaux étaient connus des anciens, qui leur avaient donné le nom de Percnoptères à cause de leurs ailes noires. Les Égyptiens les rangeaient parmi les animaux sacrés, et on les trouve souvent représentés sur leurs monuments, comme un symbole religieux. Ils suivent par troupes les caravanes dans le désert, parce qu'ils en retirent toujours quelque profit; et comme ils accompagnent aussi les pèlerins qui se rendent à la Mecque, il se trouve chaque année de fervents musulmans qui lèguent de quoi entretenir un certain nombre de ces oiseaux, fidèles à la foi musulmane.

Le *Catharte percnoptère* est de la taille d'une poule : d'où le nom de *Poule de Pharaon*, sous lequel il est désigné en Egypte. Quoique peu porté pour les proies vivantes, il attaque quelquefois de petits animaux incapables de fuir ou de se défendre. Le grand corbeau est pour lui un adversaire dont il reconnaît la supériorité, car il ose rarement lui résister.

Le *Catharte moine* doit son nom à la couleur de sa livrée, qui est brune comme la robe de certains moines; il habite le Sénégal. Ses mœurs ne présentent d'ailleurs aucune particularité remarquable.

Les *Vautours* proprement dits ont la tête et le cou nus, et

le cou garni à sa base d'un collier de plumes, les narines ron-
des ou ovales, les tarses nus ou emplumés dans leur partie
supérieure, le doigt médian très long, les ailes pointues, traînant jusqu'à terre. Leur vol, quoique puissant, est lent et
pesant; ils prennent difficilement leur essor, et c'est là ce qui
leur a valu leur nom (*Vultur: volatus tardus*, vol tardif). Amateurs forcenés de viande corrompue, ils se nourrissent peu de
chair fraîche, bien qu'ils ne la dédaignent pas absolument;
aussi n'attaquent-ils guère les animaux vivants.

Buffon a marqué le vautour d'un stigmate d'infamie, qui
restera longtemps attaché à son nom :

Fig. 319. Vautour fauve.

« Les vautours, dit Buffon, n'ont que l'instinct de la basse gourmandise et de la voracité; ils ne combattent guère les vivants que quand ils
ne peuvent s'assouvir sur les morts. L'aigle attaque ses ennemis ou ses
victimes corps à corps; seul il les poursuit, les combat, les saisit : les
vautours, au contraire, pour peu qu'ils prévoient de résistance, se
réunissent en troupes comme de lâches assassins, et sont plutôt des
voleurs que des guerriers, des oiseaux de carnage que des oiseaux de
proie; car, dans ce genre, il n'y a qu'eux qui s'acharnent sur les cadavres au point de les déchiqueter jusqu'aux os : la corruption, l'infec-

tion les attire au lieu de les repousser. » Et plus loin : « Dans les oiseaux comparés aux quadrupèdes, le vautour semble réunir la force et la cruauté du tigre avec la lâcheté et la gourmandise du chacal. »

Notre grand naturaliste a calomnié le vautour. En le peignant sous d'aussi noires couleurs, il a voulu l'opposer à l'aigle, qu'il avait présenté comme la plus haute expression du courage et de la noblesse, et il a évidemment cédé à l'attrait d'établir un parallèle et comme un violent contraste entre ces deux oiseaux. Ce contraste devait, en effet, séduire l'esprit de Buffon, souvent plus amoureux de la forme que du fond. Le vautour recherche les cadavres parce qu'il les préfère aux proies vivantes, et s'il n'attaque pas les animaux vivants, comme le font d'autres rapaces, c'est qu'il n'est pas armé et organisé pour cette attaque. Il obéit à sa nature irrésistiblement, fatalement : on ne peut voir là aucun sentiment de lâcheté. Il serait vraiment temps d'en finir avec ces vieilles formules de rhétorique des anciens naturalistes, qui sont en continuel et complet désaccord avec la science et l'observation.

Le genre Vautour comprend plusieurs espèces, qui toutes appartiennent à l'ancien continent.

Le *Vautour fauve*, ou *Griffon* (fig. 319), dont la taille égale celle de l'oie, habite surtout le sud et le sud-est de l'Europe; il est commun dans les Pyrénées, les Alpes, la Sardaigne, la Grèce, la Hongrie, l'Italie et l'Espagne; on le voit rarement en France. Il niche dans les fentes des rochers les moins accessibles. Quand la faim le presse, il ne craint pas d'attaquer les animaux vivants, il est même très redouté des pâtres du littoral méditerranéen, à cause des ravages qu'il fait parmi leurs troupeaux. Il s'apprivoise facilement lorsqu'il est pris très jeune; M. Nordmann en cite un exemple :

« Une dame résidant à Taganrog possédait, dit-il, un vautour fauve qui, chaque matin, quittait son gîte, établi dans une cour, pour se rendre au bazar où l'on vend de la viande fraîche, et où il était connu et habituellement nourri. Dans le cas où on lui refusait sa pitance, il savait fort bien se la procurer par ruse; puis, avec son larcin, il se sauvait sur le toit de quelque maison voisine, pour le manger en paix et hors de toute atteinte. Souvent il traversait la mer d'Azow, pour se rendre dans la ville de ce nom, située vis-à-vis de Taganrog; et, après avoir passé toute la journée dehors, il s'en revenait coucher à la maison. »

Le *Vautour Arrian*, ou *cendré*, est un peu plus gros que le

Vautour fauve. Il est commun dans les Alpes, les Pyrénées, le
Tyrol, l'archipel Grec, et aussi dans le sud de l'Espagne, l'Égypte
et une grande partie de l'Afrique. A l'automne, il quitte les régions tempérées, pour aller hiverner dans les contrées chaudes.

M. Degland et M. Bouteille citent des exemples d'intelligence
et de courage donnés par cet oiseau : on a vu un *Vautour
cendré* faire reculer des chiens qui voulaient le mordre; un
autre, qui s'était enfui de chez son maître, blessa grièvement
deux hommes attachés à sa poursuite. Les bergers le craignent
plus que l'espèce précédente.

Les deux espèces précédentes sont propres à l'Europe. Celles
qu'il nous reste à énumérer
appartiennent à l'Afrique et
à l'Asie.

Le *Vautour Oricou* habite les
hautes montagnes de l'Afrique.
Il porte une crête charnue qui,
naissant près de chaque oreille, descend le long du cou, et
de laquelle il tire son nom.

Levaillant, qui a souvent observé ce vautour en Afrique,
a plus d'une fois constaté sa voracité. Un jour qu'il avait tué
deux buffles, et qu'après les
avoir fait dépecer il faisait sécher au soleil les quartiers de
viande, il fut assailli par une
bandes d'oricous et d'autres

Fig. 320. Vautour occipital.

vautours, qui enlevèrent les morceaux de chair malgré les
nombreuses balles dont on les accueillit. Un autre jour, ayant
tué trois zèbres à quelque distance de son camp, il était allé
chercher un chariot pour les emporter; il ne trouva au retour que les carcasses des trois quadrupèdes, autour desquelles voltigeaient encore un millier de vautours.

L'oricou est d'assez grande taille; il atteint un mètre cinquante centimètres de long et mesure jusqu'à trois mètres
d'envergure. Il établit son aire au milieu de rochers escarpés, et il est fort difficile de s'en approcher.

Il existe trois autres espèces de vautours propres à l'Afrique ou à l'Asie. Leurs mœurs sont tout à fait semblables à celles des précédentes, et il nous suffira de les nommer. Ce sont : le *Vautour à calotte*, ou *Vautour occipital* (fig. 320), qui habite l'ouest et le nord de l'Afrique ; — le *Vautour moine*, qui se trouve en Afrique et aux Indes ; — le *Vautour indien*, qu'on rencontre dans l'Inde, à Java et à Sumatra.

Famille des Serpentaridés. — Cette famille ne comprend qu'une seule espèce, le *Serpentaire huppé*, qui, par son organisation spéciale, se rapproche des Échassiers.

Le *Serpentaire* a le bec largement fendu, très crochu et très fort ; l'arcade sourcilière saillante ; les jambes emplumées ; les tarses fort longs et recouverts, ainsi que les doigts, d'écailles larges et résistantes. La queue est étagée, et les deux pennes médianes sont beaucoup plus longues que les autres. Les ailes, courtes et munies de protubérances osseuses, constituent des armes meurtrières, dont cet oiseau se sert avec adresse pour terrasser les serpents, qui font la base de sa nourriture. Il porte à l'occiput une longue huppe, qu'il peut hérisser à volonté ; c'est ce qui lui a fait donner son nom de *Secrétaire*, par allusion à l'habitude des hommes de bureau de placer leur plume derrière l'oreille, au temps où l'on se servait, pour écrire, de plumes d'oie, et non de morceaux d'acier. Il a les doigts courts, les ongles émoussés et disposés pour la marche ; aussi court-il très rapidement : d'où le nom de *Messager*, sous lequel on le désigne aussi quelquefois.

Rien de plus curieux que la lutte d'un secrétaire avec un serpent. Le reptile attaqué s'arrête, se dresse contre son ennemi, gonfle son cou, et marque sa colère par des sifflements aigus.

« C'est dans cet instant, dit Levaillant, que l'oiseau de proie, développant l'une de ses ailes, la ramène devant lui, et en couvre, comme d'une égide, ses jambes ainsi que la partie inférieure de son corps. Le serpent attaqué s'élance ; l'oiseau bondit, frappe, recule, se jette en arrière, saute en tous sens d'une manière vraiment comique pour le spectateur, et revient au combat en présentant toujours à la dent venimeuse de son adversaire le bout de son aile défensive ; et pendant que celui-ci épuise sans succès son venin à mordre ses pennes insensibles, il lui détache, avec l'autre aile, des coups vigoureux. Enfin le reptile, étourdi, chancelle, roule dans la poussière, où il est saisi avec adresse et lancé dans l'air à plusieurs reprises, jusqu'au moment où, épuisé et sans force, l'oiseau lui brise le crâne à coups de bec, et l'avale tout entier, à moins qu'il ne soit trop gros, auquel cas il le dépèce en l'assujettissant sous ses doigts. »

Le secrétaire ne se nourrit pas exclusivement de serpents; il prend aussi des lézards, des tortues et même des insectes. Sa voracité est extrême, et il jouit d'une puissance digestive

Fig. 321. Serpentaire, ou Secrétaire.

surprenante. Levaillant en tua un dont l'estomac contenait vingt et une petites tortues entières, onze lézards de vingt à vingt-cinq centimètres de long, trois serpents longs de soixante à soixante-quinze centimètres, enfin une foule de sauterelles et d'autres insectes, plus une grosse pelote de diverses matières qu'il n'avait pu s'assimiler, et qui était destinée à être rejetée ultérieurement.

Ces rapaces habitent les plaines arides de l'Afrique méridionale. Ils s'apparient vers le mois de juillet. A cette époque, les mâles se livrent des combats sanglants pour la possession d'une femelle, qui devient la récompense du vainqueur. Le couple construit son nid dans les buissons les plus touffus, ou sur les arbres élevés. Ce nid est plat, et garni, à l'intérieur, de duvet et de plumes. Chaque ponte y apporte deux ou trois œufs, blancs, tachés de roux. Les petits ne quittent que fort tard le logis paternel; ils n'en sortent qu'après avoir acquis tout leur développement. C'est à l'âge de quatre mois seulement qu'ils peuvent se tenir solidement sur leurs jambes et courir en toute liberté.

Le secrétaire est très apprécié au cap de Bonne-Espérance, à cause des services qu'il rend en détruisant un grand nombre de reptiles venimeux. Comme il s'apprivoise aisément lorsqu'il est pris jeune, les colons du Cap en ont fait un oiseau domestique, destiné à protéger les volailles contre les incursions des serpents et des rats; il n'est presque pas de maison qui n'en possède un. Il vit en bonne intelligence avec les oiseaux de basse-cour, et montre qu'il est ami de l'ordre, par son zèle à étouffer, dès qu'elles se produisent, les querelles qui naissent entre les gallinacés vivant près de lui. Seulement, il faut avoir soin de le nourrir convenablement; sans cela, il ne se fait scrupule d'égorger un ou deux poulets pour son déjeuner.

En 1532, on a introduit le serpentaire dans les Antilles françaises, notamment à la Guadeloupe et à la Martinique, pour l'opposer au *Trigonocéphale*, ou *Serpent fer de lance*, reptile extrêmement dangereux qui pullule dans ces contrées, et dont nous avons parlé dans l'histoire des reptiles. L'introduction du serpentaire dans les Antilles a été un véritable bienfait. Il faut lire, pour s'en convaincre, l'intéressant ouvrage publié sur cette question par le docteur Rufz de Lavison, qui habita longtemps les Antilles françaises.

FIN DES OISEAUX.

TABLE DES MATIÈRES

ORDRE DES PALMIPÈDES.

ORDRE DES ÉCHASSIERS.

ORDRE DES GALLINACÉS.

ORDRE DES GRIMPEURS.

ORDRE DES PASSEREAUX.

ORDRE DES RAPACES.

RAPACES NOCTURNES.

RAPACES DIURNES.

FIN DE LA TABLE DES MATIÈRES.

INDEX ALPHABÉTIQUE

DES NOMS, DE GENRES, OU D'ESPÈCES D'OISEAUX CITÉS DANS CE VOLUME

FIN DE L'INDEX ALPHABÉTIQUE

TABLE DES GRAVURES

FIN DE LA TABLE DES GRAVURES.

6130. — TYPOGRAPHIE A. LAHURE

Rue de Fleurus, 9, à Paris

LIBRAIRIE HACHETTE, 79, BOULEVARD SAINT-GERMAIN, A PARIS

VIES DES SAVANTS

ILLUSTRES

DEPUIS L'ANTIQUITÉ JUSQU'AU XIXᴱ SIÈCLE

PAR LOUIS FIGUIER

5 volumes grand in-8, illustrés d'un grand nombre de portraits et de gravures, dessinés d'après des documents authentiques

Prix, brochés : 50 fr.

CHAQUE VOLUME VENDU SÉPARÉMENT, BROCHÉ, 10 FR.

La demi-reliure dos en chagrin, plat en toile, tranche dorée se paye en sus 4 fr. le volume.

Le titre seul de cet ouvrage fait comprendre sa haute portée et son utilité. On a publié des recueils contenant les *Vies des Saints*, les *Vies des grands Capitaines*, les *Vies des grands Navigateurs*, des *Peintres*, des *Musiciens*, etc. Personne encore, ni en France, ni à l'étranger, n'avait osé entreprendre la tâche, immense par sa difficulté et son étendue, de réunir en un corps d'ouvrage les biographies des savants. C'est cette lacune dans notre littérature scientifique que M. Louis Figuier a su combler.

Un recueil de ce genre, que l'on pourrait appeler le *Plutarque de la science* s'adresse à toutes les catégories du public.

Le physicien, le chimiste, le naturaliste, l'ingénieur, ont besoin de connaître les circonstances de la vie des fondateurs de la science qu'ils cultivent, et même des sciences avoisinant celle qui fait l'objet de leurs études particulières. Il leur importe d'obtenir sur la vie de ces grands hommes, des renseignements plus exacts, une étude plus approfondie et plus attrayante que ce que l'on trouve dans les dictionnaires biographiques, ouvrages estimables et utiles, sans doute, par la quantité de noms qu'on y voit rassemblés, mais tout à fait insuffisants en ce qui concerne chaque personnage, par suite de la brièveté de l'article et de la sécheresse habituelle de sa rédaction.

Les gens du monde, qui entendent parler de Pythagore et d'Aristote, d'Hippocrate et de Galien, de Gutenberg et de Christophe Colomb, d'Albert le grand et de Raymond Lulle, de Kopernik et de Keppler, de Galilée et de Newton, etc., seront heureux de pouvoir lire et consulter les biographies de tous ces hommes célèbres, composées par un auteur dont la plume a le double attribut du charme et de l'autorité.

D'un autre côté, quel plus beau sujet de lecture et d'études à offrir à la jeunesse, quels plus beaux exemples à proposer à ses méditations, quelles plus éloquentes leçons pour son esprit et son cœur, que la vie de tous ces immortels personnages, l'honneur de l'humanité, la glorification du travail! Dans les lycées, dans les écoles publiques ou privées, l'ouvrage que nous annonçons est appelé à figurer à côté de la *Vie des hommes illustres* de Plutarque, qui est depuis des siècles en possession de former les jeunes générations aux leçons de la morale, de la justice et de la vertu.

Enfin, dans les bibliothèques populaires, qui s'ouvrent, en France, aux studieux loisirs du peuple des villes et des campagnes, quel livre plus utile à mettre entre les mains de ce genre de lecteurs, que les vies des grands hommes de la science, presque toujours sortis des rangs du peuple, et qui se sont élevés par le travail, par la persévérance et un génie naturel, aux plus hautes destinées de l'histoire! La place de ce livre est donc marquée d'avance dans toutes nos bibliothèques populaires et communales.

C'était déjà beaucoup pour l'auteur, d'avoir écrit la biographie des savants, avec la double condition du mérite littéraire et du soin attentif dans les recherches d'érudition. Il a voulu aller plus loin encore. Il a joint à ses biographies un *Tableau historique* de l'état de la science à ses diverses périodes. De cette manière, son livre n'est pas seulement un recueil de biographie de savants, c'est encore une sorte d'histoire de la science. Grâce au Discours, ou Tableau historique, qui figure en tête de chaque volume, on assiste à la création et au développement des sciences, depuis leur origine jusqu'au commencement du dix-neuvième siècle.

La presse a déjà signalé l'importance et le mérite de cet ouvrage; elle en a fait ressortir tout l'intérêt et toute l'utilité. A peine a-t-il paru, que ce livre a pris le premier rang parmi les meilleures productions de l'auteur: il est désormais consacré par le succès qui l'a accueilli.

Chaque volume est illustré d'intéressantes gravures, qui représentent les portraits, bustes ou monuments concernant les hommes dont l'auteur retrace la biographie, ou qui reproduisent un événement essentiel de leur existence.

Cet ouvrage de M. Louis Figuier sera le plus utile cadeau d'étrennes à l'époque du nouvel an, et à toutes les époques il prendra place dans les bibliothèques les plus diverses, dans la bibliothèque de l'homme du monde comme dans celle du savant.

Voici le contenu des 5 volumes qui composent les *Vies des Savants illustres.*

Le premier volume, qui a pour titre : SAVANTS DE L'ANTIQUITÉ, débute par un *Tableau de l'état des sciences pendant la période antéhistorique.* Viennent ensuite les biographies de *Thalès — Pythagore — Platon — Aristote — Hippocrate — Théophraste — Archimède — Euclide — Apollonius de Perge — Hipparque — Pline — Dioscoride — Galien — Ptolémée et l'Ecole d'Alexandrie.*

Le tome deuxième, qui a pour titre : SAVANTS DU MOYEN AGE, commence par un *Tableau de l'état des sciences chez les Arabes.* Viennent ensuite les biographies de : *Geber — Mesué — Rhazès — Avicenne — Averrhoès — Abulcasis.*

Le même volume continue par un *Tableau de l'état des sciences en Europe au moyen âge.* Après cet exposé préliminaire, l'auteur place les biographies suivantes : *Albert le Grand — Thomas d'Aquin — Roger Bacon — Vincent de Beauvais — Arnauld de Villeneuve — Raymond Lulle — Guy de Chauliac — Gutenberg — Fust et Schæffer — Christophe Colomb — Améric Vespuce.*

Le tome troisième, qui a pour titre : SAVANTS DE LA RENAISSANCE, s'ouvre par un *Tableau de l'état des sciences en Europe au seizième siècle.* Le reste du volume est consacré aux biographies des personnages dont voici les noms : *Paracelse — Ramus — Jérôme Cardan — Bernard Palissy — George Agricola — Conrad Gesner — Rondelet — André Vésale — Ambroise Paré — Kopernik — Tycho-Brahé — Vasco de Gama — Magellan.*

Le tome quatrième, qui a pour titre : SAVANTS DU DIX-SEPTIÈME SIÈCLE, s'ouvre par un *Tableau de l'état des sciences au dix-septième siècle.* Viennent ensuite les biographies de : *Keppler — Galilée — Descartes — François Bacon — Harvey — Tournefort — Huygens — Denis Papin — Van Helmont — Robert Boyle — Nicolas Lémery — Blaise Pascal — Fermat — Désargues — Cassini.*

Le tome cinquième et dernier, qui a pour titre : SAVANTS DU DIX-HUITIÈME SIÈCLE, renferme les biographies de : *Newton — Leibniz — d'Alembert — Euler — Bernouilli — Fontenelle — Linné — Boerhaave — Haller — Spallanzani — Jussieu — Réaumur — Buffon — Condorcet — Rouelle — Lavoisier.*

Tel est le contenu de ce grand ouvrage, qui était sans précédents et qui est sans analogue, dans la littérature française, comme dans la littérature étrangère.

D'ALEMBERT

www.ingramcontent.com/pod-product-compliance
Lightning Source LLC
Chambersburg PA
CBHW031358210326
41599CB00019B/2804